U0187324

总师大讲堂

概念设计的概念

周献祥 著

机械工业出版社
CHINA MACHINE PRESS

本书立足于作者 30 多年从事工程结构施工、设计、施工图审查及抗震研究的大量实践和深入思考，以哲学的视野，论述并试着解答概念设计的概念来源，概念设计的本质属性，工程概念设计与工程建设理论以及概念设计与构造和构造措施。本书有别于传统科技图书对"实用性"和"可操作性"的执着，从大量的工程实践中抽象出概念，并从哲学的高度进行思辨性阐释，体现了工程与哲学在思维高度上的辩证统一和相互激荡，提出源于工程的哲理性思考，引导工程技术人员对工程建设深层次问题的思考。

本书适合于土木工程设计、科研人员及相关专业高校教师参考使用。

图书在版编目（CIP）数据

概念设计的概念/周献祥著. —北京：机械工业出版社，2021.6
（总师大讲堂）
ISBN 978-7-111-67676-8

Ⅰ.①概… Ⅱ.①周… Ⅲ.①设计学 Ⅳ.①TB21

中国版本图书馆 CIP 数据核字（2021）第 039229 号

机械工业出版社（北京市百万庄大街 22 号 邮政编码 100037）
策划编辑：薛俊高 责任编辑：薛俊高 张大勇
责任校对：刘时光 封面设计：张 静
责任印制：孙 炜
北京联兴盛业印刷股份有限公司印刷
2021 年 6 月第 1 版第 1 次印刷
148mm×210mm·11.875 印张·2 插页·337 千字
标准书号：ISBN 978-7-111-67676-8
定价：69.00 元

电话服务	网络服务
客服电话：010-88361066	机 工 官 网：www.cmpbook.com
010-88379833	机 工 官 博：weibo.com/cmp1952
010-68326294	金 书 网：www.golden-book.com
封底无防伪标均为盗版	机工教育服务网：www.cmpedu.com

序

随着有限元计算技术的发展，工程设计计算水平和计算能力得到极大的提高，一些以前难以进行计算的复杂结构也能进行计算分析。然而，近几十年国内外地震震害调查表明，根据理论计算设计的建筑很难保证在大地震作用下不发生破坏，有的甚至还发生严重破坏。总结历次大地震的灾害和抗震设计经验，人们发现工程抗震设计除了需要进行有效的计算外，还需要进行概念设计，从概念上对工程设计进行总体把握，合理确定结构体系及结构布置，正确选择设计计算方法和计算参数，理性分析设计计算结果，结合工程实际有针对性地提出行之有效的构造措施，兼顾非结构因素，确保施工质量。概念设计的提出，改变了单纯依靠计算进行设计的传统，是设计方法的一次跃升。但概念设计是发展的，要在总结工程建设实践和理论分析的基础上，不断完善工程抗震设计计算方法、体系构造和抗震构造措施，充实概念设计的内涵。

实践证明，概念设计是保证工程抗震设计质量的有效途径和措施。抗震设计规范突出概念设计，一方面是为了强化概念设计在抗震设计中的主导地位和方向引领作用，改变设计者对一体化结构计算软件的依赖；另一方面也应看到，尽管目前的工程计算存在不足，但工程设计离不开计算，不能用概念设计取代计算，而且工程计算具有的准确性、内涵的清晰性，恰恰就是概念设计所不具有的。因此，一个好的抗震设计是概念设计与计算设计的联合运用。从工程设计实际情况看，概念设计本身也存在一些问题，无论是概念设计内涵本身，还是概念设计的实际运用，都存在由于概念自身的模糊性、判别准则的粗略性，实际运用效果还不尽令人满意，尚有许多问题和概念有待澄清与阐释。

周献祥撰写的《概念设计的概念》一书，针对工程设计实践中存在的对概念设计的模糊认识，从历史与现实相结合的角度，运用逻辑与历史相一致的方法，将哲学原理与工程理论、震害调查、试验研究、设计实践等结合起来，系统分析工程概念与工程经验、工程理论以及构造措施之间的关系，以详实的工程案例和震害分析总结得出的有益经验，系统阐述工程概念的具体内涵和规范规定，有助于设计者正确理解和掌握工程概念及概念设计的本质。本书还从哲学角度诠释了概念的主观性与客观性、抽象性与具体性、确定性与灵活性、普遍性与特殊性之间的对立统一关系，并以简单的工程实例和浅显易懂的工程原理对工程概念的属性进行了系统阐述，是工程辩证法研究的开新和积极探索，也是作者所倡导的工程设计学研究的实用化、学理化，以及推动概念设计理论研究与工程应用的进一步深化。

任辉启

2021 年 5 月于北京

我国自《建筑抗震设计规范》GBJ 11—1989 提出抗震概念设计的概念以来，工程界对于抗震概念设计已是耳熟能详的了，但"熟知的东西所以不是真正知道了的东西，正因为它是熟知的"⊖。目前工程和学术界关于这一议题著书立说者不在少数，但大量的文献只是对工程概念及概念设计的某些侧面进行阐述，对工程概念的本质属性、本质内涵的揭示还不够充分、也不够彻底，尤其是概念设计的实际操作层面的人为干扰还比较多，具体来说存在以下几方面的问题：

一是概念设计的"概念"的来源问题。概念设计的"概念"是人脑中或规范中（书本中）固有的，还是随实践不断产生、不断发展的？是单一来源还是多重来源？是单一因素还是多重因素、多环节、多方面的综合？本书的第二章从逻辑与历史的统一的角度对此展开了系统的论述。这一章主要有两方面的内容：一是系统梳理近 40 多年来国际上比较典型的 23 次大地震的特点、震害及对抗震设计的启示；二是在总结震害经验的基础上，结合文献资料，系统阐述结构抗震设计的基本要求、合理的屈服机制、延性概念的具体内涵，介绍了根据延性的要求工程界构筑的延性框架、延性剪力墙的基本内涵及相应的设计要求，是马克思提出的"从具体到抽象，再由抽象到具体"辩证方法的具体体现。

二是概念设计的"概念"是具体的还是抽象的？是固定的还是可以随工程的变化而相应变化的？是约定俗成的还是基于严格的理论并有明确内涵的？本书的第三章阐述了概念的主观性和客观性、概念的抽象性和具体性、概念的确定性和灵活性以及概念是普遍性与特殊性的对立统一。第三章和第一章是本书的核心内容。在第一章详细阐述概念设计是工程设计工作哲理化、学理化和工程哲学实用化的具体体现的基础上，

⊖ 《精神现象学》，商务印书馆，1960 年，第 20 页。

概念设计的概念

第三章系统阐述了经典著作中关于概念本质属性的哲学内涵，又以具体的工程实例对这些哲学内涵进行阐释，第三章和第一章既具哲理性，又兼具工程内涵的深刻揭示，通过工程概念与哲学概念的对偶阐述，有助于读者深入理解概念属性的哲学内涵，同时对工程概念及概念设计有更全面而深刻的认识。

三是概念设计的"概念"与工程建设经验的关系。工程概念是工程建设经验的理论性总结和提升，因而工程概念不等同于工程建设经验，而是对经验的超越——"砌墙的石头，后来者居上"。

四是概念设计的"概念"与工程建设理论的关系。工程概念与工程建设理论都是对工程建设经验、工程建设规律的理性总结与提升，两者是一体两面，各有侧重但缺一不可。

五是概念设计的"概念"与工程理论分析模型的关系。模型诠释了工程概念的内涵，而概念是建立模型的依据，它既深化了模型内涵又阐释了模型的作用和意义。本书的第四章着重分析了工程概念与工程建设理论、工程概念与工程理论模型的关系。这一章强调真理是过程，理论（含概念）与实践的一致，是需要从肯定到否定，再由否定到否定之否定（新的肯定）不断反复的过程，因而现阶段理论的准确性、可靠性只是模型意义上的准确可靠，而工程概念与工程计算理论是"对生互补"和"交织一体"的关系。本章说理详尽，内容贴近初学者，其中关于钢筋混凝土梁板计算理论、计算模型的讨论，尤其是关于钢筋混凝土双向板裂缝宽度验算问题的讨论，澄清了工程界对这一问题的模糊认识，有一定的针对性。这也标志着，概念设计不仅是抗震设计的概念设计，结构设计全过程、各环节都需要概念设计。

六是概念设计的"概念"与抗震构造及构造措施的关系。抗震构造及构造措施往往是工程概念的直观表述，工程概念有助于分析构造及构造措施的合理性、针对性，是促进构造及构造措施不断完善的推动者（助产婆）。本书的第五章对这一问题作了详细的论述。这一章关于钢筋混凝土早期收缩裂缝的文献详细梳理和概念阐释，是作者实际工作经验的系统总结，有一定的针对性，期望运用概念设计的方法来解决经常困扰钢筋混凝土结构设计和施工的早期收缩裂缝问题，是概念设计应用范围的拓展和概念的延伸。

七是概念设计的"概念"与概括、掌握和运用概念的"人"的关系。工程概念可以说是工程师共同体、工程界的集体智慧与理性能力的综合与总和。它不是个人的经验、能力与理性思维能力的综合与总和，但它又寓于个人的经验、能力与理性思维能力的综合与总和之中，并因运用者对概念的理解的不同而产生"变味"："一千个人眼中有一千个哈姆雷特"（There are a thousand Hamlets in a thousand people's eyes.），不同的人对工程概念有不同的理解是很正常的。这一部分内容在后记中作了简述。

1850 年 12 月 26 日，《旧制度与大革命》的作者托克维尔从索伦托给他的朋友居斯塔夫·德·博蒙写信，信中吐露出作者选择主题的苦恼："如你所知，很久以来，我一直在酝酿写作一部新著。我思量再三，假如我要在这世界上留下一点印记，立言比立功更好……因此，我一边穿越索伦托的群山，一边开始寻觅主题。……然而这次，主题以崭新的看来更可以接近的形式出现在我面前。我想，不必去写帝国的历史，而需设法说明和使人明白构成这个时代链条的主要环节的那些重大事件的原因、特点、意义。这样，事实的叙述不再是本书的目的。可以说事实只是我头脑中的全部思想所依据的牢固而连续的基础，这些思想不仅涉及这个时期，而且涉及此前和此后的时期，涉及它的特点，涉及完成帝国的那位卓越人物，涉及由他给法国大革命运动、国家命运以及整个欧洲命运昭示的方向。因此这书可能很短，也许一卷或两卷，但很有趣味，并且可能很重要。我在这新范围上绞尽脑汁，带几分兴奋地发现许多开始时没引起我注意的各种看法，这一切还只是在我脑际飘动的云影。"可以说，托克维尔的苦恼也是我写作本书的苦楚：选择主题，即怎样选择概念设计的主题？

1850 年 12 月 15 日，托克维尔写给路易·德·凯尔戈尔莱的信更清晰地透露了他的写作意图，以及从事写作所经常遇到的现实问题和写作时不得不面对的苦恼。他说："我觉得我真正的价值尤其存在于这些思想著作中；我擅长思想胜于行动；假使我能在这世界上留下点什么，那就将是我的著作，而不是对我的功绩的回忆。过去的十年中，我在许多方面都一无所获，但这十年给了我对人事的真知灼见和洞察精微的辨别能力，并未使我丢掉我的才智素有的透过众多现象观察人事的习惯。因而我自认为比起写《论美国的民主》时更能处理好一个政治学专著的重大主题。但是选择哪个主题呢？成功机会一半以上就在选题，不仅因为需要找一个公众感兴趣的主题，尤其因为需要发现一个能使我自己也为之振奋并为之献身的主题。我是世上最不能违背自己的精神与趣味向上爬的人；当我从自己的所作所为中得不到欢乐时，我觉得我简直连个庸才都不如。因此几年来我经常在寻求我可以着手哪个主题，但是一无所获，没有能使我满心欢喜或着实使我动心的主题。"我的实际感觉与这段话表达的意思很相似，看来人心真的是相通的。自 2018 年 11 月出版社约稿以来，虽说"工程师成长笔记丛书"⊖这一题材本身还是比较切合我的写作方向的，可是在一年多的时间里没能动笔的根本原因在于一直苦于没能找到"能使我满心欢喜或着实使我动心的主题"来贯彻写作意图，曾有放弃写作的念头。还是托克维尔说的好，他说："然而，青春逝去，光阴荏苒，人届成年；人生苦短，活动范围日蹙。百般思绪，也可说所有这些心神不安，在我所处的孤独境地，自然而然地促使我更加严肃、更加深入地再度寻求一部书的主题思想。……我只能考虑当代主题。实际上，公众感兴趣我也感兴趣的只有我们时代的事。当今世界呈现的景象伟大奇异，吸引了人们太多的注意力，使之无法付出许多代价来满足有闲而博学的社会对历史抱有的那些好奇心。但是选择哪一个当代主题呢？最为新颖、最适合我的智慧禀赋与习惯的主题，将是对当代进行思考与观察的总汇，是对我们现代社会的自由评断和对可能出现的未来的预见。但是当我去找同类主题的焦点，主题产生的所有思想彼此相遇相联结的一点时，我却没有找到。我看到这样一部著作的各个部分，却看不出它的整体；我抓住了经纱，但是没抓住纬纱，无法织成布。我必须找到某个部分，为我的思想提供牢固而连续的事实基础。我

⊖ 最后出版社将此丛书更名为"总师大讲堂"。

只有写历史才能碰到它；潜心研究一个时代，对它的叙述使我有机会刻画我们时代的人与物，使我能把所有这些零散的画构成一副画面。……我越思考越认为要描述的时代必须选择好。至于时代本身，则不仅要伟大，而且要独特，甚至独一无二；可是时至今日，至少依我所见，它的再现都带有虚假庸俗的色彩。此外，它要把强烈的光线投向前一个时代与后一个时代。这肯定是对全剧作了最好的评价，最能使人对整出戏仁者见仁智者见智的法国大革命的一幕。我的疑虑不在选择主题，而在论述方式。"撰写本书时，我也存在"找同类主题的焦点"的困难：概念设计重在概念，还是重在概念的设计？概念设计的研究范畴是什么？为了表现当今世界"工程建设的伟大奇异，吸引了人们太多的注意力，使之无法付出许多代价来满足有闲而博学的工程界对概念设计抱有的那些好奇心"，我们需要对工程建设规律进行系统梳理和理论建构，但理论一旦涉及思维领域，"我看到这样一部著作的各个部分，却看不出它的整体；我抓住了经纱，但是没抓住纬纱，无法织成布"，这就是说概念设计是理论探索，还是实践经验总结？而且"我的疑虑不在选择主题，而在论述方式"，即怎么来表述概念设计？是作为思维规律来研究，将其划入工程哲学范畴，还是作为工程建设规律来研究，将其纳入工程建设研究范畴，哪个更合适？谁能告诉我？

托克维尔对朋友说，"我是想通过前面这番话使你明了我的心境，刚才我对你吐露的所有想法苦恼着我；但是现在仍然是一片黑暗，至多是半明半暗，看到的仅仅是主题重大，但并不清楚这广阔空间的种种事物。我多想让你帮我看得更清楚些。我自豪地相信我比任何人更能把伟大的思想自由带进这样的主题，对人物和事件毫无保留地加以不偏不倚地评说。因为对于人物，尽管他们曾在我们这个时代生活，我可以保证既无爱也无恨；至于名为宪法、法律、王朝、阶级的那些事物的形式，我不谈论其价值，只论我亲眼见到的它们的存在，避而不谈它们产生的效果。……就这种工作而言，这类倾向与天性是有用的，正如在事情涉及的不是评说而是介入人类事务时它们常常有害一样。"托克维尔对朋友诉说的苦恼，某种程度上我也有同感。

概念设计的概念

《战争论》的作者克劳塞维茨说:"如果某种活动一再涉及同一类事物,即同一类目的和手段,那么,即使它们本身有些小的变化,它们采取的方式是多种多样的,它们仍然可以是理论考察的对象。这样的考察正是一切理论最重要的部分,而且只有这样的考察才配称为理论。这种考察就是对事物进行分析探讨,它可以使人们对事物有一个确切的认识,如果对经验进行这样的考察,就能深入地了解它们。理论越是使人们深入地了解事物,就越能把客观的知识变成主观的能力,就越能在一切依靠才能来解决问题的场合发挥作用,也就是说,它对才能本身发生作用。"但是,"如果一个专家花费了半生的精力来全面地阐明一个本来是隐晦不明的问题,那么他对这一问题的了解当然就比只用短时间研究这一问题的人深刻得多。建立理论的目的是为了让别人能够不必从头整理材料和从头开始研究,而可以利用已经整理好和研究好的成果。理论应该培养未来的指挥官的智力,或者更正确地说,应该指导他们自修,而不应该陪着他们上战场,这正像一位高明的教师应该引导和促进学生发展智力,而不是一辈子拉着他走一样。"本书旨在引导工程师和未来工程师"自修",而不是陪着他们进行工程建设活动。"如果从理论研究中自然而然地得出原则和规则,如果真理自然而然地凝结成原则和规则这样的晶体,那么,理论就不但不和智力活动的这种自然规律相对立,反而会像建筑拱门时最后砌上拱心石一样,把这些原则和规则突出起来。不过,理论所以要这样做,也只是为了要和人们思考的逻辑关系一致起来,明确许多线索的汇合点,而不是为了规定一套供战场上使用的代数公式。因为就是这些原则和规则,也主要是确定思考的基本线索,而不应像路标那样指出行动的具体道路。"[一]阐述工程概念以及概念之间的关系,就是要把"从理论研究中自然而然地得出原则和规则""和人们思考的逻辑关系一致起来,明确许多线索的汇合点",而不是为了规定一套供工程建设使用的代数公式。

就科学的严谨性而言,真理和谬误有时就像实数轴上的有理数和无

[一]　《战争论》第一卷,第98页。

理数，比邻而居；稍许的理解偏差就会造成是非颠倒的局面。而语言所表述的概念的灵活性与科学严谨性的不协调正是歧义产生的地方，是科学理解与科学传播的敌人。我 30 多年前开始学习建筑结构工程，上学期间曾有时不时的迷茫，也有不间断的执着，虽有三十余载的工程设计与科研工作经历，但目前对结构工程的某些方面，仍不得要领，尤其是怎样以确定性的工程设计技术指标处理工程中的不确定性、随机性与模糊性，以及计算与概念之间的关系等问题。近年来常想将诸般迷惑写出来，略疏胸中块垒，或有益于同辈及后进学子。遂决意付诸笔端，历时一年有余，始成此书且就工程概念始。然而，能力所限，本书只做引玉之砖，期待与大家共同探讨。唯愿我的点滴辛劳与自省、反思，能唤起人们关注工程概念之本源与演化的热情。

在本书即将出版之际，中国工程院任辉启院士特为本书写了序，对概念设计的内涵作了高度概括，为概念设计的合理运用指明了方向。在此，特表示衷心感谢！

周克祥

2019 年 3 月 25 日初稿

2020 年 8 月 15 日改定稿

目录

序

前言

第一章　工程概念设计总论

> 如果你在书中发现了一种思想并正确地加以利用，那么你所拥有的机智和创造力并不亚于最早写下这种思想的人。
>
> ——法国哲学家彼埃尔·贝尔

一个幽灵，概念设计的幽灵，在结构工程界和地震工程界游荡。为了对这个幽灵进行全面阐释并揭示其奥秘、推广其应用，现有工程界几乎所有的一切势力：土木工程和地震工程，设计和施工，工程管理和质量监督等行业和部门的工程师或教授，理论分析和试验研究，理论专著和工程建设规范等，都倾力联合起来了。

可是，概念设计究竟是哪方神圣，引得我们必须如此关注它？或者说我们为什么偏要单独提出并强调概念设计？工程设计既是脑力劳动，又是体力劳动，是两者的综合。工程设计工作离不开思维活动，而且可以说工程设计的成果即设计作品是思维的成果和思维活动的结晶。在人类认识活动的活动中，只有运用概念才能做出判断，然后才能进行推理，进而建立完整的思想体系。概念和范畴是人类重要的思维形式，人类的一切思维活动都必须借助概念来进行，在人类所认知的思维体系中概念是最基本的单位。黑格尔说："人的意识，对于对象总是先形成表象，后才形成概念，而且唯有通过表象，依靠表象，人的能思的心灵才进而达到对于事物的思维的认识和把握。"[一] 因此，概念是理性思维的基本形式之一，是客观事物的本质属性在人们头脑中的概括反映，它实质上是在实践基础上人脑对客观对象"独特"的、辩证的反映。从这一意义上说，工程设计活动就是处理概念的工作，概念设计本来就是设计工

一　黑格尔《小逻辑》，第 37 页。

作的一部分，是内含于设计活动中的。那么，为什么非要把概念设计提到突出的位置呢？

强调概念设计，一方面是强化了概念在设计中的主导地位和方向性的作用，打破计算设计一统天下的局面；另一方面，概念设计本身还存在诸多问题，例如：概念设计是概念的设计，还是设计的概念？如果是概念的设计，则这个概念的内涵和外延是什么，谁来设计、怎样设计，目前还很不明确、很不清晰；如果是设计的概念，则设计的目标、范围、阶段、评判标准等，也应具体而明确。目前对这一类问题，学界和工程界均没能给出具体而有说服力的解说，仍众说纷纭，莫衷一是，在实际操作层面更是五花八门。就工程来说，工程建设活动是人们运用认识和掌握的工程建设规律，在特定的场地，综合运用各种建设手段和建设技术，巧妙地使用各种工程建筑材料，将设想转变为工程实体的过程。工程建设，不仅创造可供使用的实体，还创造经济和社会效益、精神和文化价值，同时还改变着自然和人文环境，对生态系统也产生着一定的影响。因此，工程设计应该有个创意核心，如果没有独特性、创造性的东西，都是套路化的东西，那么它就必然趋于平庸化而失去其创新性。更为关键的是，现代工程建设是一复杂系统，它受到很多因素的制约，既有经济的、技术的，也有社会的、环境的，而且这些因素之间往往相互牵制，错综复杂。因而建成后的工程对经济、社会和环境的影响日益扩大，使得工程建设已经不单单是技术和经济的问题，更是社会的问题和生态问题。相应地，工程建设所面对的已不仅是经济和技术问题，更是人类面临的生存和发展问题以及人与环境的共荣共存问题。如果不从哲学上、概念上对工程、工程建设和工程建设规律以及工程建设活动进行整体把握，工程建设将不可避免地会失去它应有的方向，甚至成为反噬人类的一大问题（典型的实例就是在各类灾害事件中，工程坍塌造成大量人员伤亡和经济损失）。黑格尔说："必须承认，如果不理解概念，仅仅停留在简单、固定的表象上，停留在名称上，那末，不论关于自我，不论关于任何东西，甚至关于概念本身，我们都会毫无概念……假如停留在现象，停留在日常意识中所发生的单纯表象那样的东西，那就是对概念和哲学实行放弃。"[一]对于现代大型工程建设项目来说，工程建成后，既有利也有弊，而且没有只是有利而无弊的工程，正如爱默生所说的，世上所有东西都有"瑕疵"。早在五代十国时期，吴越王钱镠主政期间，曾三次大兴土木，大规模扩建、修建杭州内城、外城和主城（罗城），自然弄得民怨不已，对此，钱镠曾意味深长地说："千百年后，知我者以此城，罪我者亦以此城。苟得之于人而损之己者，吾无愧欤！"[二]工程建设者的确需要这种"知我者以此城，罪我者亦以此城"的清醒和理智。对于具体的工程来说，建成后的工程是利大于弊，还是弊大于利，需要具体分析，更取决于建设者的主观能动性的发挥。工程建设理念是否先进、设计是否合理、管理是否科学，工程建成后的效益是否得到充分地发挥和利用，都可以归结为概念和观念。列宁说："自然科学的结论是一些概念。"[三]一切科学的理性认识都必须借助于概念才能进行，每门科学都表现为概念的系统。黑格尔说："经验知识，在它自己范围内，初看起来似乎相当满意。但还有两方面不能满足理性的要求：第一，在另一范围内，有许多对象为经验的知识所无法把握的，……第二，主观的理性，按照它的形式，总要求'比经验知识所提供的'更进一步的满足。这种足以令理性自身满足的形式，就是广义的必然性。然而在一般经验科学的范围内，一方面其中所包含的普遍性或类等等本身是空泛的、不确定的，而且是与特殊的东西没有内在联系的。两者间彼此的关系，纯是外在的和偶然的。同样，特殊的东西之间彼此相对的关系也是外在的和偶然的。另一方面，一切科学方法总是基于直接的事实，给予的材料，或权宜的假设。在这两种情形之下，都不能满足必然性的形式。所以，凡是志在弥补这种缺陷以达到真正必然性的知识的反思，就是思辨的思维，亦即真正的哲学思维。这种足以达到真正必然性的反思，就其为一种反思而言，与上面所讲的那种抽象的反思有共同点，

[一] 黑格尔《逻辑学》下卷，476～479 页。

[二] 罗隐《杭州罗城记》。

[三] 《列宁全集》第 55 卷，第 223 页。

但同时又有区别。这种思辨思维所特有的普遍形式，就是概念。"⊖黑格尔还指出："因为思想是有普遍性的活动，因而是一种抽象的自己和自己联系，换言之，就思维的主观性而言，乃是一个没有规定的自在存在，但就思维的内容而言，却又同时包含有事情及事情的各种规定。……所以就内容来说，只有思维深入于事物的实质，方能算得真思想；就形式来说，思维不是主体的私有的特殊状态或行动，而是摆脱了一切特殊性、任何特质、情况等等抽象的自我意识，并且只是让普遍的东西在活动，在这种活动里，思维只是和一切个体相同一。"⊖从这一意义上说，概念是工程建设的核心内涵，是影响和决定工程建设成败的综合因素。

黑格尔说："哲学当能熟知其对象，而且也必能熟知其对象。"⊜目前概念设计存在的诸多问题，其根本的原因就是对象不明，从而造成概念设计的概念含糊不清，概念设计的内涵与外延不清，概念设计的研究对象、研究内容、作用领域和适用范围不明，其直接后果就是概念设计在实际工作中的主观随意性、人为性，实际操作不具规范性和实际成效的可检验性不强。

"不解决桥或船的问题，过河就是一句空话。"解决目前概念设计存在的现实问题、弥补现有的不足，不仅需要完善概念设计的内涵，理清概念设计的外延，更应区分概念设计与计算设计、设计构造、设计理论、设计规范、设计经验等之间的关系，将概念设计学理化、系统化和理论化，建立起相应的概念体系、理论体系和学术范畴。

黑格尔说："逻辑学是研究纯粹理念的科学，所谓纯粹理念就是思维的最抽象的要素所形成的理念。""逻辑学是研究思维、思维的规定和规律的科学。"㆕

我们亦可以说，概念设计的概念是研究工程、工程建设规律、工程设计等思维要素所形成的理念、观念和思想。在目前对概念设计初步论

⊖ 《小逻辑》，第46～48页。

⊖ 《小逻辑》，第78页。

⊜ 《小逻辑》，第37页。

㆕ 《小逻辑》，第63页。

述的概念里，所包含对于结构工程学、地震工程学以及其他概念的规定，"都是由于并对于全体有了综观而据以创立出来的"[一]。"理念并不是形式的思维，而是思维的特有规定和规律自身发展而成的全体，这些规定和规律，乃是思维自身给予的，决不是已经存在于外面的现成的事物"[二]，或者说工程概念是人们关于工程、工程建设的基本规律抽象思维化而形成的"思维、思维的规定和规律"。

第一节　概念设计是工程设计哲理化的具体体现

工程建设活动是人们运用认识和掌握的工程建设规律，综合运用各种建设手段，在特定的场地，巧夺天工地使用各种工程建筑材料，将设想转变为工程实体的过程。当前，工程建设技术快速发展，工程建设能力迅猛发展，工程建设规模越来越大，建造技术越来越复杂。城乡建设、大型水利枢纽工程、高速公路、高速铁路等一大批工程飞速发展，工程建设成就日新月异，工程技术让人类拥有了梦想的家园，使人们出行方便、生活舒心。然而，当今世界的这些大规模工程建设，技术已不能包打天下，科学精神、技术理性只能解决工程建设所面临的有限问题，现代工程活动对社会、自然、生态环境已经产生和正在产生巨大而深刻的影响，大规模的工程建设的确衍生出城市病、生态环境与人类可持续发展等诸多问题，其中的超大型工程更表现出大规模、巨系统、超长期、高投入、高科技含量的特点，任何疏漏和失误都将带来无可挽回的损失和灾难，工程决策、工程理念等，往往成为决定工程建设成败的关键问题。这正如恩格斯在《自然辩证法》中所指出的，"经验自然科学积累了如此庞大数量的实证的知识材料，以致在每一个研究领域中有

[一]　《小逻辑》，第63页。

[二]　《小逻辑》，第63页。

系统地和依据材料的内在联系把这些材料加以整理的必要，就简直成为无可避免的。建立各个知识领域互相间的正确联系，也同样成为无可避免的。因此，自然科学便走进了理论的领域，而在这里经验的方法就不中用了，在这里只有理论思维才能有所帮助。"⊖现实和形势的需要都向我们提出了要把工程问题提升到哲学高度来认识，对已有的工程进行理性的反思，自觉地运用哲学思维来指导工程建设，并对工程的规律和特点进行深入探讨。哲学是时代的精华，随着工程活动的蓬勃开展，对工程活动的深层次问题的思考诞生了一门新兴学科——工程哲学。2004年，美国工程院工程教育委员会把"工程哲学"列为当年的六个研究项目之一，认为工程哲学是一门新的学科，还专门成立了工程哲学指导委员会，举办学术讨论会，以建立工程哲学的思想和理论基础。⊖

工程哲学经过了近百年的发展，最早可追溯到 1896 年托马斯·克拉克（Thomas C. Clarke）发表的《科学与工程》和俄国工程师恩格迈尔（Peter K. Engelmeier）于 1898 年发表的《论技术的一般问题》。奥斯古特（F. Osgood）在《工程师与文明》中强调工程对社会进步的意义，并把工程看作是价值中立的工具。罗杰斯出版了《工程的本性———一种技术哲学》。20 世纪 90 年代，卡特克里夫和哥德曼出版了《非学术科学和工程的批判观察》。约瑟夫·皮特（Joseph C. Peter）在《技术思考》《工程师知道什么》《设计中的失误：哈勃太空望远镜案例》《工程与建筑中的成功设计：一种对于标准的呼求》等多篇论著中，从技术行动论出发阐述了自己实用主义和经验主义的工程哲学思想。文森蒂（W. C. Vincenti）于 1990 年出版了《工程师知道什么以及他们怎么知道的》专著。布西阿勒里（L. Bucciarelli）在《设计工程师》中把设计看作是工程的核心。凯恩在《工程方法的定义》一书中认为工程师在工程设计中所运用的基本方法是启发法。莱顿（E. T. Layton）指出工程是社会变革和社会革命的工具。1992 年，李伯聪向北京国际

⊖ 《马克思恩格斯全集》第 20 卷，第 382 页。

⊖ 刘洪波，丰景春《工程哲学研究发展现状、问题与前景》，《学术论坛》，2007 年第 06 期。

科学哲学会议提交论文《简论工程实在论》；1993 年，正式发表《我造物故我在——简论工程实在论》，1995 年，他又发表论文《努力向工程哲学和经济哲学领域开拓——兼论 21 世纪的哲学转向》。1999 年，陈昌曙在《技术哲学引论》一书中以单独的一节讨论技术和工程的一些问题。2001 年，李伯聪在《哲学研究》发表了《我思故我在与我造物故我在——认识论与工程哲学刍议》。2002 年初，陈昌曙发表《重视工程、工程技术和工程家》一文，首次提出工程家的概念。2002 年，李伯聪出版了《工程哲学引论——我造物故我在》。2005 年和 2006 年，杜澄、李伯聪主编的《工程研究——跨学科视野中的工程》第 1 卷和第 2 卷出版。2006 年，王宏波教授出版了《工程哲学与社会工程》，田鹏颖教授出版了《社会工程哲学引论》。2007 年，殷瑞钰、汪应洛和李伯聪等国内工程界专家和科学技术哲学界学者撰写并由高等教育出版社出版了《工程哲学》。⊖这些论著标志着中国工程哲学研究已逐渐走向成熟。

德国哲学家叔本华说："没有比把重要思想表达得谁都理解更难的了。"工程哲学就是要对工程活动进行理性的分析和探讨。只有面向具体的工程实践过程并从中引出哲学思考，才有可能促进工程哲学的发展。黑格尔指出："哲学是在发展中的系统"，"揭示出理念发展的一种方式，亦即揭示出理念各种形态的推演和各种范畴在思想中的、被认识了的必然性，这就是哲学自身的课题和任务。"⊜工程建设面临的问题和存在的矛盾与哲学基本原理之间存在共通之处，"建筑师所面临的这些迫切问题，实质上是哲学问题，它们能被阐明，有时甚至可以得到解决。"⊜

由于工程建设自身的特点，长期以来，工程师往往以提高技术效率、实现雇主利益最大化为职责。就工程问题进行哲学思考的主体一般

⊖ 刘则渊、王续琨，王前，《工程·技术·哲学（总第六卷）》，大连理工大学出版社，2010 年 9 月，第 178~179 页。

⊜ 黑格尔《哲学史演讲录》第 1 卷，第 33~34 页。

⊜ 罗杰·斯克鲁登《建筑美学》，中国建筑工业出版社，1992 年 9 月，第 10 页。

概念设计的概念

是工程师和技术专家。职业身份决定了工程师们对工程持有一种肯定和赞誉的态度，"比较倾向于技术"。他们反思工程问题的出发点和归宿点是如何发挥工程师的能动性和创造性，把工程做得更好。然而，工程建设活动中充满了辩证法，工程的复杂性要求人们（不仅仅是工程师）不能仅从专业技术的角度来考虑工程，更需要从理性的、哲学的视野来思考工程问题。工程中包含着许多需要哲学思辨的东西，客观上要求人们跳出狭隘的工程技术范围，从更加广阔的视野看待工程中的哲学问题，追问工程技术的本质，以及工程中的伦理道德问题、工程与社会文化的关系、工程对人性的影响等，从非技术的、人文的角度对技术的本质及其意义进行反思和理性追究。

　　工程建设活动是改造自然、顺应自然的创造物品的过程，既包括发现和认识规律，也包括具体运用规律两大环节和两个方面，其所面对的问题既是技术经济问题，又是社会问题、价值问题、方法问题。黑格尔说："哲学是概念性的认识。"㊀"科学的概念，我们据以开始的概念，即因其为这一科学的出发点，所以它包含作为对象的思维与一个（似乎外在的）哲学思考的主体间的分离，必须由科学本身加以把握。简言之，达到概念的概念，自己返回自己，自己满足自己，就是哲学这一科学唯一的目的、工作和目标。"㊁概念是反映客观事物本质属性的思维形式，它不仅是思维活动的起点，是组成思维的细胞，同时也是思维的总结。人们对工程设计的评价主要还是分析其概念的正确与合理性，计算结果是否准确、工程施工是否顺利，是否会遇到技术瓶颈，很大程度上取决于是否有能准确反映和概括工程属性的工程概念，工程概念已成为工程设计的方向性问题，因为"只有真理存在于其中的那种真正的形态才是真理的科学体系"㊂。但是，"科学作为一个精神世界的王冠，也决不是一开始就完成了的。新精神的开端乃是各种文化形式的一个彻底变革的产物，乃是走完各种错综复杂的道路并作出各种艰苦的奋斗努力而后取得的代价。这个开端乃是在继

㊀ 《小逻辑》，第58～59页。

㊁ 《小逻辑》，第327页。

㊂ 黑格尔《精神现象学》上卷，第4页。

8

承了过去并扩展了自己以后重返自身的全体，乃是对这全体所形成的单纯概念。但这个单纯的全体，只在现在已变成环节了的那些以前的形态，在它们新的原素中以已经形成了的意义而重新获得发展并取得新形态时，才达到它的现实。"[一]"概念是实体对比的真理；在这种对比中，有和本质通过彼此交互而达到它们的完成的独立和规定"[二]。概念是思维的细胞，是认识成果的凝结体。黑格尔说："概念的逻辑通常被认作仅是形式的科学，并被理解为研究概念、判断、推论的形式本身的科学，而完全不涉及内容方面是否有某种真的东西；殊不知关于某物是否真的问题完全取决于内容。如果概念的逻辑形式实际上是死的、无作用的和无差别的表象和思想的容器的话，那么关于这些形式的知识就会是与真理无涉的、无聊的骨董。但是事实上，与此相反，它们（逻辑形式）作为概念的形式乃是现实事物的活生生的精神。现实的事物之所以真，只是凭借这些形式，通过这些形式，而且在这些形式之内才是真的。但这些形式本身的真理性，以及它们之间的必然联系，直至现在还没有受到考察和研究。"[三]工程概念同样没有得到应有的重视而予以考察和研究。

现代工程建设活动中，工程理念或工程观是工程活动的出发点和归宿，是工程设计和建造活动的灵魂。工程设计概念设计的提出，是工程设计工作哲理化、工程哲学实用化的具体体现，标志着工程建设问题进入了哲学研究的视野，开创了工程研究和哲学研究的新境界，有力地推动了工程哲学研究的发展。

黑格尔说："真理就是逻辑学的对象。真理是一个高尚的名词，而它的实质尤为高尚。只要人的精神和心情是健康的，则真理的追求必会引起他心坎中高度的热忱。但是一说到这里立刻就会有人提出反问道：'究竟我们是否有能力认识真理呢？'在我们这些有限的人与自在自为存在着的真理之间，似乎有一种不调协……因此又有许多人发出我们是否能够认识真理的疑问，其用意在于为他们留恋于平庸的有限目的的生活

[一]《精神现象学》上卷，第 8 ~ 9 页。

[二]《逻辑学》下卷，第 262 页。

[三]《小逻辑》，第 331 页。

作辩解。类似这种的谦卑却毫无可取之处。类似这样的说法：'像我这种尘世的可怜虫，如何能认识真理呢？'可以说是已成过去了。代之而起的另一种诞妄和虚骄，大都自诩以为直接就呼吸于真理之中，而青年人也多为这种空气所鼓舞，竟相信他们一生下来就现成地便具有宗教和伦理上的真理。从同样的观点，特别又有人说，所有那些成年人大都堕落、麻木、僵化于虚妄谬误之中。青年人所见的有似朝霞的辉映，而老辈的人则陷于白日的沼泽与泥淖之中。他们承认特殊部门的科学无论如何是应该探讨的，但也单纯把它们认为是达到生活的外在目的的工具。这样一来，则妨碍对于真理的认识与研究的，却不是上面所说的那种卑谦，而是认为已经完全得到真理的自诩与自信了。老辈的人寄托其希望于青年的人，因为青年人应该能够促进这世界和科学。但老辈所属望于青年人的不是望他们停滞不前，自满自诩，而是望他们担负起精神上的严肃的艰苦的工作。此外还有一种反对真理的谦逊。这是一种贵族式的对于真理的漠视……问道：'真理是什么东西？'意思是说，一切还不是那么一回事，没有什么东西是有意义的……一切都是虚幻的——这样一来，便只剩下主观的虚幻了。更有一种畏缩也足以阻碍对于真理的认知。大凡心灵懒惰的人每易于这样说：不要那样想，以为我们对于哲学研究是很认真的。我们自然也乐意学一学逻辑，但是学了逻辑之后，我们还不是那样。他们以为当思维超出了日常表象的范围，便会走上魔窟；那就好像任他们自身漂浮在思想的海洋上，为思想自身的波浪所抛来抛去，末了又复回到这无常世界的沙岸，与最初离开此沙岸时一样地毫无所谓，毫无所得。"⊖这一段引文有点长，但对照概念设计，我们可以从中梳理出以下几个问题：

（1）真理是否可以作为概念设计的对象？尘世中的我们是否有能力认识概念设计的真理呢？我们如何能认识概念设计的真理呢？回答是肯定的。

（2）妨碍对于概念设计真理的认识与研究的，是认为已经完全得到概念设计真理的自诩与自信。这未必是人们有意而为的，但实际情况往

⊖ 《小逻辑》，第64~65页。

往就是如此，这种无意识往往危害更大。

（3）还有一种反对概念设计真理的"谦逊"，是一种贵族式的对于概念设计真理的漠视，意思是说，一切还不是那么一回事，没有什么东西是有意义的，一切都是虚幻的，包括概念设计本身。这种虚无主义某种程度上是存在的、麻痹人的。

（4）更有一种畏缩也足以阻碍对于概念设计真理的认知：我们自然也乐意学一学概念设计，但是学了概念设计之后，我们还不是那样。有这样想法的人以为"当思维超出了日常表象的范围，便会走上魔窟；那就好像任他们自身漂浮在思想的海洋上，为思想自身的波浪所抛来抛去，末了又复回到这无常世界的沙岸，与最初离开此沙岸时一样地毫无所谓，毫无所得。""这种看法的后果如何，我们在世界中便可看得出来。我们可以学习到许多知识和技能，可以成为循例办公的人员，也可以养成为达到特殊目的的专门技术人员。但人们，培养自己的精神，努力从事于高尚神圣的事业，却完全是另外一回事。而且我们可以希望，我们这个时代的青年，内心中似乎激励起一种对于更高尚神圣事物的渴求，而不会仅仅满足于外在知识的草芥了。"〇正是这种对于外在知识的草芥的不满，推动人们深入研究概念设计及其作用。

黑格尔说："概念把前此一切思维范畴都曾加以扬弃并包含在自身之内了。概念无疑地是形式，但必须认为是无限的有创造性的形式，它包含一切充实的内容在自身内，并同时又不为内容所限制或束缚。同样，如果人们所了解的具体是指感觉中的具体事物或一般直接的可感知的东西来说，那末，概念也可以说是抽象的。概念作为概念是不能用手去触摸的，当我们在进行概念思维时，听觉和视觉必定已经成为过去了。可是如前面所说，概念同时仍然是真正的具体东西。这是因为概念是'存在'与'本质'的统一，而且包含这两个范围中全部丰富的内容在自身之内。"〇由于概念是头脑对感性材料进行抽象的产物，它不包含"感性的原子"，"经过反思，最初在感觉、直观、表象中的内容，

〇　《小逻辑》，第65~66页。

〇　《小逻辑》，第328页。

概念设计的概念

必有所改变，因此只有通过以反思作为中介的改变，对象的真实本性才可呈现于意识前面。凡是经反思作用而产生出来的就是思维的产物。"⊖就是说，从形式上看，它仿佛远离了客观对象，仿佛是不可靠的东西，但是我们应认识到，概念作为事物的"抽象"，是"对浮现于不确定的直观和表象之前的大量个别事物的极度缩写"，这种"抽象"和"缩写"是对对象和事物本质的概括，"我们既认为思维和对象的关系是主动的，是对于某物的反思，因此思维活动的产物、普遍概念，就包含有事情的价值，亦即本质、内在实质、真理"⊜。马克思也指出："正如我们通过抽象把一切事物变成逻辑范畴一样，我们只要抽去各种各样的运动的一切特征，就可得到抽象形态的运动，纯粹形式上的运动，运动的纯粹逻辑公式。既然我们把逻辑范畴看做一切事物的实体，那么也就不难设想，我们在运动的逻辑公式中已找到了一种绝对方法，它不仅说明每一个事物，而且本身就包含每个事物的运动。"⊜因此，我们切不可认为只有可感知的东西才是真实的，而概念既然不可感知，就是虚假的。概念对事物的"抽象"，是对对象的"标签"化，是经过扁平化处理之后贴上的标签。思维在利用概念的过程中，也在某种程度上被概念控制，这意味着利用概念思维的人很难再有机会面对事物的本来面目，他看到的只是关于事物的概念。恩格斯说，人们"先从可以感觉到的事物造成抽象，然后又希望从感觉上去认识这些抽象的东西，希望看到时间，嗅到空间。经验论者深深地陷入了体会经验的习惯之中，甚至在研究抽象的东西的时候，还以为自己是在感性认识的领域内。我们知道什么是一小时或一米，但是不知道什么是时间和空间！仿佛时间根本不是小时而是其他某种东西，空间根本不是立方米而是其他某种东西！物质的这两种存在形式离开了物质，当然都是无，都是只在我们头脑中存在的空洞的观念、抽象。确实有人认为，我们也不知道什么是物质和运动！当然不知道，因为抽象的物质和运动还没有人看到或体验到；只有各种不同的、现实地

⊖ 《小逻辑》，第76页。

⊜ 《小逻辑》，第73~74页。

⊜ 《马克思恩格斯全集》第4卷，第141页。

存在的实物和运动形式才能看到或体验到。实物、物质无非是各种实物的总和，而这个概念就是从这一总和中抽象出来的；运动无非是一切可以从感觉上感知的运动形式的总和；像'物质'和'运动'这样的名词无非是简称，我们就用这种简称，把许多不同的、可以从感觉上感知的事物，依照其共同的属性把握住。因此，要不研究个别的实物和个别的运动形式，就根本不能认识物质和运动；而由于认识个别的实物和个别的运动形式，我们也才认识物质和运动本身。因此，当耐格里说我们不知道什么是时间、空间、物质、运动、原因和结果的时候，他只是说：我们先用我们的头脑从现实世界作出抽象，然后却不能认识我们自己作出的这些抽象，因为它们是可以意识到的事物，而不是可以感觉到的事物，但是一切认识都是感性上的测度！这正是黑格尔所说的困难：我们当然能吃樱桃和李子，但是不能吃水果，因为还没有人吃过抽象的水果。"⊖概念是思维的工具，思维利用概念提高效率，首先是认识效率，相应地，还有认识指导下的实践的效率。马克思说："任何人的职责、使命、任务就是全面地发展自己的一切能力，其中也包括思维的能力。"⊜黑格尔说："人们对于单纯表面上的熟习，只是感性的现象，总是不能满意，而是要进一步追寻到它的后面，要知道那究竟是怎样一回事，要把握它的本质。因此我们便加以反思，想要知道有以异于单纯现象的原因所在，并且想要知道有以异于单纯外面的内面所在。……感性的东西是个别的，是变灭的；而对于其中的永久性东西，我们必须通过反思才能认识。自然所表现给我们的是个别形态和个别现象的无限量的杂多体，我们有在此杂多体中寻求统一的要求。因此，我们加以比较研究，力求认识每一事物的普遍。个体生灭无常，而类则是其中持续存在的东西，而且重现在每一个体中，类的存在只有反思才能认识。自然律也是这样，例如关于星球运行的规律。天上的星球，今夜我们看见在这里，明夜我们看见在那里，这种不规则的情形，我们心中总觉得不敢于信赖，因为我们的心灵总相信一种秩序，一种简单恒常而有普遍性的规定。心中有了这种信念，于是对这种凌乱的现象加以反思，而认识其规律，确定

⊖《马克思恩格斯全集》第20卷，第578~579页。
⊜《马克思恩格斯全集》第3卷，第330页。

星球运动的普遍方式，依据这个规律，可以了解并测算星球位置的每一变动。同样的方式，可以用来研究支配复杂万分的人类行为的种种力量。在这一方面，我们还是同样相信有一普遍性的支配原则。从上面所有这些例子里，可以看出反思作用总是去寻求那固定的、长住的、自身规定的、统摄特殊的普遍原则。这种普遍原则就是事物的本质和真理，不是感官所能把握的。例如义务或正义就是行为的本质，而道德行为之所以成为真正的道德行为，即在于能符合这些有普遍性的规定。"⊖因为"要想发现事物中的真理，单凭注意力或观察力并不济事，而必须发挥主观的 [思维] 活动，以便将直接呈现在当前的东西加以形态的改变。"⊜马克思、恩格斯和黑格尔的这些论述对概念设计的抽象及其统摄事物本质的特点，作了很好的说明。

工程设计哲理化的突出之处就是要反对设计工作中的"形而上学"思维方式，确立辩证思维方式对工程设计的引领作用。说工程设计活动中普遍存在"形而上学"思维方式，可能多数工程技术人员不接受，在他们的潜意识里，他们从事的工作是科学的，自始至终都能自觉遵守工程建设的基本原理、技术规范，都能够自觉运用工程建设理论、工程建设技术、工程建设方法进行开创性的工作，他们的工作方法和思维方式都是科学的或符合科学规范的，哪能与"形而上学思维方式"相提并论？这主要看怎么来定义"形而上学思维方式"。恩格斯说："在形而上学者看来，事物及其在思想上的反映，即概念，是孤立的、应当逐个地和分别地加以考察的、固定的、僵硬的、一成不变的研究对象。他们在绝对不相容的对立中思维；他们的说法是：'是就是，不是就不是；除此以外，都是鬼话。'在他们看来，一个事物要么存在，要么就不存在；同样，一个事物不能同时是自己又是别的东西。"⊜这种"在绝对不相容的对立中思维"，是有它的"合理性"的："初看起来，这种思维方式对我们来说是极为可信的，因为它是合乎所谓常识的"。㊃形而上学思维方式的最大危害在于各种"在绝对不相容的对立中思维"是符合"常识"的,而且"似乎是极为可信的"。例如,工程建设的技术和经济指标都是量化的,那么,用经济技术指标来衡量工程建设所遇到的各类技术问题,并坚持"是就是,不是就不是",有何不对?这主要是因为工程面临两大困境:①工程设计是在明确的经济技术指标下进行的活动,但外界的作用、材料的性能、施工条件和使用环境等都是变化(变异、随机、模糊)的,因而工程设计需要"以确定性应对不确定性、随机性和模糊性";②现代工程设计依据的标准是普遍的、相对固定和滞后的,但每个工程都有其特殊之处,都有工程建设标准所未能涵盖的领域和方面,工程设计需要有"以偏概全、以不变应多变"的能力和水平。这种能力往往决定工程设计的好坏甚至是工程设计的成与败。例如,2011年7月连续发生多起桥梁坍塌和严重质量事故。7月11日,江苏盐城通榆河桥坍塌;7月12日,武汉黄陂一高架桥引桥严重开裂,并向两边倾斜;7月14日,福建武夷山公馆大桥因重型货车严重超载(重量80余t)而倒塌;7月15日,运行了13年的杭州钱江三桥辅桥主桥面右侧车道部分桥面突然塌落,一辆99.9t重的重型半挂车从桥面坠落,又将下匝道砸塌。但是与钱江三桥同处于钱塘江上的钱塘江大桥,1934年8月8日开始动工兴建、1937年9月26日建成,该桥设计使用年限50年,现已经超期服役20多年,依旧任凭风吹浪打,正常使用。研究钱塘江大桥史的人员说:"茅以升修桥的时候是按照20km的时速设计的,现在动车可以跑到时速120km,汽车也可以跑到时速100km;设计荷载下层铁路面轴重50t、上层公路面15t,70多年过去了,40t、甚至60t重的汽车也在桥上跑。当时平均每天仅有150多辆汽车、4.9对火车通行,现在钱塘江大桥日通行汽车超过一万辆,火车超过150辆。"恩格斯说:"虽然形而上学的思维方式,在相当广泛的、各依对象的性质而大小不同的领域中是正当的,甚至必要的,但它每一次都迟早要达到一个界限,一超过这个界限,它就要变成片面的、狭隘的、抽象的,并且陷入不可解决的矛盾,因为它看到一个一个的事物,忘了它们互相间的联系;看到它们的存在,忘了它们的产生和消失;看到它们的静止,忘了它们的运动；因为它只见树木，不见森林"○。与钱塘江大桥超期服役依旧正常使用相比，那些短命的、设计使用年限内垮塌的桥梁就是因为静止地看待规范或设计任务书给出的荷载取值，"忘了它们的运动"，一旦"跨入广阔的研究领域"，就会"遇到最惊人的变故"。在工程建设中，诸如标志性建筑的美与丑、住宅平面布局的合理性、地基沉降变形和结构抗震计算结果的可靠性等，就难以断言"是就是，不是就不是"。在这些领域，必然出现"在对事物的肯定的理解中同时包含对事物的否定的理解。"○这启示我们，研究工程建设规律，必须研究工程建设内在的、本质的必然联系，不能被"偶然发生"的东西所左右。在设计阶段，应考虑建成后的工程使用功能存在不确定性、变异性，而且温度变化、构件收缩变形的发展、地基基础沉降变形的不均性、地震作用的不确定性等环境因素和荷载等外界作用已不再是线性叠加，而是以非线性的样式呈现出的，而且常用的建筑材料中，钢材的锈蚀、混凝土的开裂和碳化、砖砌体开裂和风化等材料的性能退化和劣化，使构件的承载力不断降低，这些因素都使得工程使用功能、承载力退化，外界作用和环境条件的变化性、不确定性与工程设计技术指标的确定性要求之间的矛盾越来越突出。工程设计技术条件的变化性和不确定性是工程设计难以完全消解的本质属性。沃勒斯坦认为，不确定性是客观世界的"常态"，"一切具有不确定性，而不是具有确定性。未来本质上具有不确定性，平衡的状态只是例外的情况，物质现象绝非处在平衡状态。"○费恩曼说："我们称之为科学知识的东西，就是由具有不同程度的不确定性陈述所构成的集合体，它们中的一些很难确定是否正确，一些几乎可以肯定是正确的，但是没有确定无疑是绝对正确的。"○所以要使工程设计与设计规范之间达到"如合符契"般的程度，是不现实的。在这种情况下，固守"是就是，不是就不是"，就是形而上学思维的一种具体

○ 《马克思恩格斯全集》20卷，第24页。

○ 《马克思恩格斯全集》第12卷，第738页。

○ 韩震《关于不确定性与风险社会的沉思》，《哲学研究》，2011年第5期。

○ 费恩曼《科学的不确定性》。

表现。我们尤应注意不要将设计是否符合设计规范作为判断设计是否正确的唯一标准、绝对准则。符合设计规范的设计未必一定安全适用，不符合规范的设计也未必出现安全问题。现举一个实际例子来说明。

楼面活荷载设计取值在荷载规范中列为强制性条文。如果实际设计取值小于规范表值，如住宅有时卫生间、厨房与客厅或卧室在同一结构板块内，卫生间、厨房的活荷载为 $2.5kN/m^2$，而客厅或卧室为 $2.0kN/m^2$，如果设计时统一按 $2.0kN/m^2$ 设计，则卫生间、厨房部分的活荷载取值小于规范要求，属于典型的违反强制性条文。但仔细分析发现，设计时，梁、板、柱和基础等截面尺寸均存在不同程度的富余量，如果柱子轴压比也在规范限值之内，构件配筋时，人为放大了配筋量值，从而可以判定楼面活荷载取值的偏小不会影响结构安全，也就是虽然活荷载取值小于规范值，但按规范值反算，各类构件均能满足设计要求，这时如果还是按违反强制性条文来对待，就出现很尴尬的局面：违反强制性条文但不影响工程安全和使用性能！而设置强制性条文的目的就是为了防止影响工程安全的质量缺陷，既然没有影响工程安全，怎么能说是违反强制性条文呢？对设计来说，重要的是确保结构安全；规范约定是要在经济合理的前提下防止或避免出现质量安全事故和影响使用，核查和判定的标准应与之对应。因此，判别结构设计是否违反强制性条文是个复杂的问题，不能仅仅看结构设计参数的选取是小于或大于规范约定或给定的数值，还得分析当设计取值与规范给定值不一致时所造成的影响，尤其是对承载力极限状态和正常使用极限状态的直接影响。就本例来说，不宜简单地以活荷载取值是否符合规范给定值来判定是否违反强制性条文，而只能认为设计荷载取值不符合规范表值，或设计参数的取值不满足规范的要求。

孙正聿说，现有对"辩证法"和"形而上学"的理解中，最为根本的问题在于，通常总是在经验常识的意义上去理解和解释二者的区别，同时又在经验常识的意义上把作为理论思维的辩证法经验化、常识化。这直接地表现在把"辩证法"解释成"认为世界上一切事物都是发展、变化的，事物发展的原因在于它的内部矛盾性"，而把"形而上学"解释成"用孤立的、静止的和片面的观点去看世界，把一切事物看成彼此孤立的和永久不变的，如果说到变化，也只是限于数量的增减和位置的变更，而不承认事物的实质的变化；并且硬说一切变化的原因在于事物外部的力量的推动"。这种解释既没有揭示形而上学思维方式的"合理性"和"局限性"，也没有揭示辩证法的思维方式对经验常识的批判、反思和超越，而是以直观反映论的思维方式和素朴实在论的哲学理念把"辩证法"和"形而上学"解释为对经验对象的两种不同的描述方式和解释方式。因此，这种关于辩证法和形而上学的思维方式的通常解释，就不是把人们的思维从常识层面上升到哲学层面，而是把哲学层面的理论思维下降为经验思维，以致误导人们总是停留在经验常识中理解"辩证法"和"形而上学"这两种思维方式。⊖直观反映论的思维方式和素朴实在论的哲学理念在工程设计活动中也有充分的表现。克劳塞维茨在《战争论》中说："企图为军事艺术建立一套死板的理论，好像搭起一套脚手架那样来保证指挥官到处都有依据，这是根本不可能的。即使可能，当指挥官只能依靠自己的才能的时候，他也会抛弃它，甚至同它对立。而且，不管死板的理论多么面面俱到，总会出现我们以前讲到的那个结果：才能和天才不受法则的约束，理论和现实对立。"⊜如果我们试图为工程设计建立一套死板的理论，如同搭起一套脚手架那样来保证工程设计人员到处都有依据，这种努力似乎是有需求的，但这是根本不可能的，即使可能，设计者"只能依靠自己的才能的时候，他也会抛弃它，甚至同它对立"。

工程设计工作哲理化、工程哲学实用化还要反对哲学的泛化和概念的滥用，尤其要避免将概念设计固定化、概念设计的简单化、粗鄙化，也就是常说的"炒作概念"。工程哲学不等于工程中的哲学，亦不等同于哲学在工程中的应用。工程哲学的兴起不仅意味着工程研究已跨入哲学层面，进入哲学视野；同时也标志着哲学研究深入工程领域，工程哲学是典型的交叉学科。工程哲学有它自己的研究对象、研究方法、基础

⊖ 孙正聿《恩格斯的"理论思维"的辩证法》，《哲学研究》，2012 年第 11 期。

⊜ 《战争论》上卷，第 9 页。

理论和学科体系，只是其理论和学科体系目前还处于初创阶段。

第二节　概念设计是对工程设计学理化的实际贡献

工程设计是一门很深的学问，它既是科学和技术，又是艺术和哲学；既是生产，又是创作和研究；既是技术应用的过程，又是发现技术问题和推动技术进步的环节和阶段。但长期以来，工程设计仍处于经验传授和技术传承的层面，工程设计学还没有成为一门显学，尽管"工程材料""钢筋混凝土""钢结构""地基与基础""工程抗震"等各类工程学科理论翔实、著作汗牛充栋并成为大学教学的课程，但这些学科理论和著作均只涉及工程设计的一个方面（环节），还不能描述出工程设计的全貌。黑格尔说："究竟需要多少特殊部分，才可构成一特殊科学，迄今尚不确定，但可以确知的，即每一部分不仅是一个孤立的环节，而且必须是一个有机的全体，不然，就不成为一真实的部分。因此哲学的全体，真正地构成一个科学。但同时它也可认为是由好几个特殊科学所组成的全体。……哲学全书与一般别的百科全书有别，其区别之处，在于一般百科全书只是许多科学的凑合体，而这些科学大都只是由偶然的和经验的方式得来，为方便起见，排列在一起，甚至里面有的科学虽具有科学之名，其实只是一些零碎知识的聚集而已。这些科学聚合在一起，只是外在的统一，所以只能算是一种外在的集合、外在的次序，［而不是一个体系］。由于同样的原因，特别由于这些材料具有偶然的性质，这种排列总是一种尝试，而且各部门总难排列得匀称适当。而哲学全书则不然。"○大学里目前开设的"钢筋混凝土""钢结构""地基与基础"等课程，虽然在各自的学科体系来说是系统的、理论化的，但对于工程设计来说，只是"孤立的环节"，没能形成体系。爱因斯坦说：

○ 《小逻辑》，第56页。

概念设计的概念

"科学对于人类生活的影响有两种方式。第一种方式是大家熟悉的，科学直接地并且在很大程度上间接地生产出完全改变了人类生活的工具。第二种方式是教育性的，它作用于心灵。尽管草率看来，这种方式不大明显，但至少同第一种方式一样锐利。"⊖工程"直接地并且在很大程度上间接地"改变了人类生活，但工程本身的教育性是潜藏的，它是工程教育的活教材。在工程教育方面，不仅要传授知识，还要培养学生的工程概念。因为概念可以揭示对象的本质，可以使人从总体上把握概念所反映的对象，可以日益深刻、日益正确地接近对象。黑格尔说，有一种信念认为"所有对象、性质、事变的真实性，内在性，本质及一切事物所依据的实质，都不是直接地呈现在意识的前面，也不是随对象的最初外貌或偶然发生的印象所提供给意识的那个样子，反之，要获得对象的真实性质，我们必须对它进行反思。惟有通过反思才能达到这种知识。"⊖工程概念就是反思工程建设而获得的知识和思想性认识。

　　黑格尔说："有的学科开端本身是理性的，但在它把普遍原则应用到经验中个别的和现实的事物时，便陷于偶然而失掉了理性准则。在这种变化性和偶然性的领域里，我们无法形成正确的概念，最多只能对变化的偶然事实的根据或原由加以解释而已。例如法律科学……首先必须有许多最后准确决定的条款，这些条款的设定，是在概念的纯理论决定的范围以外。因此颇有视实际情形而自由伸缩的余地，有时，根据此点，可以如此决定，根据彼点，又可以另作决定，而不承认有最后确定的准则。……另有一种实证科学，其缺陷在于它的结论所本的根据欠充分。这类的实证知识大都一部分基于形式的推理，一部分基于情感、信仰和别的权威，一般说来，基于外界的感觉和内心的直观的权威。"⊖黑格尔说的这种情况在设计规范的规定和应用中，还是会遇到的。例如，《建筑抗震设计规范》GB 50011—2010 第 7.1.2 条规定，在 8 度 0.2g 地区的多层砌体房屋的层数不应超过 6 层，高度不应超过 18m。注意，这

　　⊖ 《爱因斯坦文集》第 3 卷，第 135 页。

　　⊖ 《小逻辑》，第 74 页。

　　⊜ 《小逻辑》，第 57～58 页。

里的规范用词是 18m 而不是 18.0m，就是说它是一个约数，不是准确的限定值，这意味着规范用词本身具有的模糊性。模糊性是规范作为法律条文所具有的基本属性，可以根据具体工程的实际情况灵活掌握。在实际工程中，6 层建筑的实际高度不可能刚好是 18.0m，这就引出在实际设计中如何执行"18m"这一限值的问题。住房和城乡建设部《工程建设标准编写规定》（建标〔2008〕182 号）的规定，"标准中标明量的数值，应反映出所需的精确度"。有的文献提出，规范（规程）中关于房屋高度界限的数值规定，均应按有效数字控制，规范中给定的高度数值均为某一有效区间的代表值，比如，18m 代表的有效区间为 ［17.5 ～ 18.4m］。实际工程中，房屋总高度按有效数字取整数控制，小数位四舍五入。[一]采用有效数据来掌握，虽然便于操作执行，但没有揭示出问题的实质和量的限值的本质含义。

在工程辩证法中，量可以分为外延的量和内涵的量。外延的量是质的广度的标志，它可以用机械的方法来计算代数和，如个数、体积等；内涵的量是质的等级的标志，是质的深度的标志，它不能用机械的方法来计算它们的总和，例如温度的高低，颜色的深浅等。常温下，水杯中的水和大海中的水，虽然体积不同，但都是液态，即水体积的增减，不能改变水的物理状态；将海量的沙子在一个平面上铺开，不会失稳；而将这些沙子堆成沙堆，堆到一定高度，必然会失稳而垮塌。同样是体积的增加，为何一个引起质变，另一个不会？这就是说，不是所有的量的改变都会引起质的改变。引起质变的量是内涵的量，但没有单纯的外延的量，也没有单纯的内涵的量，两者可以互相转化（过渡），转化的转折点往往就是质变的"关节点"。例如，一个工人用 10 个小时完成一项工作，另一个工人用 8 个小时完成同样的一项工作，两者所创造的价值是一样的，第二个工人缩短的 2 小时（外延的量）转化为劳动强度或工作效率的提高（内涵的量）。再如，转换层既可以采用梁板结构，也可以采用厚板结构，楼层的混凝土总用量（体积）可以看作是外延的量，

[一]　《房屋建筑标准强制性条文实施指南丛书：建筑结构设计分册》，第 296 页。

如果按刚度相等来换算，梁板结构所用混凝土量（体积）要小于相应的厚板结构，所节省的混凝土量（外延的量）转化为刚度的提高（内涵的量）。

在黑格尔看来，"量的比例关系"往往就是一种规定性和一种质的表现，因为"在比例中，定量不再具有一种漠不相关的规定性，而是从质的方面被规定为完全与它的别方相关联，定量在它的别方中继续其自身，……每一方都在其与别方的关系中而具有自己的规定性。"[⊖]例如，在美学上，达·芬奇认为"美感完全建立在各部分之间神圣的比例关系上，各特征必须同时作用，才能产生使观者往往如醉如痴的和谐比例"；在金融领域，反映股票涨跌的指标是各类股票指数。决定结构构件破坏形态的，往往是各类比例关系或相对关系，常见的有构件配筋率（不是构件实际配筋数量）、配箍率、轴压比、位移比、周期比、高宽比、剪跨比、长细比、钢筋的强屈比、周期折减系数、楼板开洞率、体型系数、纵向钢筋搭接接头面积百分率等。《建筑抗震设计规范》GB 50011—2010第3.5.3条规定，结构体系"宜具有合理的刚度和承载力分布，避免因局部削弱或突变形成薄弱部位，产生过大的应力集中或塑性变形集中"，"结构在两个主轴方向的动力特性宜相近"，这些要求也是相对关系。图1-1所示的两个二层房子，由于上下层承重墙布置不一致，造成在地震中出现严重破坏，表明上下楼层之间的结构布置宜基本一致并且刚度宜相对均衡。图1-2所示的四个砌体结构房子，窗台出现类似剪力墙结构的连梁的破坏，窗间墙则完好，其右上图顶层则由于窗台完整而破坏发生在窗间墙，这表明砌体结构窗台与窗间墙之间的相对强弱关系决定了结构在地震作用下的破坏形态。其实，相对关系决定结构的传力模式和在各类作用下的性能在结构中是普遍存在的。

试验和震害调查结果均表明，砌体结构在水平作用力作用下也可能出现弯曲型破坏形态，而且弯曲作用产生的水平裂缝发展到一定程度即坍塌。所以在震害现场弯曲型破坏形态的建筑大多倒塌了，能看到的往

⊖　张世英《黑格尔〈小逻辑〉绎注》，第281页。

图1-1　汶川地震中因上下楼层承重墙体布置不一致造成刚度突变的破坏照片

图1-2　汶川地震中砌体结构窗台开裂窗间墙完好的照片

往是"裂而不倒"的剪切型破坏形态损毁建筑。图1-3左图结构外墙中的细长墙肢出现水平断裂，几乎掉落；图1-3右图的结构，由于纵墙高宽比较大已坍塌，横墙则由于高宽比小出现交叉剪切破坏，部分也已坍塌，但仍保留的部分墙体勉强支撑着楼板和屋面板，房屋未整体垮塌。

图1-3　汶川地震中因墙体出现水平裂缝而局部破坏的照片

　　唐山地震8度区内一些五层、六层的砖房发生了明显的整体弯曲破坏，这些房屋的高宽比都大于1.8，其中的部分横墙被从上到下分布的洞口削弱。汶川地震中，笔者在参与地震灾害损失评估时曾观察到一部分砌体结构外墙和内墙出现水平裂缝而未坍塌的墙体、墙肢（墙段），如图1-4、图1-5所示。图1-4所示三层办公建筑建于1991年，按78规范设计，7度设防，外墙和内墙均出现水平裂缝。该建筑进深比较小，但现场评估震害损失时，无图纸，也未实测建筑物的实际尺寸，其高宽比不详。

图1-4　汶川地震中某三层建筑墙体水平裂缝照片

图 1-4　汶川地震中某三层建筑墙体水平裂缝照片（续）

图 1-5　汶川地震中某四层住宅外墙体水平裂缝和窗间墙及窗台剪切裂缝照片

图 1-5 所示为一四层住宅，汶川地震后房屋底部外墙出现不同程度的水平裂缝，同时首层外墙窗间墙和二层以上的窗台均出现剪切裂缝，且剪切裂缝比房屋底部水平裂缝宽，开裂程度更严重些，如果地震作用继续，估计首先破坏的是窗间墙。现场评估震害损失时，无图

纸，其建设年代和房屋具体尺寸不详，也未进入房屋内部，内部破坏情况不详。

图 1-6 所示为一四层（局部五层）的办公综合用房，建于 2007 年，汶川地震前刚竣工验收并交付使用，但人员尚未入住。汶川地震后房屋首层内墙出现不同程度的水平裂缝。

图 1-6　汶川地震中某四层（局部五层）办公楼内墙体水平裂缝照片

由于没有也没条件做详细的分析研究，因而不能判断图 1-4 ～ 图 1-6 所列举的三例砌体结构在汶川地震中出现不同程度的水平裂缝，一定是这些墙体的弯曲型破坏，尤其是图 1-6 左中图横墙的水平裂缝很有可能是装修时在墙中剔凿了水平向线槽，造成墙体在这一部位出现薄弱截面而造成的，如果没有人为的损伤，一般情况下墙体裂缝分布不会这么整齐的。

《建筑抗震设计规范》GB 50011—2010 不仅严格限制多层砌体结构的总高度，还限制层高和房屋高宽比，其目的就是为了避免墙体出现弯曲型和弯剪型破坏形态。试验研究表明，在一定的竖向压应力水准下，墙肢的高宽比决定墙肢的破坏形态，高宽比不大于 1 的，以剪切破坏形态为主；高宽比大于 4 的，以弯曲型破坏形态为主；高宽比介于 1 与 4 之间的，为剪弯型或弯剪型破坏形态。笔者负责的某研究课题在中国海洋大学所做的钢丝绳-聚合物砂浆面层加固单片墙对比试验结果表明，设置钢丝绳-聚合物砂浆面层加固的高宽比为 1.56 的试件的破坏形态，与高宽比为 0.743 的试件类似，也是剪切型，如图 1-7 所示。汶川地震中，也观察到部分高宽比较大的细长墙肢出现剪切裂缝，如图 1-8 所示。此外，震害调查中发现，在地震灾区，多层房屋往往没有发生严重破坏，而大量的单层房屋却倒塌严重，其中一个主要原因就是单层房屋

a)　　　　　　　　　　　　　　b)

图 1-7　钢丝绳-聚合物砂浆面层加固试件的剪切破坏形态

a) 高宽比 1.56 试件　b) 高宽比 0.743 试件

图1-8 汶川地震中高宽比大于1的墙肢斜裂缝破坏照片

的层高较高,因而墙肢高宽比可能大于1,而且单层房屋竖向压应力较小,在弯曲应力作用下,在墙肢的底部,竖向压应力小于弯曲应力,两项应力叠加后仍然出现拉应力,从而产生水平缝,进而出现弯曲型或弯剪型破坏,致使水平缝贯通造成墙体坍塌。针对这一情况,中国海洋大学曾做了一组试验,如图1-9所示。

图1-9 中的试验墙体尺寸为

图1-9 砖砌体压弯破坏的试验照片

2400mm×2340mm×240mm,底梁尺寸2600mm×180mm×240mm;顶梁尺寸2400mm×180mm×240mm。采用普通黏土砖,强度经试验测得约

12.6MPa，砂浆为混合砂浆，按照 M1 配合比现场搅拌，实测强度
0.78MPa。2015 年 5 月 4 日砌筑，采用 -顺一丁砌筑方式，2015 年 5 月
20 日进行试验。在墙体的上部与下部均放置滚轴，在墙体上部的滚轴之
上放一分配钢梁，竖向千斤顶顶在钢梁上，墙的底部与滚轴之间放一钢
板；水平加载点位于左上角，在墙体右上角的用一钢件将墙角顶死，限
制其水平位移。采用单调加载，通过千斤顶与墙体之间的力传感器读取
荷载的实时数据。在墙体的四角分别安装三个方向的百分表，读取
数据。

　　加载方式采用的是竖向荷载与水平荷载混合加载即施加一定的竖向
荷载后再施加一定的水平荷载，两个方向的荷载交替增加，每级荷载施
加完成后，停顿15分钟，每5分钟读1次数。两个竖向千斤顶的竖向力
最终达到161.10kN和152.33kN。在试验加载初期，试件无明显变化，
墙体底部与钢板之间产生水平裂缝，待水平荷载达到154kN时，在竖向
千斤顶的下部墙体上出现了竖向裂缝，当加载至168kN时，试件底部出
现一水平裂缝，裂缝大约出现在墙体左下侧，后向墙体另一底角发展，
呈阶梯形，试件破坏。

　　综上所述，实际工程中砌体的破坏形式主要还是取决于墙肢（墙
段）的高宽比和墙量及其分布的均匀程度，即比例关系或相对关系，与
总高度有一定的对应性，但并没有准确到0.4m，因为决定墙肢高宽比
的，除了层高和房屋总高度外，主要还有门窗洞口尺寸的大小，如果层
高增大，门窗洞口尺寸减小，墙肢（墙段）高宽比可以维持不变。《建
筑抗震设计规范》GB 50011—2010 第7.2.3条规定，高宽比计算可按墙
段考虑，墙段的划分按该条文执行。因此，如果房屋总高度大于18.4m
后其各层墙肢的高宽比均小于1且在平面和立面上分布比较均匀，我想
在这种情况下，高度限值大于18.4m对结构的抗震安全性并没有因高度
大于18m而出现突变。反之，即使房屋总高度小于18.0m，由于它的门
窗洞口尺寸较大，因而每层或某一层大部分墙肢的高宽比均大于1，墙
肢就从剪切型向剪弯型转变，这也属于抗震性能不好的情况；还有一种
情况就是，上下层砌体布置不均匀、上下层承重墙体不对齐（图1-1），

从而造成刚度不均匀，此种情形下即使高度不超限值，也可能出现较严重的破坏。因此，对于总高度限值的掌握不在于高度本身，而在于高度限值附近的上下波动是否影响墙肢的高宽比，因为墙肢的高宽比是否小于1是判定墙肢是剪切型还是剪弯型的依据。这就是说，相对关系比总高度的绝对值更重要。《北京地区中小学校舍抗震鉴定与加固技术细则》第5.1.5条提出，总高度不宜超出规范所列最大高度的1.2倍，可供参考。

根据上述分析研究，对于总高度、层数、房屋高宽比均不超过规定的限值，仅楼层层高超过规定限值但主要墙肢（墙段）高宽比不大于1的，其发生弯曲型破坏形态的可能性较小，仍以剪切型破坏形态为主。因此，对于总高度或层高大于规范限值的砌体结构，如果其主要墙肢（墙段）的高宽比不大于1，结构仍以剪切型破坏形态为主，可以适当突破规范规定的总高度限值。以此来分析和掌握，比用小数点四舍五入的简单化判别更具合理性，也更能体现结构的破坏规律。

可见，概念设计的提出，是工程设计思维系统化、工程设计学理化的标志。黑格尔说："理解就是用概念的形式来表达"，只有具体地理解概念，才能正确地掌握概念，因为"作为事物的本质或真理所在的东西，不能是变幻不定的个别事物，而只能是普遍原则或共相，这种普遍原则或共相决不是感官所能把握的，而只能存在于概念中"[一]。列宁说："真理就是由现象、现实的一切方面的总和以及它们的（相互）关系构成的。概念的关系（＝过渡＝矛盾）＝逻辑的主要内容，并且这些概念（及其关系、过渡、矛盾）是作为客观世界的反映而被表现出来的。"[二]高宽比、上下楼层的均衡性等，都是概念的关系的具体体现。

现代工程建设活动是在正确的工程理念引导下，将工程科学、工程技术和工程管理等知识转化为现实生产力的实践活动；而且工程建设是有计划、有组织、有目的的人工活动，其宗旨是为社会创造出相应的物质财富、经济效益或社会效益。现今一体化计算软件普及的时代，在结

[一] 黄楠森主编《哲学笔记》注释，北京大学出版社，1981年12月第一版，第206页。

[二]《列宁全集》第55卷，第166页。

构设计中，计算虽然仍很重要，但它的作用已降至次要的地位，而工程概念则成为决定工程设计好坏的关键因素甚至是决定性因素，也是事关工程建设成败的重要环节。黑格尔说："我们可以在正确有据的意义下说，哲学的发展应归功于经验。因为，一方面，经验科学并不停留在个别性现象的知觉里，乃是能用思维对于材料加工整理，发现普遍的特质、类别和规律，以供哲学思考。那些特殊的内容，经过经验科学这番整理预备工夫，也可以吸收进哲学里面。另一方面，这些经验科学也包含有思维本身要进展到这些具体部门的真理的迫切要求。这些被吸收进哲学中的科学内容，由于已经过思维的加工，从而取消其顽固的直接性和与料性，同时也就是思维基于自身的一种发展。由此可见，一方面，哲学的发展实归功于经验科学，另一方面，哲学赋予科学内容以最主要的成分：思维的自由（思维的先天因素）。哲学又能赋予科学以必然性的保证，使此种内容不仅是对于经验中所发现的事实的信念，而且使经验中的事实成为原始的完全自主的思维活动的说明和摹写。"[一]我们同样可以说，"经过思维的加工"的工程概念设计，一方面"归功于经验科学"，另一方面，概念设计"赋予科学内容以最主要的成分：思维的自由"，"又能赋予科学以必然性的保证"，"使经验中的事实成为原始的完全自主的思维活动的说明和摹写"。

工程概念体系（也可以是概念群）的构建，是工程概念设计的主要内容。怀特海说："真正的哲学研究方法，是尽一切努力去构成一种概念系统（a scheme of ideas），并大胆地用它来探索对经验的新的说明方式。"[二]在黑格尔看来，哲学的职责"以研究思维为其特有的形式"，而且"哲学知识的形式是属于纯思和概念的范围"。[三]因此，制定具体概念，从规定概念的肯定内涵和否定内涵揭示概念内涵的本质，进而使概念内涵量化，达到概念内涵质和量的统一，这就是运用具体概念的艺术。而结构设计本质上就是一门艺术地运用具体概念的设计技术。

㊀ 《小逻辑》，第53页。

㊁ 欧文·拉兹洛兹著《系统、结构和经验》，上海译文出版社，1987年2月，第3页。

㊂ 《小逻辑》，第42~43页。

概念设计的概念

黑格尔说："当思维具有一个现成的对象时，对象因此便遭受了变化，并且从一个感性的对象变成了被思维的对象；但这种变化不仅丝毫不改变它的本质性，而且对象倒是在它的概念中才是在它的真理中；但对象若是在直接性中，便只是现象和偶然；形成对象概念那种关于对象的认识，就会是关于怎样是自在自为的对象那种认识，概念也就会是自己的客观性本身。……真理在于客体和概念的统一，而那个真理却只是现象，其理由又一次是因为内容仅仅是直观的杂多。……概念的绝对性是对经验材料和在经验材料中证明了的，更确切地说，也是在它的范畴和反思规定里证明了的，这种绝对性在于：经验材料当它在概念之外和以前，并不具有真理，而唯有在它的观念性中，或说在它与概念的统一中，才具有真理。"①工程概念具有思辨性和内在逻辑性，它来源于工程和工程建设活动，是对工程建设经验的总结，但不是以往工程建设经验的简单叠加，而是经验的理论化、观念化、概念化。列宁指出："实存和概念在黑格尔那里大概是这样区分的：从联系中单个地取出来的、分割出来的事实（存在），以及联系（概念）、相互关系、联结、规律、必然性。"②黑格尔说："灵感虽闪烁着这样的光芒，也还没照亮最崇高的穹苍。真正的思想和科学的洞见，只有通过概念所作的劳动才能获得。只有概念才能产生知识的普遍性，而所产生出来的这种知识的普遍性，一方面，既不带有普通常识所有的那种常见的不确定性和贫乏性，而是形成了的和完满的知识，另方面，又不是因天才的懒惰和自负而趋于败坏的理性天赋所具有的那种不常见的普遍性，而是已经发展到本来形式的真理，这种真理能够成为一切自觉的理性的财产。"③工程概念就是在大量"单个地取出来"的工程实践基础上，经分析、归纳、总结和提升得出存在于工程建设活动中的"相互关系、联结、规律、必然性"的"真正的思想和科学的洞见"。

黑格尔说："概念是实体的真理。""实体性关系的推移是由它本身

① 《逻辑学》下卷，第 255~257 页。

② 《列宁全集》第 55 卷，第 228 页。

③ 《精神现象学》上卷，第 54~55 页。

所固有的内在必然性造成的。" "概念以实体为其直接前提，实体自然地是那概念所表现出来的东西。" 而概念 "是自由的原则，是独立存在着的实体性的力量"，"是一切生命的原则"。 对于工程技术人员来说，经验不等于工程概念，经验是知道如何做，而良好的工程概念不仅要知道如何做，还要做得好、做得快、做得有成效、做得符合原理或内在本质，达成进度、质量控制和经济效益的综合提升。工程概念也是工程建设成就的科学总结。

关于概念设计与设计活动的其他组成部分之间的关系，黑格尔的这段话是一个很好的说明。他说："对于哲学无法给予一初步的概括的观念，因为只有全科学的全体才是理念的表述。所以对于科学内各部门的划分，也只有从理念出发，才能够把握。故科学各部门的初步划分，正如最初对于理念的认识一样，只能是某种预想的东西。但理念完全是自己与自己同一的思维，并且理念同时又是借自己与自己对立以实现自己，而且在这个对方里只是在自己本身内的活动。因此……哲学各特殊部门间的区别，只是理念自身的各个规定，而这一理念也只是表现在各个不同的要素里。在自然界中所认识的无非是理念，不过是理念在外在化的形式中。同样，在精神中所认识的，是自为存在着、并正向自在自为发展着的理念。理念这样显现的每一规定，同时是理念显现的一个过渡的或流逝着的环节。因此须认识到个别部门的科学，每一部门的内容既是存在着的对象，同样又是直接地在这内容中向着它的较高圆圈（kreis）［或范围］的过渡。所以这种划分部门的观念，实易引起误会，因为这样划分，未免将各特殊部门或各门科学并列在一起，它们好象只是静止着的，而且各部门科学也好象是根本不同类，有了实质性的区别似的。" 概念设计目前也 "无法给予一初步的概括的观念"，因为它不是工程设计学的 "全科学的全体"，因而其很大部分内容也可能只是

㊀ 《马克思恩格斯全集》第 2 卷，第 176 页。

㊁ 《逻辑学》下卷，第 240 页。

㊂ 《小逻辑》，第 327 页。

㊃ 《小逻辑》，第 59 页。

"某种预想的东西"。通过对近50年来世界上一些大城市先后发生的大地震震害分析，人们对建筑物的破坏规律有了更多的认识，提出并确定了抗震概念设计的要点。关于抗震概念设计，《抗震验算与构造措施（1986年设计规范背景资料、条文解说汇编)》（下册）提出了以下几点要求：

（1）设置多道抗震防线。对建筑装修要求较高的房屋和高层房屋宜优先采用框架-抗震墙结构或抗震墙结构。

（2）合理控制弹塑性区的部位，使结构具有良好塑性内力重分布的能力；有较大的约束屈服范围及极限变形能力，特别应防止局部构件的破坏而导致整个结构的失效。

（3）加强结构整体性和构件间的连接，楼盖在其平面内，必须具有足够的刚度和强度。

（4）抗侧力构件的刚度、强度与延性应有适当的相应关系。

（5）上部结构与基础在强度与刚度上应相适应。

可见，概念设计是指依靠设计者的知识、经验以及人们在学习和实践中所建立的正确概念，运用思维和判断在全面把握结构整体性能的基础上，合理地确定结构总体与局部设计和细部构造，使结构自身具有良好的承载能力、变形能力、耗能能力并使之合理匹配。进行概念设计时，既要着眼于结构的整体抗震性能，又要按照结构在地震作用下的破坏机制和规律，灵活运用抗震设计准则；既要把握整体布置的大原则，又要兼顾关键部位的细部构造，从根本上解决结构抗震设计的问题；抗震概念设计既包括场地的正确选择，又包括合理的结构选型和布置、正确的构造措施等。还应强调的是，概念设计与工程设计涉及的其他学科之间的区别，"只是理念自身的各个规定，而这一理念也只是表现在各个不同的要素里"，同时，各门学科中的"每一部门的内容既是存在着的对象，同样又是直接地在这内容中向着它的较高范围的过渡"。因此，各门学科之间的划分并不是"静止着"的，而且各部门科学并不是"有了实质性的区别"的"根本不同类"。

黑格尔说："在某种意义下，逻辑学可以说是最难的科学，因为它所处理的题材，不是直观，也不像几何学的题材，是抽象的感觉表象，而是纯粹抽象的东西，而且需要一种特殊的能力和技巧，才能够回溯到纯粹思想，紧紧抓住纯粹思想，并活动于纯粹思想之中。但在另一种意义下，也可以把逻辑学看作最易的科学。因为它的内容不是别的，即是我们自己的思维，和思维的熟习的规定，而这些规定同时又是最简单、最初步的，而且也是人人最熟知的……但是，这种熟知反而加重了逻辑研究的困难。因为，一方面我们总以为不值得费力气去研究这样熟习的东西。另一方面，对于这些观念，逻辑学去研究、去理解所采取的方式，却又与普通人所业已熟习的方式不相同，甚至正相反。"⊖概念设计也同样。一方面，概念设计是最难的科学，因为它所处理的题材，不是直观，"而是纯粹抽象的东西，而且需要一种特殊的能力和技巧，才能够回溯到纯粹思想，紧紧抓住纯粹思想，并活动于纯粹思想之中"；另一方面，也可以把概念设计看作最易的，因为它的内容不是别的，即是我们自己熟习的规定，"而这些规定同时又是最简单、最初步的，而且也是人人最熟知的"，如不需要经过计算的构造措施等，但"熟知不等于真知"。

此外，黑格尔在《小逻辑》中对逻辑学以及人们学习逻辑学的评述，某种程度上也是对概念设计以及人们对于概念设计的态度的客观写照。黑格尔说："逻辑学的有用与否，取决于它对学习的人能给予多少训练以达到别的目的。学习的人通过逻辑学所获得的教养，在于训练思维，使人在头脑中得到真正纯粹的思想，因为这门科学乃是思维的思维。但是就逻辑学作为真理的绝对形式来说，尤其是就逻辑学作为纯粹真理的本身来说，它决不单纯是某种有用的东西。但如果凡是最高尚的、最自由的和最独立的东西也就是最有用的东西，那么逻辑学也未尝不可认为是有用的，不过它的用处，却不仅是对于思维的形式练习，而必须另外加以估价。"⊜概念设计本身也不仅仅"单纯是某种有用的东

⊖ 《小逻辑》，第63~64页。

⊜ 《小逻辑》，第64页。

西"，如果我们的目标仅仅局限于是否实用或者只是把它当作实用工具，它所具有的"训练思维""获得教养"的作用反而削弱了。实际情况是，似乎谁都能进行概念设计、谁都强调概念设计、谁都明白概念设计，但实际上谁也说不清、道不明概念设计的实质，迄今为止还没有达成具有共识性质的定论。其结果是，大家都在谈概念设计、都可以谈概念设计，都可以以概念设计的名义表达自己的观点和诉求，似乎是没有概念设计的话，工程设计就失去了其核心和正确性。工程设计本质上来说应该有个创意核心，如果没有独特性的、创造性的东西，都是套路化的东西的话，那么它就什么都不是，但概念设计的概念泛化和滥用的实际效果可能就是使得概念设计"套路化"。莱辛在《拉奥孔》前言中说，面对一本艺术作品，有三类（个）阅读者："第一个人是艺术爱好者，第二个人是哲学家，第三个人则是艺术批评家。""第一个对画和诗进行比较的人，是一个具有精微感觉的人，他感觉到这两种艺术对他所发生的效果是相同的。他认识到这两种艺术都向我们把不在目前的东西表现为就像在目前的，把外形表现为现实；它们都产生逼真的幻觉，而这两种逼真的幻觉都是令人愉快的。第二个人要设法深入窥探这种快感的内在本质，发见到在画和诗里，这种快感都来自同一个源泉。美这个概念本来是先从有形体的对象得来的，却具有一些普遍的规律，而这些规律可以运用到许多不同的东西上去，可以运用到形状上去，也可以运用到行为和思想上去。第三个人就这些规律的价值和运用进行思考，发现其中某些规律更多地统辖着画，而另一些规律却更多地统辖着诗；在后一种情况之下，诗可以提供事例来说明画，而在前一种情况之下，画也可以提供事例来说明诗。""头两个人都不容易错误地运用他们的感觉或论断，至于艺术批评家的情况却不同，他的话有多大价值，全要看它运用到个别具体事例上去是否恰当，而一般说来，耍小聪明的艺术批评家有五十个，而具有真知灼见的艺术批评家却只有一个，所以如果每次把论断运用到个别具体事例上去时，都很小心谨慎，对画和诗都一样公平，那简直就是一种奇迹。"○在工程设计活动中经常谈论

○ 莱辛《拉奥孔》，北京，人民文学出版社，1984年版，第1～2页。

概念设计者，就像莱辛所说的"艺术批评家"，但目前能提出真知灼见的"艺术批评家"的确不是很多，虽然不至于只有五十分之一。黑格尔曾在《小逻辑》中批评一些人"自诩并自信其独占有基督教，并要求他人接受他的这种信仰"⊖。黑格尔说他们这些人"自矜其善于听取流浪的鬼魂的意旨"却"很少有充分能力可以说出几句有智慧的话，而且完全不能够做出增进知识和科学的伟大的行为来，而增进知识和科学才是他们的使命和义务。学识广博尚不能算是科学。他们以一大堆不相干的宗教信仰的外在节目作为他们的繁琐工作，但就信仰的内容和实质看来，他们……只凭成见去轻蔑并讥嘲学理的发挥，殊不知学理才是信仰的基础。"⊜我们不妨借用黑格尔对这些教徒的评说，来说一说目前工程界由于"学识广博""主观自负"或"只凭成见去轻蔑并讥嘲学理的发挥"而造成概念设计的滥用及概念不清的后果。现举三个例子来说明。

第一个例子是关于结构嵌固部位的确定。当地下室顶板作为上部结构的嵌固部位时，《建筑抗震设计规范》GB 50011—2010（本书后面提到的本规范，除特别注明外均指此版本，不再一一注明）第 6.1.14 条要求："①地下室顶板应避免开设大洞口；地下室在地上结构相关范围的顶板应采用现浇梁板结构，相关范围以外的地下室顶板宜采用现浇梁板结构；其楼板厚度不宜小于 180mm，混凝土强度等级不宜小于 C30，应采用双层双向配筋，且每层每个方向的配筋率不宜小于 0.25%。②结构地上一层的侧向刚度，不宜大于相关范围地下一层侧向刚度的 0.5 倍；地下室周边宜有与其顶板相连的抗震墙。"该条既提出地下室顶板的设计构造要求（该条第 3 款和第 4 款还规定了地下一层框架柱纵筋面积和墙肢端部纵筋面积的要求），又提出了侧向刚度比的要求。而《高层建筑混凝土结构技术规程》JGJ 3—2010（本书后面提到的本规范，除特别注明外均指此版本，不再一一注明）第 3.5.2 条："对于框架-剪

⊖　《小逻辑》，第 26 页。

⊜　《小逻辑》，第 26~27 页。

力墙结构、板柱-剪力墙结构、剪力墙结构、框架-核心筒结构、筒中筒结构，楼层与其相邻上层的侧向刚度比 γ_2 可按式（3.5.2-2）计算，……对于结构底部嵌固层，该比值不宜小于 1.5。"规程第 5.3.7 条："高层建筑结构整体计算中，当地下室顶板作为上部结构嵌固部位时，地下一层与首层侧向刚度比不宜小于 2。"该条的条文说明中明确，计算地下室结构楼层侧向刚度时，可考虑地上结构以外的地下室相关部位的结构，且侧向刚度比可按该规程附录 E.0.1 条公式计算，这一条与《建筑抗震设计规范》第 6.1.14 条第 2 款基本相同且明确了具体的计算公式。

《建筑抗震设计规范》和《高层建筑混凝土结构技术规程》这三条规定衍生出两个问题：①刚度比的计算公式究竟应该按 JGJ 3—2010 式（3.5.2-2）计算，还是按该规程附录 E.0.1 条公式计算？②当地下室顶板作为上部结构嵌固部位时，地下一层与首层侧向刚度比究竟应该是不宜小于 2，还是不宜小于 1.5？如果满足其中的一条，另一条不满足怎么办？这种情况的出现，正如恩格斯所说的，"这样人们就处于矛盾之中：一方面，要毫无遗漏地从所有的联系中去认识世界体系；另一方面，无论是从人们的本性或世界体系的本性来说，这个任务都是永远不能完全解决的。"[一]因为"逻辑的东西只有当它成为科学的经验的结果时才能得到对自己的真正评价。"[二]这一例子说明，目前的规范还存在诸多不协调的地方。面对工程师依赖规范，而规范又存在诸多不足和缺陷时，在实际工程设计中，"学理的发挥"就显得尤为重要，殊不知学理才是工程设计的基础和依据。

莱伊在《现代哲学》中说："说实在话，科学家，纯粹的科学家，对于真理这一问题研究得很不够。他们以为，能作出一些得到普遍同意的因而是必要的论断，就心满意足了。对于他们来说，凡是按一定方法进行的、受过应有的检验的经验都是有真理性的。据他们说，实验的检

[一] 《马克思恩格斯全集》第 20 卷，第 95 页。

[二] 《列宁全集》第 55 卷，第 75 页。

验就是真理的标准。"⊖现在工程设计和施工均离不开规范,规范作为成熟的经验总结,都"是按一定方法进行的、受过应有的检验的经验",那么,工程设计和施工规范如果没有"学理的发挥"可以作为检验真理的标准吗?

第二个例子是关于地震作用效应和其他荷载效应的基本组合问题。《建筑抗震设计规范》第5.4.1条要求结构构件的地震作用效应和其他荷载效应的基本组合,应按该规范式(5.4.1)计算。由于地震作用效应的基本组合中,不存在永久荷载效应为主的不利情况,因此,《建筑抗震设计规范》不引入《建筑结构可靠性设计统一标准》GB 50068—2018中以永久荷载效应为主的基本组合。地震作用效应基本组合中,含有考虑抗震概念设计的一些效应调整。在《建筑抗震设计规范》及相关技术规程中,属于抗震概念设计的地震作用效应调整的内容较多,有的是在地震作用效应组合之前进行的,有的是在组合之后进行的。

组合之前进行的调整总共有20项之多[34]:①《建筑抗震设计规范》第3.4.4条刚度突变的软弱层地震剪力调整系数(不小于1.15)和水平转换构件的地震内力调整系数(1.25~2.0);②《建筑抗震设计规范》第3.10.3条近断层地震动参数增大系数(1.25~1.5);③《建筑抗震设计规范》第4.1.8条不利地段水平地震影响系数增大系数(1.1~1.6);④《高层建筑混凝土结构技术规程》第4.3.16条和第4.3.17条的周期折减系数;⑤《建筑抗震设计规范》第5.2.3条考虑扭转效应的边榀构件地震作用效应增大系数;⑥《建筑抗震设计规范》第5.2.4条考虑鞭梢效应的屋顶间等地震作用增大系数;⑦《建筑抗震设计规范》第5.2.5条和《高层建筑混凝土结构技术规程》第4.3.12条不满足最小剪重比规定时的楼层剪力调整;⑧《建筑抗震设计规范》第5.2.6条考虑空间作用、楼盖变形等对抗侧力的地震剪力的调整;⑨《建筑抗震设计规范》第5.2.7条考虑地基-结构作用楼层地震剪力折

⊖ 《列宁全集》第55卷,第502~503页。

减系数；⑩《建筑抗震设计规范》第 6.2.10 条框支柱内力调整；⑪《建筑抗震设计规范》第 6.2.13 条框架-抗震墙结构二道防线的剪力（$0.2Q_0$）调整和少墙框架结构框架部分地震剪力调整；⑫《建筑抗震设计规范》第 6.6.3 条板柱-抗震墙结构地震作用分配调整；⑬《建筑抗震设计规范》第 6.7.1 条框架-核心筒结构外框地震剪力调整；⑭《建筑抗震设计规范》第 8.2.3 条第 3 款钢框架-支撑结构二道防线的剪力（$0.25Q_0$）调整；⑮《建筑抗震设计规范》第 8.2.3 条第 7 款钢结构转换构件下框架柱内力增大系数（1.5）；⑯框架-支撑结构二道防线的剪力（$0.25Q_0$）调整；⑰《建筑抗震设计规范》第 9.1.9 条、第 9.1.10 条凸出屋面天窗架的地震作用效应增大系数；⑱《建筑抗震设计规范》第 G.1.4 条第 3 款钢支撑-混凝土框架结构框架部分地震剪力调整；⑲《建筑抗震设计规范》第 G.2.4 条第 2 款钢框架-钢筋混凝土核心筒结构框架部分地震剪力（$0.20Q_0$）调整；⑳《建筑抗震设计规范》附录 J 的排架柱地震剪力和弯矩调整。

组合之后进行的调整有 8 项[34]：①《建筑抗震设计规范》第 6.2.2 条强柱弱梁的柱端弯矩增大系数；②《建筑抗震设计规范》第 6.2.3 条柱下端弯矩增大系数；③《建筑抗震设计规范》第 6.2.4 条、第 6.2.5 条、第 6.2.8 条强剪弱弯的剪力增大系数；④《建筑抗震设计规范》第 6.2.6 条框架角柱内力调整系数（不小于 1.10）；⑤《建筑抗震设计规范》第 6.2.7 条抗震墙墙肢内力调整；⑥《建筑抗震设计规范》第 6.6.3 条第 3 款板柱节点冲切反力增大系数；⑦《建筑抗震设计规范》第 7.2.4 条底部框架-抗震墙砌体房屋底部地震剪力调整系数（1.2 ~ 1.5）；⑧《建筑抗震设计规范》第 8.2.3 条第 5 款偏心支撑框架中与消能梁段连接构件的内力增大系数。

地震作用效应组合是结构构件抗震设计的重要内容，因此，《建筑抗震设计规范》及相关规范规程将此列为强制性条文，要求在工程设计中必须严格执行。但如上所述的这么多的调整，谁能保证在实际工程设计中都能得到严格执行呢？

第三个例子是关于荷载基本组合的问题。《建筑结构荷载规范》GB

50009—2012 第 3.2.3 条给出了荷载基本组合的效应设计值 S_d 的计算方法，要求由可变荷载控制的效应设计值，按该规范式（3.2.3-1）计算；由永久荷载控制的效应设计值，应按该规范式（3.2.3-2）计算，并指出：基本组合中的效应设计值仅适用于荷载与荷载效应为线性的情况；当对诸可变荷载效应中起控制作用者 S_{Q1k} 无法明显判断时，应轮次以各可变荷载效应作为 S_{Q1k}，并选取其中最不利的荷载组合的效应设计值。这一条隐含的内容是很丰富的。

首先，荷载组合是一个复杂的概率问题，理论分析比较复杂，有时也缺乏可靠的统计参数，工程中往往采用简单实用的组合规则进行荷载组合。荷载规范采用荷载组合的组合规则是由"结构安全度联合会"提出的"对各类结构和各种荷载的统一规则"，也就是"JCSS 组合规则"，当作用于结构上的各类环境荷载可视为互相独立的随机过程时，即可用 JCSS 组合方法进行荷载效应组合。JCSS 规则规定：①假定荷载 $Q_i(t)$ 是等时段的平稳二项随机过程；②荷载 $Q_i(t)$ 与荷载效应 $S_i(t)$ 满足线性关系，即 $S_i(t) = C_i Q_i(t)$；③设计基准期 $T = 50$ 年；④互相排斥的荷载不考虑它们的组合，仅考虑在 $[0, T]$ 内可能相遇的各种可变荷载的组合；⑤当一种荷载取设计基准期内最大荷载或时段最大荷载时，其他参与组合的荷载仅在该最大荷载持续时间内取相对最大值，或取任意时点的荷载。按照这种规则，某一可变荷载在设计基准期 T 内的最大值效应，与另一可变荷载在设计基准期内以其最大值相遇的概率很小。例如，最大风载与最大雪载同时发生的概率很小。因此，为确保结构安全，除了单一荷载效应的概率分布外，还必须研究多个荷载效应组合的概率分布问题，即认为在参与组合的诸多可变荷载中，其中有一个荷载对目标组合效应设计值起主导作用，即该荷载对效应的贡献最大，在组合中不乘组合值系数，而其他可变荷载则均要乘组合值系数。在应用组合公式时，主导荷载效应一般不易直接判断，可轮次以各可变荷载效应 S_{QiK} 为 S_{Q1K}，选其中最不利的荷载效应组合为设计依据，这个过程一般由计算机程序的运算来完成。《建筑结构荷载规范》GB 50009—2001 修订时，增加了由永久荷载效应控制的组合式，根据这个组合式后可以避免永久荷载所占比例较大时结构可靠度可能偏低的情况。

《建筑结构荷载规范》GB 50009—2012 给出的荷载效应组合值的表达式是采用各项可变荷载效应叠加的形式，这在理论上仅适用于各项可变荷载的效应与荷载为线性关系的情况。当涉及非线性问题时，即当结构荷载效应与荷载之间呈现明显的非线性关系（包括材料非线性和几何非线性）时，应根据问题性质，进行特殊的组合方法或按有关设计规范的规定采用。如当材料（或构件）本构关系中包含有强度（或承载力）参数时，即使采用同一种本构关系，加载到相同的荷载时计算得到的荷载效应也是不同的。非线性结构的荷载效应还有可能与加载路径有关，在这种情况下，荷载线性组合方法不再适用，必须将全部荷载放在一个结构分析模型中进行分析，综合获得荷载的组合效应，这时的荷载组合也称为非线性荷载组合。

执行《建筑结构荷载规范》GB 50009—2012 第3.2.3条荷载组合的过程，实际上就是要在设计中找出对结构最不利的荷载效应的过程，通常要利用计算机软件通过大量计算来实现。不同的设计控制目标，起主导作用的荷载是不同的。这一过程还要与可变荷载的最不利布置相结合，如屋楼面活荷载应考虑某一区域作用或不作用，风荷载、起重机荷载等应考虑它们在组合中出现或不出现等。这一过程是比较复杂的。

《建筑结构荷载规范》GB 50009—2012 修订时引入了可变荷载考虑结构设计使用年限的调整系数 γ_L。引入可变荷载考虑结构设计使用年限调整系数 γ_L 的目的，是为解决设计使用年限与设计基准期不同时对可变荷载标准值的调整问题。当设计使用年限与设计基准期不同时，采用调整系数 γ_L 对荷载的标准值进行调整。GB 50009—2012 第3.2.3条规定，对楼面和屋面活荷载，对应设计使用年限5年、50年和100年，设计使用年限调整系数 γ_L 分别取0.9、1.0和1.1，其他年限的调整系数取值允许线性内插；对于荷载标准值可控制的可变荷载，如书库、储藏室、机房、停车库，设备自重为主的工业楼面，以及起重机荷载等，设计使用

年限调整系数 γ_L 取 1.0。对雪荷载、风荷载，不采用设计使用年限的调整系数，而是用重现期来调整可变荷载，即取重现期为设计使用年限，再按 GB 50009—2012 规定的方法计算基本雪压和基本风压。对温度作用，由于 GB 50009—2012 首次进入规范，对设计使用年限调整系数的取值暂不作具体规定，由设计人员酌情处理。

因此，实际工程设计时，应检查结构设计采用的计算机软件的技术条件和实现方法，检查荷载组合相关的计算结果输出文件，尤其对于那些由设计人员自行定义组合表达式的情况，应予重点检查荷载组合是否与规范的规定相一致。

上述三例表明，规范中的各种隐含条件、隐含参数和配套的计算和构造，仅仅要求通过"概念设计"来完善、补充并作相应的检查、矫正，是不现实的，这就是"学理"重要性的具体体现。但学理不是凭空产生的，"事在理中，理亦在事中"，工程建设的学理，既是工程建设规律的反映，又是工程建设规律在人们头脑中形成的思维规律及其运用的综合体现。《清华简·天下之道》云："天下之道二而已，一者守之之器，一者攻之之器。今之守者，高其城，深其壑而利其渠谵，芳其食，是非守之道。昔天下之守者，民心是守。如不得其民之情伪、性教，亦无守也。今之攻者，多其车兵，至其冲阶，以发其一日之怒，是非攻之道也。所谓攻者，乘其民之心，是谓攻。如不得其民之情，亦无攻也。"这里所说的"攻"与"守"之道，不在于"器"而在于民心，对我们是有启发的。工程建设不只是建房和造物，就像防守不只是"高其城，深其壑而利其渠谵"一样，建房和造物之外的人的因素、经济因素、环境因素、社会因素，都是我们应该综合考虑的。

黑格尔说："理论著作，正如我所日益确信的，在世界中获得的成就胜于实际的工作；一旦概念的领域发生革命，现实就支撑不住了。"现代工程已经不仅仅是经验、技艺的产物，而是现代科学、现代技术等知识物化的结晶，每一重大工程的建设过程和建成之后，都一定程度上催生了工程概念领域的一次"革命"。约·狄慈根说："每一个尊重科学的人都必须穿上理论的制服。理论的统一，体系的一致，既是一切科学力求达到的成果，也是它们的令人赞叹的优越性。"⊖工程概念是工程建设的"理论制服"的一种表现形态。从这一意义上，可以说"理论越是使人们深入地了解事物，就越能把客观的知识变成主观的能力，就越能在一切依靠才能来解决问题的场合发挥作用，也就是说，它对才能本身发生作用。"⊜毛泽东也指出："感觉到了的东西，我们不能立刻理解它，只有理解了的东西才更深刻地感觉它。感觉只解决现象问题，理论才解决本质问题。"⊜概念设计的概念应是理解了的感觉。

第三节　概念设计是工程设计方法的革故鼎新

抗震概念设计的兴起，源于方案和体系的不合理、结构计算与实际地震作用的不一致等。自20世纪60年代有限元法逐渐成熟并在工程中得到广泛应用以来，结构抗震计算能力和计算精度得到显著提高，但强震作用下的一些结构，虽经计算具有很好的抗震性能，在实际地震作用下却仍发生严重的破坏甚至倒塌，灾害损失比较大。典型的有：①柔性底层房屋的柔性层破坏；②按计算抗震性能优越的框架结构的实际抗震性能远不如剪力墙结构。现说明如下。

（1）柔性底层房屋的柔性层破坏。美国一位学者曾发表文章提出"软弱的首层"（Soft first storey）是一种减震的结构体系的观点，20世纪60年代初，苏联、罗马尼亚的一些地震工程文献推荐采用底层为框架的剪力墙结构。他们的研究表明，采取柔性底层房屋周期可以变得较长，地震作用因而得以减小。而且底层柱子屈服后，限制地震剪力向上

⊖ 《列宁全集》第55卷，第404页。

⊜ 《战争论》上卷，第98页。

⊜ 《毛泽东选集》第一卷，第286页。

面几层传递，从而减轻上层的震害。然而，1963 年南斯拉夫地震、1972 年美国圣费南多地震和 1976 年罗马尼亚地震中，一些柔性底层多层房屋由于上下层刚度和承载力分布不均匀甚至突变，证实了上述部分设想，上部几层的破坏程度确实比较轻，但是无抗震墙的空旷底层，破坏程度之重却出乎预料，从而否定了这种概念[6]。底层空旷建筑或底层软弱建筑，在地震作用下底层发生严重破坏甚至压溃，而其上部建筑往往完好的破坏形式通常称为"柔性层破坏"（soft-story damage），如图 1-10 所示。

图 1-10　底层软弱建筑在地震作用下的破坏情况

唐山地震中，底部框架砖房的破坏也十分严重，一栋楼房由于底层框架的破坏，上面几层原地坐落。原因是上部几层纵横墙较密，不仅重量大，侧移刚度也大，而房屋的底部承重构件为框架，侧移刚度比上部几层小得多。刚度的急剧变化使房屋的变形集中在相对薄弱的底层，其他各层变形很小。结构变形的大小是破坏程度的主要标志。地震时，房屋某个部位的变形超过该部位构件的极限允许变形值，就发生破坏，超过越多，破坏越严重。底部框架砖房的地震位移集中于底层，容易引起底层的严重破坏，从而危及整个房屋的安全。图 1-10 中的两图分别为台湾 9·21 集集地震和汶川地震中底层空旷房屋的破坏照片。

理论分析表明，软弱首层确实可以减轻上部建筑的地震作用。根据这一规律，人们开发出隔震建筑——在建筑物的下部设置既能支撑建筑物本体重量，又具有在水平方向自由变形能力的柔性隔震层，将地震时产生的水平变形集中于隔震层，并在隔震层中设置用于吸收和消耗地震输入能量的阻尼器。这类建筑的最大特点是它不是通过建筑物本体来吸收地震能量，而是通过在房屋的底部设置柔软的橡胶隔震支座阻尼器来吸收能量。建筑结构设置隔震支座阻尼器后，可以使结构的水平地震加速度反应降低60%左右，从而消除或有效减轻建筑结构的地震破坏程度，提高建筑物及内部设施和人员生命的安全性，实现预期的防震目标。在地震活动频繁的日本，每年都有几百栋隔震建筑建成。

（2）框架结构的实际抗震性能。由于地震作用是一种惯性作用，地震对建筑物的作用与建筑物自身所固有的自振周期、场地土的动力特性有关。在工程抗震技术发展的历程中，钢筋混凝土剪力墙结构由于自振周期短，与场地的卓越周期比较接近，曾经被学术界和工程界认为是抗震性能较差的结构体系，而钢筋混凝土框架结构由于自振周期较长，往往可以避开场地的卓越周期，曾经一度被认为是抗震性能优越的结构体系。但自20世纪50年代以来的大量的强震调查表明，框架结构在强震作用下的破坏程度远比钢筋混凝土剪力墙结构严重。对按规范设计又经受实际地震作用的建筑进行统计分析表明：按抗震设计规范设计的结构，其最大抗侧力能力一般为规范值的2倍以上，但按UBC规范设计的建筑仍遭受严重的结构及非结构破坏，并不能保证不倒塌或不破坏；框架结构往往发生一层压一层的倒塌，而有剪力墙通到基础的结构则不会出现上述倒塌现象[6]。两种结构在实际地震中的表现，完全改变了人们对于钢筋混凝土框架结构、钢筋混凝土剪力墙结构的抗震性能的认识，并且对框架结构的最大适用高度和适用范围进行了限制。黑格尔说："科学的认识所要求的，毋宁是把自己完全交付给认识对象的生命，或者换句话说，毋宁是去观察和陈述对象的内在必然性。科学的认识既然这样深入于它的对象，就忘记了对全体的综观，而对全体的综观只是知识脱离了内容而退回到自己的一种反思而已。但是，科学的认识则是深入于物质内容，随着物质的运动而前进，从而返回于其自身的；不过它的这种返回于自身，不是发生于内容被纳入于自身中之前，相反，内容先把自己简单化为规定性，把自己降低为它自己的实际存在的一个方面，转化为它自己的更高的真理，然后科学认识才返回于其自身。通过了这个过程，单纯的、综观自身的全体本身，才从本来好象已把这个全体的反思淹没了的财富中浮现出来。"[一]人们对钢筋混凝土框架结构、钢筋混凝土剪力墙结构的抗震性能的认识是深入于内容后发现其"内在必然性"，根据这一内在必然性的认识而"返回于其自身"，对它们各自的适用性进行调整和限制。因此，人们思维中的每一个概念、每一个判断、每一个推理，由于在自身中包含着与自身差别（否定自身）的因素，从而每一概念、判断、推理都必然要向另一或更高一级的概念、判断、推理能动地转化，这就是辩证思维能动转化律的主要内涵。

上述实例表明，当前的抗震设计计算水平远未达到科学的严密程度，要使建筑物具有尽可能好的抗震性能，首先要从大的方面入手，做好概念设计。如果整体设计没有做好，计算工作再细致，在强震作用下建筑物也难免不发生严重的破坏甚至倒塌。恩格斯说："在涉及概念的地方，辩证的思维至少可以和数学计算一样地得到有效的结果。"[二]概念设计有助于明晰结构概念，增强工程概念系统的严密性和完备性。强调抗震概念设计的重要性是由于地震作用存在不确定性（随机性、复杂性、间接性和耦联性）以及结构计算假定与实际工程之间存在差异。地震对建筑物的作用与建筑物自身所固有的自振周期、场地土的动力特性有关，但因结构计算中计算模型、自振周期、材料性能、基础类型以及阻尼变化等均与实际情况存在差异，而且每次地震动力特征各异，因而其对建筑物的作用各不相同，所产生的差别也千差万别，这些因素使得抗震设计时建立的计算模型无法准确估算实际地震作用，这些影响因素主要表现在以下几个方面[6]：

（1）结构分析的影响。影响结构自振周期和动力反应的有以下因

[一]《精神现象学》上卷，第41页。

[二]《马克思恩格斯全集》第20卷，第426页。

素：质量分布不均匀，基础与上部结构共同工作，节点非刚性转动；偏心、扭转及 $P\text{-}\Delta$ 效应；柱轴向变形及非结构墙体刚度的影响等。节点非刚性转动的影响可达 $5\% \sim 10\%$，高层建筑中柱轴向变形可使周期加长 15%，加速度反应降低 8%；$P\text{-}\Delta$ 效应可使位移增加 10%，至于非结构墙体刚度的影响就更大，是分析时不能忽视的。

（2）材料的影响。混凝土弹性模量，随着时间的增长可比施工刚完成时降低 50%，在应变增大时还可继续降低。这意味着周期可能增长 25%，加速度反应减少 10%。钢筋混凝土构件的惯性矩 I 一般按毛截面计算，这是不正确的，与实际不符。竖向及侧向荷载的不同，都会影响中和轴的位置；柱子配筋的不同可以使周期相差达到 40% 左右。

（3）阻尼系数的变化。钢筋混凝土的阻尼系数一般为 2%，但当受震松动后可达 $20\% \sim 30\%$。而阻尼系数只要从 2% 提高到 10%，就可使计算周期相差 50% 左右。

（4）基础差异沉降的影响。按一般荷载设计的框架结构，若地震剪力为 $0.1W$（W 为重力荷载代表值），当基础差异沉降为 $10mm$ 时，可能造成框架在竖向荷载及地震作用组合后的弯矩达 70% 的误差，而此误差一般在设计中未曾考虑。

（5）地基承载力。考虑地震的随机性及短期突然加载的影响，地基承载力的取值往往提高 $30\% \sim 50\%$，这种人为的估计也带来设计上的差异。再加上地面运动可能的误差，其综合产生的误差幅度更大。

可见，目前的抗震设计计算是不完备的，也是不准确的。在实际工程设计中，对某一局部过分精细的计算意义不大。进行抗震设计时，不能完全依赖地震作用计算结果。应当在充分吸取地震经验和教训的基础上，综合考虑多种因素，运用现代技术，在基本理论、计算方法和构造措施等多方面，提出新的技术措施，切实做好抗震概念设计。

然而还应认识到，目前概念设计的"概念"本身却是含糊的，尽管现行规范对概念设计的内容给出了一些具体的规定，但与计算设计丰富的内涵和严密精准的设计准则相比，概念设计的确切含义和适用范围是模糊的，至今仍没形成一个完整的体系结构。笔者在《结构设计笔记》

中将概念设计的模糊性归结为以下几个方面：①概念设计与设计构造区分不严格，在很多场合，常常是概念设计和构造混为一谈。②概念设计与计算设计的分界不明确，两者之间的相互转化和相互促进关系不明确。概念设计其实不完全是概念的判断，它的部分内容也可以通过一定的计算来体现，如《建筑抗震设计规范》已经将"强柱弱梁、强剪弱弯"的内涵通过人为设置的强柱系数、强剪系数的方式来体现（但实际工程中不一定能完全体现"强柱弱梁、强剪弱弯"的要求）；另一方面，理论计算成果是概念设计具体内容的主要来源之一。概念设计的大部分内容，在它从宏观震害的调查的感性认识上升为理性认识的过程中需要进行合理的理论分析，而且计算方法的完善和计算手段的改善，也深化了概念设计。黑格尔认为从质的范畴进到量的范畴表示人类认识的一种深化，但是这还不够，还必须继续前进，从量的片面的认识进一步"更无比伟大的功绩是使经验的定量消失，把它们提高到量的规定的普遍形式，使得它们成为一个规律或度的环节"[一]。概念设计的最高境界就是这种"经验的定量消失"。③概念设计与计算设计两个概念的概念间关系不明确。④概念设计与计算设计在具体的抗震设计过程中的作用和逻辑关系也不明确。黑格尔说："主观性是内在于客观事情的。"[二]概念设计中的概念必须是"内在于客观事情的"，因为"概念是从它本身发展起来的，这种发展纯粹是概念规定内在的前进运动和产物。这个进程，既不因为有各种情况存在，于是得到保证而发生，也不由于普遍物应用于从别处接受来的素材而发生"[三]。

[一]　《列宁全集》第 55 卷，第 102 ~ 103 页。

[二]　《小逻辑》，第 309 页。

[三]　黑格尔《法哲学原理》，第 38 页。

第四节　概念设计的概念是不断丰富和发展的

　　概念设计的内涵不是一成不变的，它必须随抗震设计理论的发展而发展。恩格斯说："在思维的历史中，某种概念或概念关系（肯定和否定，原因和结果，实体和变体）的发展和它在个别辩证论者头脑中的发展的关系，正如某一有机体在古生物学中的发展和它在胚胎学中（或者不如说在历史中和在个别胚胎中）的发展的关系一样。这就是黑格尔首先发现的关于概念的见解。在历史的发展中，偶然性起着自己的作用，而它在辩证的思维中，就象在胚胎的发展中一样包括在必然性中。"⊖概念设计的提出改变了先前完全依赖计算结果进行设计的单一设计方法，是设计方法的一次质的飞跃，从而使得计算设计与概念设计两种方式、两种方法在设计活动中呈现出否定之否定的发展形态。

　　恩格斯指出："在事物及其互相关系不是被看作固定的东西，而是被看作可变的东西的时候，它们在思想上的反映，概念，会同样发生变化和变形；我们不能把它们限定在僵硬的定义中，而是要在它们的历史的或逻辑的形成过程中来加以阐明。"⊖概念设计不仅弥补了理论计算分析的一些不足，使计算分析的结果尽可能地反映结构的实际地震反应，而且概念设计对计算分析提出了更高的要求（如必须计算位移比、周期比，复杂结构需要多模型对比分析等），从而促进了弹塑性时程分析等计算方法和计算手段的不断发展、完善，也使得概念设计的某些内容可以通过计算分析来实现，并通过设置相应的计算分析指标来检验，如规则性要求等。但是确立概念设计在设计活动中的作用、地位，并强调概念设计的重要性，不等于计算本身不重要，现阶段仅靠概念和经验还是不能完成抗震设计的。达·芬奇说："热衷于脱离科学而专搞实践的人，

　　⊖　《马克思恩格斯全集》第20卷，第565页。

　　⊖　《马克思恩格斯全集》第25卷，第17页。

正如一个水手，登上了一条没有罗盘、没有舵的船，永远拿不准船的去向。实践必须永远建筑在坚实的理论之上。"⊖在现阶段，工程设计还是离不开计算的，甚至可以说没有计算，稍微大一点的工程的抗震设计将寸步难行。可以说，正是概念设计与计算设计之间的否定之否定，促使结构抗震设计水平的不断发展和提高。

不仅概念设计与计算设计之间是否定之否定的发展过程，概念设计的内涵也是按照否定之否定规律不断丰富和发展的。朱光潜说："依黑格尔，概念分正反合三阶段，在正的阶段，概念是主体的，具有观念性的抽象的统一；在反的阶段，概念得到客观性，见出差异面（即外现为各种定性）；在合的阶段，概念的差异面经过否定，与原来的观念性的主体的统一结成统一体，所谓'回原到统一'（否定的否定），这才是具体的统一。到了这阶段，概念才成为理念，达到真正的存在。"⊜黑格尔把美定义为"美就是理念的感性显现"。在黑格尔看来，理念包含三个因素："概念（抽象的普遍性）、体现概念的客观存在（个别具体事物）以及这二者的统一。概念本身已包含体现它的客观存在为其对立面或'另一体'，它通过既否定本身的抽象性而转化为客观存在，又否定客观存在的抽象的特殊性这种辩证过程而达到统一变成理念。这种发展过程并不通过外力，而是通过概念本身的内在本质，由自否定达到自确定。所以这种理念是无限的，自由的。理念就是美，也就是真。真是凭思考所认识到的事物本质和普遍性，美不是思考的对象而是感觉的对象，感觉从理念所显现的感性形象上所认识到的便是美。黑格尔特别强调美的无限和自由，认为美既不受知解力的局限，又不受欲念和目的限制，这样，艺术便脱离现实世界的一切关系而超然独立。"⊜概念设计的概念也是抽象的普遍性与个别具体事物以及这二者的辩证统一。

概念设计内涵的否定之否定过程就是人们对工程建设规律的认识逐

⊖ 达·芬奇《画论》，伍蠡甫等《西方文艺理论名著选编》（上卷），北京大学出版社，1985 年 11 月第 1 版，第 164 页。

⊜ 《美学》第 1 卷，第 152 页。

⊜ 《美学》第 1 卷，第 148 页。

渐深化的过程。大家可能都知道，砌体结构设置圈梁构造柱形成约束砌体，是在分析研究唐山地震砌体结构破坏情况的基础上提出的一种新的加强砌体结构抗震性能的方法。关于构造柱的设计要求，《建筑抗震设计规范》GB 50011—2010 表 7.3.1 做了详细的规定，其中对于 6 度二、三层和 7 度二层房屋构造柱的设置要求未给出具体设置要求，但在第 7.3.1 条条文说明中指出，当 6、7 度房屋的层数少于该规范表 7.2.1 规定时，如 6 度二、三层和 7 度二层且横墙较多的丙类房屋，只要合理设计、施工质量好，在地震时可到达预期的设防目标，也就是说可以不设构造柱。但汶川地震调查发现，大量的二、三层房屋的底层出现明显的交叉裂缝，如图 1-11 所示。

图 1-11　汶川地震中三层及以下房屋的剪切破坏情况

这种情况表明，二、三层的房屋也应设计成约束砌体，否则在大震作用下也容易发生严重破坏甚至倒塌。6 度二、三层和 7 度二层且横墙较多的丙类房屋，未设构造柱时，在遭遇设防烈度的地震作用时，一般是不会出现图1-11所示的破坏状态的，但地震作用有可能超出设防烈度，甚至超出较多，如在汶川地震中，一些6度设防区遭遇8度以上的地震作用。为了避免在罕遇地震作用下的破坏，建议设置构造柱。对于房屋外墙转角处，在地震中的破坏可能比其他部位更严重，如图1-12所示，这些部位的构造柱需要加强。

图1-12　汶川地震中房屋四角破坏严重的典型事例

图1-11和图1-12所示震害表明，即使是二、三层的房屋也应设置构造柱，以加强砌体的约束作用，而不宜拘泥于规范条文。这就是概念设计的新进展，而这一设计措施的提出是基于震害调查和破坏机理的分析。

此外，从图1-11还可以看出，层数较低房屋一般高宽比较小（矮胖），很小出现弯曲型破坏，底层窗台下面墙体除房屋四角外，基本完好，因此，层数较低且房屋高宽比不大于1.5的房屋，其构造柱可以不伸入室外地坪下500mm。

图 1-13 表明，窗间墙设置构造柱的房屋，在强震作用下的破坏形态与不设构造柱的墙肢基本一致，只是设置构造柱后窗间墙破坏程度有所减缓，说明构造柱的确不是柱，它与窗间砖墙组成组合砌体，这就涉及构造柱箍筋加密区的设置问题。《建筑抗震设计规范》GB 50011—2010 第 7.3.2 条："构造柱最小截面可采用 180mm × 240mm（墙厚 190mm 时为 180mm × 190mm），纵向钢筋宜采用 4φ12，箍筋间距不宜大于 250mm，且在柱上下端应适当加密；6、7 度时超过六层、8 度时超过五层和 9 度时，构造柱纵向钢筋宜采用 4φ14，箍筋间距不应大于 200mm。"国家建筑标准设计图集 11G329-2 中，6 度、7 度 6 层以下，8 度 5 层以下的烧结砖砌体结构，构造柱上下端箍筋加密区为 φ6@100，房屋四角的构造柱非加密区为 φ6@200，一般部位的构造柱非加密区 φ6@250；6 度、7 度大于 6 层，8 度大于 5 层及 9 度地区的烧结砖砌体结构，构造柱上下端箍筋加密区为 φ6@100，房屋四角的构造柱非加密区 φ6@150，一般部位的构造柱非加密区 φ6@200。但从设置在窗间墙中间的构造柱的破坏形态看，构造柱上下端没必要设置箍筋加密区，在楼层中间部位构造柱箍筋适当加密反而是有利的。这说明，规范和标准图编制时，还没有从结构在地震中的破坏情况调整构造柱的箍筋设置要求，从概念设计的发展角度，建议对这些做法做相应的调整。

图 1-13　汶川地震中设置构造柱的窗间墙剪切破坏情况

2008 年在汶川地震抗震救灾现场，一位工程师曾和笔者讨论一个他针对砌体结构破坏情况思考了多日的砌体结构抗震加固方法：就是参照悬索桥的办法，在砌体结构的房屋的外部设置缆绳对房屋进行加固，对房屋内部的墙体不做任何加固。如果经计算砖墙抗剪强度仍然不满足规范求，可采取减少楼层数的办法拆除顶部楼层，例如将 5 层改造为 3 层。他的目的很明确，就是希望采用一种新的加固方式维持既有房屋室内的正常工作和生活，同时尽量减少加固量。这一想法的愿望是好的，但笔者认为这种方法是不可行的，因为砌体结构的损坏，除了强度和承载力不足外，延性差也是其破坏甚至坍塌的主要因素之一。对于延性较差的非约束砌体，无论是通过拆除顶部楼层以减少楼层数，还是通过外加缆绳将房屋"蹦起来"（这种方法对砌体结构的抗剪承载力的提高是否有帮助，也是存疑的），都没有改善砌体的延性性能，即使加固后抗剪强度可能满足计算要求，但房屋的整体抗震性能仍是不好的。其所以认为这种方法是可以达到抗震加固的目的，主要是认为抗震加固只是承载力的加固和限制位移，而忽视了延性性能也需要加固这一方面。这种源于片面理解抗震加固而产生的概念不是我们所要的概念设计的新进展。砌体结构外加缆绳的加固方法后来经两家研究机构论证，实施的可能性较小。

图 1-13 中传统的在窗间墙中部设置一个构造柱的墙体，在强震作用下损毁严重，震后修复很困难，这种破坏模式在当今经济社会发展的条件下乃是不可接受的，窗间墙应采取更加有效的加固措施。笔者根据汶川地震中，图 1-11 ~ 图 1-13 中窗间墙的典型破坏形态，提出沿墙肢易损部位设置配筋-砂浆面层交叉条带，由条带承担地震作用剪力，从而减缓或避免墙肢发生剪切破坏的加固方法（图 1-14），并申请课题作了专项研究。其设想主要来自以下 3 个方面。

（1）基于对窗间墙墙体破坏模式的分析研究中得到的启发。从图 1-11 和图 1-13 可以看出，高宽比不大于 2 的窗间墙，在强震作用下均出现典型的交叉型剪切斜裂缝，而配筋-砂浆面层交叉条带正好设置在墙体出现斜裂缝的位置上（也自然是剪切应力最大的部位），这与梁受拉区配纵筋防止梁的裂缝开展的思想是一致的。并且由于砂浆的弹性模量约为砖砌墙的 10 倍，25mm 厚的砂浆面层的刚度与 240mm 厚的砖墙相当，这样根据力按刚度分配原理，可以保证水平作用力能传至砂浆面层，由面层

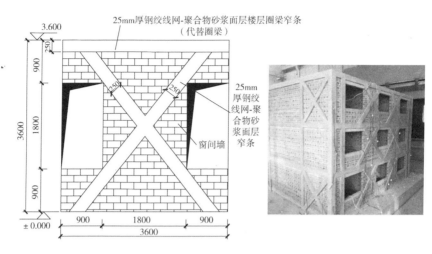

图 1-14　配筋-砂浆面层交叉条带法加固墙体的基本设想及试验模型

来承担部分甚至大部分（厚度较大或双面设置面层时）地震剪力。

（2）借鉴了剪力墙结构连梁的试验结果。《混凝土结构设计规范》GB 50010—2010 第 11.7.10 条根据试验结果，专门对一、二级抗震等级的框架-剪力墙结构及筒体结构的连梁，提出当其跨高比不大于 2.5 时，宜选择配置交叉斜筋配筋、对角斜筋配筋或对角暗柱配筋等构造措施（图 1-15），以增强连梁的延性。为何要配交叉斜筋？主要是因为连梁的

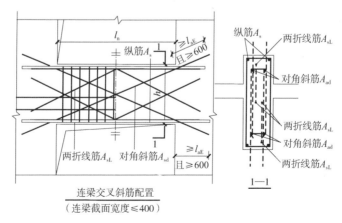

图 1-15　连梁配置交叉斜筋的做法（选自 11G329-1）

对角线上是连梁剪应力最大部位。由于跨高比不大于 2.5 的连梁的破坏形态主要是剪切型交叉斜裂缝，与窗间墙的破坏形态很类似，既然交叉斜筋配筋或对角斜筋配筋对连梁有效，可以合理推断，配筋-砂浆面层交叉窄条对窗间墙可能有效。当然，最终的加固效果需要经受模型试验的检验。

（3）借鉴了短柱配置 X 形交叉斜筋的试验结果。黏着型破坏和剪切型破坏是短柱常见的两种脆性破坏形式，是震害的根源所在。短柱发生黏着破坏的条件是剪跨比小、受拉纵筋配筋率大、配筋根数较多或采用直径大、根数少的纵筋配筋方法。短柱发生剪切型破坏的条件是剪切承载力小于弯曲承载力。如果将部分纵筋沿柱身对角线方向呈

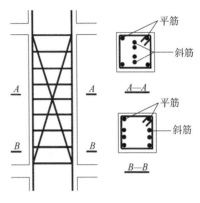

图 1-16　短柱配置 X 形交叉斜筋示意图

斜向交叉状布置，如图 1-16 所示，纵筋内移，这样既可避免密排纵筋造成排列困难及可能引起的黏着型破坏，斜筋平行于柱截面的水平分量又可以增加纵筋的剪切承载力。同时，X 形纵筋的位置变化正好与框架柱反对称的弯矩分布图相一致，可以减小中部的抗弯承载力，纵筋的承载能力得到了充分利用，有利于满足"强剪弱弯"的抗震设计要求。试验结果表明，配置 X 形筋短柱产生若干条裂缝后最终发生弯曲破坏。X 形筋不仅提高了剪切承载力，而且可避免出现黏着型破坏，并具有良好的延性和耗能能力。

综合上述几种做法，配置交叉斜筋对防止构件剪切型破坏效果比较好，这就是课题提出的加固方法的出发点。单片墙试验、缩尺模型振动台试验和加固模型振动台试验后进行的拟静力试验等相关研究结果已发表在《建筑结构》2019 年第 5 期上。

中国海洋大学的试验研究表明，设置 X 形交叉条带的组合墙体是由交叉条带形成的拉压杆系和母墙体共同受力的组合体系，其最终的破坏

由母墙体剪切破坏控制，交叉条带组成的拉压杆系尽管其本身未达到极限抗拉、抗压能力，但对组合墙体的承载力的提高也有重要贡献。13 组（4 组单面钢筋-砂浆面层加固、6 组双面钢筋-砂浆面层加固、3 组未加固的素墙）X 形剪切破坏单片墙试验结果表明，单片组合墙体的抗剪承载能力比同类型未加固墙体提高 40% 以上，最大承载力增加幅度为 132%。位移延性系数见表 1-1。7 组钢绞线-砂浆面层条带试件（2 组高宽比 1.56、5 组高宽比 0.743）试验结果表明，最大承载力增加幅度为 174%。

表 1-1　X 形交叉条带加固墙试验试件参数及延性系数

序号	砌筑砂浆强度/MPa	面层砂浆强度/MPa	面层厚度/mm	面层钢筋直径/mm	竖向应力/MPa	开裂位移/mm	极限位移/mm	位移延性系数
W01	2.47	—	—	—	0.21	1.10	1.74	1.58
W02	1.19	—	—	—	0.516	1.13	2.61	2.30
W03	10.97	—	—	—	0.400	1.62	2.31	1.43
W1	0.95	1.69	40	8	0.516	2.36	14.85	6.29
W2	0.95	1.11	40	10	0.516	1.03	10.12	9.80
W3	0.57	2.1	60	10	0.516	0.88	4.94	5.64
W4	2.43	8.49	60	12	0.516	2.09	14.86	7.11
W5	2.43	6.17	60	12	0.516	1.49	5.75	3.85
W6	4.47	10.89	40	12	0.516	0.92	3.08	3.34
W7	2.03	10.85	40	10	0.400	1.65	16.32	9.90
W8	2.68	13.89	40	6	0.210	0.82	6.80	8.26
W9	9.67	12.48	40	10	0.400	2.23	8.56	3.84

在中国建筑科学研究院做的振动台试验模型为三开间、两进深的三层无圈梁（现浇板）无构造柱的砌体结构，缩尺比例 1:4.8。试验共设计制作两个对比模型，一为未加固模型，另一为加固模型。加固模型既设置交叉条带，又设置竖向条带和水平条带。试验采用未加固模型和加固模型同台的方式进行。未加固模型在 9 度罕遇地震作用下，底层窗间墙多处大块砌体脱落，结构损毁严重，但墙体未出现明显面外失稳和整

体倒塌，底层层间位移角达 1/204。而相应的加固模型在 9 度罕遇地震作用下，最大层间位移角为 1/770，砌体墙也没有出现明显破坏性裂缝，表明结构整体抗震性能和延性都得到了提高。鉴于 9 度罕遇地震作用下未加固模型出现严重破坏，试验中止，但此时，加固模型基本完好。为进一步分析加固模型的抗震性能，又在中国建筑科学研究院对经历地震模拟振动台试验后的交叉条带法加固模型进行拟静力试验。试验表明，破坏荷载时，模型位移延性系数正向加载为 4.05，负向加载为 4.00，平均值为 4.0，层间位移角最大为 1/115，表明结构具有较好的变形能力和延性。

大连理工大学工程力学系邬瑞锋等做的两端设构造柱的单片墙试验结果见表 1-2，试验共 12 组，3 组未加固墙，9 组加固墙。

表 1-2　大连理工大学工程力学系试验结果

序号	构造柱截面/mm	开裂荷载/kN	开裂位移/mm	破坏荷载/kN	破坏位移/mm	竖向应力/MPa	位移延性系数	加固方式
W01	无	265	1.44	358.8	4.50	0.35	3.13	未加固墙
W02	无	275	1.78	337.6	5.30	0.35	2.98	
W03	无	260	1.85	394.5	6.53	0.35	3.53	
W1	120×520	280	1.50	430.0	7.90	0.35	5.27	两端设构造柱
W2	120×520	285	1.65	440.0	8.30	0.35	5.03	
W3	120×520	310	1.60	429.0	8.10	0.35	5.06	
W4	120×520	300	1.48	433.5	7.80	0.35	5.27	未加固墙开裂后采用扒钉和抹灰加固，再在两端设构造柱
W5	120×520	300	1.64	436.0	10.60	0.35	6.46	
W6	120×520	300	1.40	428.4	6.30	0.35	4.50	
W7	240×240	288	1.67	382.7	7.80	0.35	4.67	两端设构造柱
W8	240×240	302	1.59	427.2	8.20	0.35	5.16	
W9	240×240	276	1.46	364.9	6.30	0.35	4.32	

据《中国抗震防灾论文集（1976—1986）》等文献，北京市建筑设

计研究院周炳章等做的两开间、两进深四层 1:4 模型试验。试验制作了两个同尺度对比模型，未加构造柱模型的位移延性系数为 1.80，外加构造柱加固模型的位移延性系数为 3.34。还进行了两端设置构造柱的单片墙试验，延性系数为 3~4。

由表 1-2 可见，3 组未加固墙的位移延性系数平均值为 3.21，9 组设构造柱墙的位移延性系数平均值为 5.08，变形能力提高了 1.58 倍。

由表 1-1 可知，3 组未加固墙的位移延性系数平均值为 1.77，9 组设 X 形条带加固的组合墙的位移延性系数平均值为 6.45，变形能力提高了 3.64 倍，略优于两端设构造柱加固墙体的试验值。

通过以上对比，当被加固的房屋未设置圈梁、构造柱时，设 X 形条带加固的组合砌体具有较好的抗震承载能力；有较好的变形能力和延性，表明配筋-砂浆面层交叉条带加固法是一种具有明确受力机理，能够明显提高构件抗震承载能力、改善结构和构件延性、施工便捷的抗震加固新方法。黑格尔说："既然发展的推进即是更进一步的规定，而更进一步的规定即是深入理念本身，所以最晚出的、最年轻的、最新近的哲学就是最发展、最丰富、最深刻的哲学。在这里面，凡是初看起来好像是已经过去了的东西，被保存着，被包括着，……它必须是整个历史的一面镜子。开始的即是最抽象的，即因为它只是一种萌芽，它自身尚没有向前进展。由这种向前进展的过程所达到的最后的形态，作为一种进一步的规定而出现，当然是最具体的。"⊖配筋-砂浆面层交叉条带加固法是在钢筋网-砂浆面层加固法、板墙加固法的基础上，总结地震震害的基础上提出来的。对于目前常用的砌体结构钢筋网砂浆面层加固法、板墙加固法来说，加固后的墙段、墙肢刚度成倍增加，清华大学进行了8 片钢筋网砂浆面层加固墙的试验研究，加固后墙体在水平承载强度和抗侧移刚度方面都有显著的提高，侧移刚度提高的幅度一般在 2~3 倍[11]，北京市地方标准《建筑抗震加固技术规程》DB11/689—2016 表5.5.2-2 给出了钢筋网砂浆面层加固时墙段刚度的基准提高系数，面层

⊖ 《哲学史讲演录》第 1 卷，第 48 页。

厚度为 40mm 时，提高系数在 1.29~4.43 之间。加固后墙体刚度和承载力的较大幅度的提高，造成加固墙体与非加固墙体之间在刚度和承载力方面的变化（突变），使原先承载力满足规范要求的墙体，因其他墙肢加固后而产生的结构内力重分布，反而容易率先破坏而成为薄弱部位。也就是说，如果只是针对不满足规范要求的那部分墙体（墙段）采用钢筋网砂浆面层或板墙法进行加固，原先承载力满足规范要求的墙体（墙段）不加固，则有可能因薄弱部位转移至原先不需要加固的墙段而在地震中率先破坏，并有可能在后续地震作用下因被各个击破而致使房屋垮塌。实际工程中常不得不因此而对所有墙肢、墙段进行加固，不仅经济效益受影响，而且加固后的结构刚度也提高较多，地震作用随之加大。因此，对于砌体结构来说，有效的加固方法应是既提高薄弱墙体的承载力又不大幅提高加固后墙体的刚度，避免因部分墙体加固、部分墙体不加固而产生结构内力重分布。配筋-砂浆面层交叉条带加固法加固后的组合墙体的刚度提高幅度约为 20%，而且条带布置灵活，计算不需要加固的墙体既可采用构造加固的措施予以加固，也可以不加固，这样，结构整体加固后，引起结构内力重分布的效应较小，这是这一加固方法的最大优势。

不断总结震害经验和工程建设经验是改进结构设计技术、提高结构物的抗震性能的主要途径之一。欧阳修在《明用》中说："凡物极而不变则弊，变则通，故曰'吉'也。物无不变，变无不通，此天理之自然也。""阴阳反复，天地之常理也。圣人于阳，尽变通之道；于阴，则有所戒焉。"概念设计的"变通之道"就是概念需要随着工程建设技术、建设经验、理论研究、试验分析、震害调查的分析研究等工作的新发展，而创新自己的内涵，不断充实完善设计方法。这种完善和发展，不是全盘否定已有的设计技术和方法，而是否定之否定。在黑格尔看来，"最初期的哲学是最贫乏最抽象的哲学。在这些哲学里面，理念得着最少的规定，它们只停滞在一般的看法上，没有充实起来。"⊖因此，"在

⊖ 《哲学史讲演录》第1卷，第47页。

概念设计的概念

最新的哲学里所把握着的和所发挥出来的理念将是最发展的、最丰富的、最深邃的。"⊖也可以说,在最新的规范了的概念设计所把握着的和所发挥出来的理念往往是最丰富的、最深邃的。

⊖ 《哲学史讲演录》第 1 卷,第 48 页。

第二章　工程抗震概念设计概念的来源

> 伟大的精神……静观自然，透视历史，能创造伟大的经
> 验，能洞见理性原则，并把它发抒出来。
>
> ——黑格尔《小逻辑》，第87页

　　逻辑与历史相一致是辩证法的一个基本原理。恩格斯说："历史进程是受内在的一般规律支配的。……人们所期望的东西很少如愿以偿，许多预期的目的在大多数场合都彼此冲突，互相矛盾，或者是这些目的本身一开始就是实现不了的，或者是缺乏实现的手段。……这样，历史事件似乎总的说来同样是由偶然性支配着的。但是，在表面上是偶然性在起作用的地方，这种偶然性始终是受内部的隐蔽着的规律支配的，而问题只是在于发现这些规律。"[一]历史进程的内在一般规律构成历史发展自身的逻辑结构。逻辑体现在历史中，历史本身有逻辑层次，按照逻辑的阶段发展。概念设计来源于工程建设的历史，也已经和必将走向和走进工程建设的历史之中。

　　人类智慧最直接的贡献体现在人能够有意识地通过工程建设活动改造世界并创造具有使用价值的人工产品。马克思说："整个所谓世界历史不外是人通过人的劳动而诞生的过程，是自然界对人说来的生成过程，所以，关于他通过自身而诞生、关于他的产生过程，他有直观的、无可辩驳的证明。因为人和自然界的实在性，即人对人说来作为自然界的存在以及自然界对人说来作为人的存在，已经变成实践的、可以通过感觉直观的，所以，关于某种异己的存在物、关于凌驾于自然界和人之上的存在物的问题，即包含着对自然界和人的非实在性的承认的问

　　[一]《马克思恩格斯全集》第21卷，人民出版社，1965年版，第341页。

题，在实践上已经成为不可能的了。"[⊖]工程是人工建造起来的实体。蜘蛛只能结网、蜜蜂也只能筑巢，只有人才能创造出各式各样的建筑物和构筑物。马克思说："通过实践创造对象世界，即改造无机界，证明了人是有意识的类存在物，也就是这样一种存在物，它把类看作自己的本质，或者说把自身看作类存在物。诚然，动物也生产。它也为自己营造巢穴或住所，如蜜蜂、海狸、蚂蚁等。但是动物只生产它自己或它的幼仔所直接需要的东西；动物的生产是片面的，而人的生产是全面的；动物只是在直接的肉体需要的支配下生产，而人甚至不受肉体需要的支配也进行生产，并且只有不受这种需要的支配时才进行真正的生产；动物只生产自身，而人再生产整个自然界；动物的产品直接同它的肉体相联系，而人则自由地对待自己的产品。动物只是按照它所属的那个种的尺度和需要来建造，而人却懂得按照任何一个种的尺度来进行生产，并且懂得怎样处处都把内在的尺度运用到对象上去；因此，人也按照美的规律来建造。因此，正是在改造对象世界中，人才真正地证明自己是类存在物。这种生产是人的能动的类生活。通过这种生产，自然界才表现为他的作品和他的现实。"[⊜]工程建设的目的是改善人类生存的物质条件，就是要从原始社会人类直接取得自然赐予的状态（野果、野兽、树巢、洞穴）变为使自然物质（种）通过工程来造物，从而更有效地加以利用。同时人与动物的本质不同就是人能够并善于总结工程建设的成功和失败的经验，在成功的经验基础上不断创新，对失败的工程尤其是地震等大灾害引发的工程失效而产生的工程灾害，人们不仅要分析工程失败（失效）的原因，还要不断改进工程建设技术、工程建设方法、工程建设理论，尽量避免以往的失败事件的重演。休谟指出："一个理论不能从观察陈述推出，但这不影响用观察陈述反驳一个理论的可能性。充分肯定这种可能性就会完全明了理论和观察之间的关系。"[⊜]由于地震作用

⊖　《马克思恩格斯全集》第42卷，人民出版社，1979年版，第131页。

⊜　《马克思恩格斯全集》第42卷，第96~97页。

⊜　卡尔·波普尔著，《猜想与反驳——科学知识的增长》，上海译文出版社，1986年8月，第78页。

的复杂性，在当今科学技术条件下，地震震害调查已然成为检验工程实际抗震能力的最好场所，目前人们抗御地震灾害的认识，在很大程度上来自对每次大地震的地震记录及对震害调查进行的经验总结。这些实际经验，一方面改进了现有的计算分析技术的不足；另一方面，对于那些从震害经验中总结出来的、不能通过计算分析来模拟地震作用复杂性的基本原则及其相应的技术措施等概念性内涵，就逐渐成为人们从事工程抗震设计的必须遵循的基本原则，这些基本原则就是目前"抗震概念设计"的主要内容，这些内容主要是"用观察陈述反驳一个理论"的结果，即对以往计算理论和既有结构体系的修正和优化。列宁曾提出一个公式："实践＝同实在事物的无限多的方面中的一个方面相符合的标准。"⊖将震害调查中得出的一些规律性认识概括为"抗震概念设计"的实际内涵，很大一部分工作就是从理论分析的多种可能性中选择与实际地震作用相一致的措施和方法。地震灾害调查中发现的问题，推动或催生了抗震技术的发展，同时也丰富和深化了抗震概念设计的具体内涵。如唐山地震推动了约束砌体结构的研究，并催生了带圈梁构造柱的约束砌体结构体系的发展。这一体系大大提高了房屋在强震作用下的抗倒塌能力，但对防止墙体破坏的贡献有限，见图1-13。汶川地震后，框架结构楼梯间的抗震设计问题得到普遍重视，并由此提出了针对性的计算分析方法和相应的构造措施，规范也作了相应的规定。

第一节　抗震概念设计概念的主要来源

　　工程抗震是当今世界的一个难题，尽管目前工程建设技术、计算方法和计算技术手段已得到空前发展，但每一次大地震中总有一些满足计算要求的工程在地震中出现不同程度的破坏。而且不同类型建筑在每一

⊖ 《列宁全集》第55卷，第239页。

次地震中的破坏程度都存在着较大的差异，建筑的破坏状况也各具特点。这就是地震作用的复杂性。由于这种复杂性，依据现有的试验手段和工程计算技术还不能确切模拟地震对建筑的破坏作用，不同地区、不同时期地震区建筑物的实际破坏状况便成为探索地震破坏作用和结构震害机理最直接和最全面的第一手材料。马克思说："研究必须充分地占有材料，分析它的各种发展形式，探寻这些形式的内在联系。只有这项工作完成以后，现实的运动才能适当地叙述出来。这点一旦做到，材料的生命一旦观念地反映出来，呈现在我们面前的就好像是一个先验的结构了。"⊖通过分析国内外历次地震中房屋建筑的震害，运用现代计算分析和试验技术，提出改进现有抗震设计基本理论、计算方法和构造措施等多方面的抗震设计技术，不仅有助于加深对房屋建筑地震作用和破坏机理的全面认识，而且丰富和发展了已有的抗震概念设计内涵。在黑格尔看来，"科学只有通过概念自己的生命才可以成为有机的体系；在科学中，那种来自图式而被从外面贴到实际存在上去的规定性，乃是充实了的内容使其自己运动的灵魂。"⊜抗震概念设计的概念的提出主要来自实际震害的调查分析和结构试验研究，不是"从外面贴到实际存在上去的"。恩格斯说："和其他一切科学一样，数学是从人的需要中产生的：是从丈量土地和测量容积，从计算时间和制造器皿产生的。但是，正如同在其他一切思维领域中一样，从现实世界抽象出来的规律，在一定的发展阶段上就和现实世界脱离，并且作为某种独立的东西，作为世界必须适应的外来的规律而与现实世界相对立。社会和国家方面的情形是这样，纯数学也正是这样，它在以后被应用于世界，虽然它是从这个世界得出来的，并且只表现世界的联系形式的一部分——正是仅仅因为这样，它才是可以应用的。"⊜概念设计也是"从人的需要中产生的""可以应用的"知识成果。

历次大地震总会发现一些新的问题，并经过分析研究得到一些新的

⊖ 《马克思恩格斯全集》第23卷，第23页。

⊜ 《精神现象学》上卷，第35页。

⊜ 《马克思恩格斯全集》第20卷，第42页。

概念。人们对抗震实际经验的总结必须由感性直观上升到理论和思维。黑格尔说："星球运动的规律并不是写在天上的。"[一] "思维即在于揭示出对象的真理。哲学的任务只在于使人类自古以来所相信于思维的性质，能得到显明的自觉而已。……思想……的高贵性应即在于摆脱一切特殊的意见和揣测，而让事物的实质当权。"[二] 现阶段的抗震知识和经验大部分来源于震害的调查分析和试验研究，即"让事物的实质当权"。近30余年以来世界上一些大城市先后发生了若干次大地震，有的震中就在城区中心。人们通过分析地震对建筑的破坏规律逐步有了更多的认识，从而推动了科研工作，并取得了一些抗震设计经验。为此，我们不妨回顾一下世界范围内的几次大地震的震害以及在提高房屋抗震性能方面取得的一些经验[6,12]。

1. 美国 1906 年旧金山地震（San Francisco）

1906 年 4 月 18 日 5 点 12 分左右，在旧金山发生了里氏[三]8.3 级地震，震中烈度 10 度。市内有 17 幢高度为 8~16 层和一幢 19 层的型钢骨架砖填充墙的高层建筑，普遍出现非结构性破坏，墙体开口部分之间有 X 形裂缝或水平裂缝，其位置大致在整个建筑物全高的 2/3 附近。

地震及随之而来的大火，持续了三天三夜，对旧金山造成了严重的破坏，可以说是美国历史上主要城市所遭受最严重的自然灾害之一。在这以后，人们开始重视地震区房屋建筑的抗震、耐火等问题，提出在地震区应推广钢筋混凝土结构。

2. 1957 年墨西哥地震（Mexico）

1957 年 10 月 28 日，在墨西哥城的南部发生了 7.6 级地震。由于墨西哥城市内为湖相沉积和厚度达 1km 以上的冲积层（黏土与砂土层），地基的卓越周期在 2.5s 左右，最大加速度估计是 0.05~0.1g。分高山区、过渡区和湖泊区三个地带。地震时三个区的影响程度不同，其中高

[一]《小逻辑》，第 76 页。

[二]《小逻辑》，第 78~79 页。

[三] 里氏震级，国际通用的地震震级表示方法，是根据地震仪记录的地震波振幅来测定的，本书所提到的震级均指里氏震级，不再一一说明。

山区破坏较轻，湖泊区破坏严重，甚至有的建筑物发生倒塌。

地震时，该市 55 座 8 层以上的建筑中，11 座钢筋混凝土框架遭到破坏。其特点是 5 层以上的建筑震害比较大，未与框架主体紧密联系的填充墙、隔墙出现明显裂缝。而钢筋混凝土框架裂缝与相邻建筑物的碰撞有很大关系。可以看到按现代抗震概念设计建造的高层建筑震害比较轻微。在基础构造方面，作为打到坚硬地基上的钢筋混凝土桩，顶部有拉梁连接时几乎没有破坏，而其他采用木桩基础和混凝土基础等的建筑物破坏较大。

3. 1960 年智利大地震

1960 年 5 月 21 日—6 月 22 日一个月的时间里，在智利发生了人类科学观测史上记录到震级最大的震群型地震，在南北 1400km 长的狭窄地带，连续发生了数百次地震，其中超过 8 级的 3 次，超过 7 级的 10 次，最大主震为 9.5 级（矩震级 M_w）或 8.5 级（面波震级 M_S），为世界地震史所罕见。这次地震也引起海啸，侵袭了智利、夏威夷、日本、菲律宾、新西兰东部、大洋洲东南部与阿拉斯加的阿留申群岛。

这次地震进一步说明在松散、软弱、含水的人工填土和冲积层、位于陡坡附近、基底面不规则或斜坡大、排水不良的地带，受到地震波的破坏最为严重。

这次地震的经验教训是：

（1）钢筋混凝土剪力墙能有效地抵抗地震力。混凝土剪力墙在强烈的地震中能有效地防止结构和非结构的破坏，剪力墙的混凝土可能突然断裂，但不会影响结构的整体作用。在软土地基上的剪力墙，可能发生基础转动，进而导致破坏[12]。有关这次地震，所有的调查报告均指出，剪力墙的承载力低于规范要求，但破坏发生后，剪力墙仍能保持其功能[6]。

（2）L 形和 T 形平面的建筑物，会发生扭转破坏。

（3）局部应力集中，会导致破坏。

（4）不同类型的场地土对上部结构有不同的反应，因此对高层建筑应充分考虑下部土的卓越周期问题。

4. 1963 年南斯拉夫斯科普里市地震 （Skopje）

地震发生在 1963 年 7 月 26 日清晨，震级 6 级，震中烈度 8 ~ 9 度。

这次地震震级不高，但破坏较重。此次地震证明，纯框架结构，当底层砌有作为围护结构的砖实心墙时震害较轻；底层完全敞开的震害较重，框架柱上下两端发生转动，造成混凝土压碎和柱子的永久性倾斜。框架-剪力墙结构普遍破坏较轻，证明框架-剪力墙结构抗震性能明显优于框架结构，即使是无配筋的剪力墙，虽然墙开裂但框架部分仍完好。该地震还表明防震缝的宽度要留置足够，以避免相邻建筑的互相碰撞。

5. 1964 年美国阿拉斯加地震 （Alaska）

地震发生于 1964 年 3 月 27 日傍晚，震级 8.4 级，震中烈度约 10 度。距震中 112km 的安克雷奇市，公共设施和建筑遭到不同程度的破坏，地震在该市造成四个主要地表断层，但由于在第二次世界大战以后，该市采用了美国"统一建筑规范 UBC"中的抗震设防要求，按第Ⅳ类地震区考虑，虽然地震造成了建筑不同程度的损坏，但倒塌的很少。1 ~ 2 层建筑只受到地裂缝影响，3 ~ 4 层有轻微损坏，较高的建筑则几乎全部受到了不同程度损坏。预制混凝土结构受损失较大，主要是由于构件连接接头的强度或韧性不足引起的。该市有 28 幢预应力钢筋混凝土构件的房屋，其中有 6 幢遭到完全破坏，有一幢是尚未完工的 6 层升板结构整体倒塌；有几幢是 18 ~ 27m 跨度的 T 形预应力梁支承在墙或柱上，地震后也遭到了破坏。

这次地震有以下经验教训：

（1）剪力墙结构抗震性能良好。有些十几层高的剪力墙结构遭受破坏，带洞口剪力墙的洞口梁均有破坏，凡是洞口梁破坏的，则墙身完好，表明洞口梁的破坏对墙肢起到了保护作用。首层墙身有斜向裂缝，施工缝处多有水平错动，表明底层和施工缝处是剪力墙的薄弱部位，由此提出了底部加强部位和加强施工缝的措施[6]。

（2）剪力墙在平面布置上要十分注意，剪力墙布置上的偏心将导致建筑物的扭转破坏。

（3）一些框架结构虽未受破坏，但次要结构如填充墙等则产生严重裂缝、甚至塌落。

（4）地震侧力按承受侧力构件的刚度分配。因此，刚性较大而强度较低的构件，将首先破坏，如楼梯间等。

（5）装配式钢筋混凝土结构的破坏，多发生在垂直和水平的连接节点上，节点的强度不够或冲击韧性差是造成破坏的主要原因。

（6）在滑坡地区上的建筑不一定完全破坏，而位于滑坡和稳定土体边界上的建筑物则遭到严重破坏，但这是无法防御的，因此应当避开这样的地区。

（7）施工质量的低劣是造成震害的一个重要因素。混凝土施工缝处由于两次浇筑之间缺乏连续性而导致破坏；对施工质量缺乏认真检查也是引起破坏的一个原因。

6. 1964 年日本新潟地震（Niigata）

日本新潟是一个地震多发的地区，其中比较严重的地震包括 1933年发生的 6.1 级地震，1964 年发生的 7.5 级地震，2004 年发生的 6.8 级地震，2007 年 7 月发生的 6.8 级地震。日本地震专家认为，新潟县之所以地震多发，是由于东西板块的压力导致出现地壳"变形集中带"，在释放积蓄能量的过程中反复出现了地震。

1964 年 6 月 16 日发生的新潟地震，震中烈度 8 度。震害证明：刚性较大的建筑物本身的破坏极轻。相反，柔性房屋却由于地面变形产生不均匀沉陷而使主体结构遭到破坏。

新潟地震的另一个重要经验是：地基软，柔性结构破坏严重，刚性建筑整体倾斜，有的倾倒，砂土地基液化问题引起重视。对于饱和砂土软土地区，多层建筑物的基础必须采用桩基、管柱和沉箱之类的措施，以防止上部结构的倾覆或建筑物的显著沉陷。

7. 1967 年委内瑞拉加拉加斯地震（Caracas）

1967 年 7 月 29 日在加拉加斯西北 60km 的地方发生地震，震级 6.3级、震中烈度 8 度。据调查结果，基础落在不同土层的建筑破坏率与沉积层厚度（到基岩）有关。当基底冲积层的厚度大于 160m 时，14 层以上的建筑物破坏显著加重，而基础落在基岩或薄的冲积层上的高层建筑几乎未遭破坏。

这次地震取得的经验教训是丰富的，主要有以下几方面：

（1）非结构构件以及非抗侧力构件，对结构预期的抗震性能影响较大。

（2）倾覆力矩的作用表现出强烈反应。有些框架柱由于倾覆力矩产生的压力将柱压坏。有一栋11层旅馆，下部3层为框架，上部为剪力墙，下部3层的柱由于轴力大、延性低，柱顶均发生压剪破坏。震害还说明建筑外形的高宽比较大时（≥5），对倾覆力矩的作用更要注意。

（3）在混凝土构件的所有侧面上配置纵向钢筋证明是有效的。

（4）框架中刚度突变，是一个危险区域，往往由于这个薄弱区域的存在，能量和应力集中的结果，而引起建筑物的破坏。

（5）许多结构的破坏，说明在地震区对混凝土柱构件的要求，应当比非地震区建筑物更为严格。连接处的强度应与被连接构件相同，甚至更强。

（6）与抗震墙相连的楼板受力很大，在连接节点处应予以特殊考虑。

（7）相邻建筑物碰撞问题，应引起适当的重视，否则亦会造成震害。

（8）其他如扭转作用，屋顶水箱的设计问题以及使楼梯在地震后仍能保持使用等问题。

（9）要考虑基础和地基的影响。

8. 1968 年日本十胜冲地震（Tokatsu Oki）

1968 年 5 月 16 日，日本十胜冲发生地震，震级 7.9 级。这次地震的主震延续时间长达 80s 左右，水平地面运动峰值加速度约在 0.18 ~ 0.28g。在地震影响地区，绝大多数钢筋混凝土建筑物的设计在 0.18g 时应呈现弹性。但从震害看还是比较严重的，许多 2 ~ 4 层的钢筋混凝土结构也发生破坏，以致有些人开始怀疑钢筋混凝土结构的抗震性能。突出的破坏特点是钢筋混凝土短柱 X 形裂缝的剪切破坏，从而开展了对短柱的大量试验研究工作。

这次地震的损害与钢筋混凝土建筑物的框架类型联系起来，可以归纳为以下几点：

（1）抗震墙较多的建筑几乎无震害。当每平方米建筑面积的抗震墙平均长度为十几厘米时，则连剪切缝都少见。尽管这类结构的韧性是很差的。日本十胜冲地震后，对剪力墙的配置数量提出了必要的规定。

（2）有一定刚度的框架，随墙的长度不同，震害也不同。墙布置得比较平衡时，虽然墙上产生许多剪切裂缝，但不至于产生框架的破坏。另外也有的墙较小，则墙将产生较大的破坏，同时在框架柱上产生了较大的剪切裂缝，并使柱子的主筋压屈。

（3）纯框架结构。有的是因柱子压坏而倒塌，有的虽未倒塌，但柱头及柱脚核心区混凝土脱落。扭转效应明显。

据震害调查分析，此次地震造成建筑物损害的主要原因有：

（1）柱子抗剪强度和韧性不够。经受不了地震时反复循环的变形。

（2）角柱的损坏，说明对角柱的设计应注意两个方向地震力（包括轴力）的应力组合，特别是上层有抗震墙的下层柱，更应重视。

（3）由于填充墙、楼梯间等刚度较大的部分布置不均匀，或构件内力的偏心，地震时常常发生扭转损坏。

（4）梁柱节点连接处损坏。

（5）伸缩缝处碰撞破坏。

（6）楼梯间倒塌。

（7）施工质量、混凝土浇筑和配筋不适当，不符合设计的要求而造成破坏。

（8）地基不均匀沉陷。

9. 1970 年秘鲁地震（Peru）

1970 年 5 月 31 日秘鲁西部发生 7.8 级地震，震源深度 56km，持续时间 45s，震中区垂直震动感觉明显。地震造成大量城镇房屋破坏，山体崩裂，造成大规模滑坡、塌方，并发生巨大的泥石流，以及地陷和地裂缝，使公路、桥梁、码头等各种公共设施遭到严重破坏，20 万栋建筑损坏。

土坯及砖石结构房屋破坏严重，也最普遍，砖砌房屋 80% 倒塌或严重破坏。但砖墙中设有钢筋混凝土梁、柱的混合结构，破坏要轻得多。

钢筋混凝土框架结构，如住宅、学校等建筑，抗震性能良好，只有轻微的损坏。但当底层为开敞无墙的商店建筑，由于没有可靠的抗侧力构件，因此地震时柱端剪弯折断，钢筋压屈，导致一幢 4 层楼房全部倒塌。钢筋混凝土框架的破坏主要发生在柱的上下端，由于柱端箍筋间距过大，造成弯剪破坏后，混凝土破碎、崩落。

钢结构框架本身完整无损，但在连接件及次要结构上亦有一定的损坏。

这次地震的经验表明：

（1）地基条件对震害有很大影响，砂或软弱覆盖层很厚时，上部建筑的震害严重，产生不均匀沉降及倒塌。反之，在覆盖层很薄的地基上，虽是一般砖结构房屋，损坏亦很轻。因此，选择有利的地基是很重要的。

（2）施工质量的优劣对抗震性能影响很大，如施工缝处的粘结、水泥及混凝土强度等级等都会直接影响抗震的效果。

10. 1971 年美国圣费尔南多地震（San Femando）

1971 年 2 月 9 日清晨，美国第三大城市洛杉矶发生了 6.6 级地震，这次地震震级并不高，震中在圣费尔南多区，震中烈度为 8 度稍强。由于震源很浅，地震造成了大量地表永久变形，大大加重了建筑破坏，特别是由于受地滑、土壤变形与液化等因素的影响，造成了上部结构的严重破坏。这次地震提示人们应注意地震区的医院、学校、住人很多的房屋、消防单位和其他在救灾中要发挥作用的单位，必须保证在地震时不应因房屋损坏而中断使用。

这次地震中还发现，首层空旷，刚度突变的结构破坏严重。如 6 层楼的橄榄景医院，1、2 层为框架结构，2 层以上为剪力墙结构，上下刚度相差 10 倍，框架柱严重破坏，配有螺旋箍筋的柱表现良好。用坚实材料砌筑的填充墙反倒对框架起了不利作用，其对柱产生附加轴力，对梁柱节点增加剪力。

这次震害为房屋建筑设计方面提供的主要经验有：

（1）对于框架角柱要予以特别注意，应留有一定的余地。考虑其竖向与水平方向同时受力，角柱和所有混凝土柱或砖柱的设计，应能承受最大柱端弯矩所产生的剪力，需要加以约束，以抵抗非弹性的剪力墙对框架构件的作用。

（2）支柱的两端要考虑倾覆力矩的影响，特别是对低阻尼建筑物的情况。

（3）板柱节点应考虑在框架变形的情况下，能够传递水平剪力。抗弯框架的梁柱节点是一个重要的环节，要求注意保证施工质量和节点强度的研究。

（4）在设计抗侧向力体系时，必须考虑非侧力构件，诸如楼板、楼梯、非结构性填充墙的加劲作用。

（5）相邻建筑物之间动力特性的不同，在设计时，应在平面布置时予以考虑。

（6）抗震缝若不能充分地防止弹性变形时的碰撞，则必须考虑撞击作用。

（7）电梯的各个组成部分应适当地固定在结构上。这次地震中有674个电梯平衡重锤脱出导轨，其中109个撞到吊篮上。286个平衡重锤的滚子导轨断裂，松开。

研究这次地震的一个重要意义，是因为它影响到一个现代化城市，并取得了200多个强震加速度记录，也为工程抗震的研究和设计提供了大量资料。在离震中40km的洛杉矶市，约有30个近代建筑的底层（一层及地下一层），记录到地面最大加速度为$0.1 \sim 0.2g$。20层以上的高层建筑物顶部的最大加速度为底部的$1.5 \sim 2$倍。这次地震促进了现代抗震设计理念的跨越式发展。地震之前，当时的地震工程界普遍认为，以1960年蓝皮书为基础的UBC规范已经"尽善尽美"了，按其设计建造的房屋完全可以达到预期的目标。然而，此次地震的事实是，许多按当时UBC规范设计的现代建筑，在不大的地震下破坏严重，比如奥立唯（Olive View）医院。为此，加州工程师协会SEAOC专门组织了应用技术委员会，负责对建筑抗震设计方法进行改进性研究，并于1978年发布了影响深远的研究报告 ATC3-06。在这份报告中，引入了线性动力分析方法，并且第一次尝试性地对建筑抗震设计的风险水准进行了量化。

11. 1972 年尼加拉瓜马那瓜地震（Managua）

1972 年 12 月 23 日尼加拉瓜首都马那瓜地震，是一个中等强度的地震，仅 6.5 级，但是它的破坏却是空前的，70% 以上的房屋倒塌，特别是影响到首都马那瓜，使这个城市大部分建筑遭到损坏。这次地震，再一次证明双肢剪力墙的洞口梁屈服，对墙肢起到了较好的保护作用。抗震工程界提出了洞口梁抗弯不要太强但要保证受剪承载力的设计方法。此外还说明剪力墙的设置对减轻非结构构件及设备系统的震害起重要作用。

这次地震得到的经验是：

（1）设计时应使建筑物的刚度不要偏心。因为刚度偏心将导致结构构件的预期（原设计）内力发生改变，进而导致部分构件及整个结构的破坏。

（2）当建筑物两个方向强度不一致时，必须在薄弱方向上采取足够措施以消耗地震能量。

（3）抗弯框架的设计要求，应引申到对框架所有构件提出相应的要求。

（4）三角形拱支撑或填充墙采用砖墙时，柱子的受荷形式将发生改变，因此，在设计中必须予以充分考虑。

（5）结构消耗地震能量的能力和结构的动力性能，直接决定着建筑物的抗震安全性。

（6）工业厂房中，采用轻质、高强和具有较好延性的结构，能使震害大大减轻。

（7）壳体结构应加强边缘构件的抗侧力强度和刚度，否则易损坏甚至倒塌，如该市 6~12m 跨度的筒壳，由于支承在细长的柱子上，缺少足够的支撑系统，故使其在弯矩和剪力作用下破坏，甚至倒塌。

12. 1975 年日本大分地震

1975 年日本大分地震，长短柱合用的框架破坏严重。此外抗震墙沿对角线开洞非常不利。

历史上的多次震害也证明了弹塑性分析的必要性：1968 年日本的十胜冲地震中不少按等效静力方法进行抗震设防的多层钢筋混凝土结构遭到了严重破坏，1971 年美国圣费尔南多地震、1975 年日本大分地震也出现了类似的情况。相反，1957 年墨西哥城地震中 11 ~ 16 层的许多建筑物遭到破坏，而首次采用了动力弹塑性分析的一座 44 层建筑物却安然无恙，1985 年该建筑又经历了一次 8.1 级地震依然完好无损。

13. 1976 年中国唐山地震

1976 年 7 月 28 日凌晨，中国唐山发生 7.8 级地震，震源深度 12 ~ 16km，震中烈度 11 度。这次地震造成的损失和破坏极其严重。位于震中的唐山市路南区建筑荡然无存，成了一片废墟，路北区绝大多数建筑塌毁，仅少数幸存，受波及的天津、北京也有大量建筑受到不同程度的破坏。

唐山地震中砖混房屋破坏严重，在 10 度、11 度烈度区，90% 以上的砖混房屋倒塌或严重破坏，一些建筑群或临街建筑成片倒塌，未倒的破坏也相当严重，不能继续使用。多数钢筋混凝土框架结构房屋未进行抗震设防，地震中，这类房屋的楼板与次梁震害较轻，框架柱、主梁和砖填充墙震害较重，尤以柱端和梁柱节点震害最为严重。

唐山地震又一次证明框架-剪力墙结构在防止填充墙及建筑装修破坏方面与框架结构相比有明显的优越性。由砖砌填充墙形成的短柱，也遭受到严重破坏。柱端、节点核心、角柱及加腋梁的变截面处是框架结构的主要破坏部位[6]。

唐山地震建筑震害的经验教训有：

（1）重视地基基础的抗震措施。地震时，由于砂土液化、喷砂、冒水，地基局部不均匀下沉，地裂缝通过房屋地基等，都可能产生上部结构的倒塌、错动或严重开裂等灾害。

（2）房屋平、立面布置应简单合理。震害调查分析表明，建筑体型复杂，平、立面布置不合理，将导致建筑局部震害加重，甚至倒塌。

（3）多层砖房设置圈梁，加强内外墙的拉结，是保证房屋整体性的有效措施之一。

（4）房屋的转角部位受力复杂，在 8 度及 8 度以上烈度区，转角处墙体就会出现不同程度的破坏，轻者产生裂缝，重者局部倒塌。

（5）结构变形伸缩缝或沉降缝未按抗震缝要求设置或抗震缝宽度不足，地震时缝两侧建筑物相互碰撞而破坏。

（6）屋顶局部凸出部位，特别是体型细长的塔楼，地震时由于鞭梢效应破坏严重。

（7）基本烈度 6 度区，要考虑抗震设防。

（8）建筑抗震设计目标要考虑建筑物在罕遇的强烈地震作用时不至于倒塌伤人。

14. 1979 年美国加州爱尔生居地震

1979 年美国加州爱尔生居地震，柱在首层埋入地面处破坏，说明地面的约束作用不能忽视。

15. 1985 年墨西哥地震

1985 年 9 月 19 日，在离墨西哥首都墨西哥城约 400km 的海域发生了 8.1 级强烈地震，震源深度 33km；21 日又发生了 7.5 级强余震。这两次地震，给墨西哥和远离震中的墨西哥城造成了严重的人员伤亡和经济损失，引起了地震科学家们和全世界的高度重视，其主要原因是该次地震的致灾因素是由地基问题引起的，很特殊，其教训值得各国吸取和重视。

墨西哥城的不少地方是建在由砂、淤泥、黏土和腐殖土构成的软地基之上，其表层为 30~50m 的冲积层。这种特殊地基，在地震时充分暴露出其先天不足的弱点，倒塌的房屋主要集中于软土地基。墨西哥地震震害教训极其深刻，城市防灾减灾等方面的很多警示值得借鉴[12]：

（1）建筑震害程度与地基条件密切相关。这次地震震害范围相当狭窄，完全属于软地基造成的建筑物破坏，包括：建筑物倾斜、建筑物下沉（有的大约下沉一层）、建筑物翻倒和地桩拔出（在世界上十分罕见）。与此形成鲜明对比的是，同属墨西哥城，西部火山岩地带上的建筑物所遭到的破坏要轻得多。

（2）共振效应引起的灾害不可忽视。这次破坏的建筑物中9层以上的中高层建筑物占的比例很大。这类建筑物的自振周期在 1.5~2.0s 范围，恰好与地震动的卓越周期接近，使建筑物发生共振而加剧了破坏。

（3）设计等方面的失策。一些框架因梁、柱截面过小和超量配筋发生剪、压破坏而倒塌。无梁楼盖结构，因楼板在柱周围发生弯曲挤压继而发生冲切破坏后倒塌。具有拐角形平面的建筑，破坏率显著增高。带大底盘的高层建筑，塔楼下部与裙房相接的楼层发生严重破坏，反映出竖向刚度突变的不良后果。

16. 1985 年智利地震

1985 年智利发生了 7.8 级大地震，当时直接遭受地震影响的高层建筑有接近 400 栋的灾害比较轻，虽然剪力墙没有采取延性构造措施，但是有效地控制了层间变形，剪力墙破坏较少[18]。

17. 1994 年美国北岭地震（Northridge）

北岭地震于当地时间 1994 年 1 月 17 日凌晨 4 点 30 分发生，震中位于洛杉矶西北方向 35km 处的圣费尔南多峡谷，震级 6.7 级。强震持续 10s 左右，大约有 12500 栋建筑破坏，在调查的 66546 栋建筑中，严重破坏的 6%，中等破坏 17%。商业建筑，特别是大型停车场建筑破坏严重。另外，此次地震中一个典型的震害现象是焊接抗弯钢框架的节点处出现了大量裂缝。

此次地震造成震中 30km 范围内高速公路、高层建筑或毁坏或倒塌，煤气、自来水管爆裂，电信中断，火灾四起，虽然死亡人数只有 57 人，但财产损失高达 200 多亿美元。这一现象引起了地震工程界对单一设防目标的反思与探索。

18. 1995 年日本阪神地震（Kobe）

1995 年 1 月 17 日日本兵库县南部发生 7.2 级城市直下型地震，震源深度 17km。震害调查表明：经过良好抗震设计的建筑物，如按日本规范（1981 年）设计的高层和超高层建筑都完好，隔震房屋表现良好；

老旧房屋和以高架桥为代表的生命线工程遭到了前所未有的致命打击，供水系统破坏严重，影响救灾；地铁主体结构出现了破坏现象；建筑物的中间层破坏和巨型钢结构破坏，这是历次地震中很少见到的现象；建在经过处理的人工回填软地基上的高层建筑经受了振动和液化考验，表现良好，旧港口码头遭到破坏，所有码头几乎都停止作业。

阪神地震再一次证明避免底部软弱层及防止中间层刚度和承载力突变的重要性[6]。震前人们普遍认为日本在预防和抗御自然灾害方面处于世界各国前列。然而阪神地震的破坏（5438人死亡，直接经济损失约1000亿美元）引起了日本全国上下和世界的震动，这次震害向现有抗震设计理论和方法提出了新的挑战，衍生出软土地基的抗震、竖向地震动影响以及抗震验算模型等一系列新的有待研究的课题。

19. 1999 年中国台湾集集地震

1999年9月21日，中国台湾中部地区南投县集集镇附近发生7.3级强烈地震（简称9.21集集地震），震源深度8km。此次地震为车笼埔断层错动所引发的内陆浅源地震，持续102s，强烈的地震导致巨大的地面变形和地质破坏，甚至改变了地理地貌与自然环境，在地表造成长达105km的破裂带，台湾全岛均感受到严重摇晃，造成大量建筑物和构筑物倾塌（图2-1），位于震中区的南投县和台中县的建筑物严重破坏。地震造成2415人死亡，29人失踪，11305人受伤。据中国台湾建筑研究所和地震工程中心所收集到的8773栋建筑的震害资料统计，震中区的南投县和台中县分别有4500多栋（占53%）和2800多栋（占32%）建筑破坏。在远离震中150多km的台北市，由于盆地效应仍有超过300栋建筑破坏，是台湾自第二次世界大战后伤亡损失最大的天灾。集集地震建筑震害的主要原因和经验教训有[12]：

（1）要重视建筑场址的选择。由于场地原因而导致建筑物的破坏主要表现在三个方面：一是断层效应，断层两侧6km地区内建筑物受损分布密集，约占总数的60%；二是地基液化，场地土层中含饱和粉砂土、地下水位高或人工填海造地等地区的建筑破坏严重；三是盆地效应，距震中150多km的台北地区，由于盆地效应，场地特征周期与建筑结构

图 2-1　中国台湾集集地震中倒塌的建筑物和构筑物

a）台北某 12 层楼商业大厦在地震中倒塌　b）台湾东石某楼房在地震中倒塌

c）台湾中部在地震中倒塌的大桥　d）台中某学校的跑道在地震中发生严重变形

e）地震后毁坏的高速路

周期相近，因共振导致 300 多栋建筑物损坏。

（2）地震中倒塌、破坏的建筑中，有相当一部分是由于建筑结构体系不合理，平、立面不规则，竖向刚度、强度不均匀，结构整体冗余度不足等设计缺陷造成的。

（3）施工质量及日常使用管理对建筑抗震性能的影响不可忽略。在震后调查中发现，存在不按图施工或施工质量不满足要求的情况，同时，还发现在使用过程中存在擅自拆墙，破坏梁、柱，改变结构体系，以及违法、违规，进行不当的增层、扩建等情况。

20. 2003 年阿尔及利亚 Zemouri 地震

2003 年 5 月 21 日，在阿尔及利亚北部的布迈德斯（Boumerdes）省发生了 6.8 级的强烈地震。震中位于阿尔及利亚布迈德斯省的 Zemouri 镇东北 10km（东经 3.78°，北纬 36.89°）的地中海底。震源深度约为 10km。此次地震波及首都阿尔及尔及其以东约 50～100km 各省，形成了长达 140km、50km 宽的建筑发生严重破坏区域。这次地震的特点是震级较大、震源浅和烈度高，震中烈度达到 10 度，布迈德斯等重灾区约有 10% 房屋完全倒塌，中等和严重破坏的约 30%。这次强地震引起的 2m 多高巨浪导致西班牙沿海地区 150 多条渔船受损。地震使得阿尔及利亚基础设施遭到严重破坏，部分国际通信瘫痪，国内联络不畅，灾区一度停水、停电。此次地震的经验教训[12]：

（1）应将城镇中私人建房纳入审批管理程序。根据震区现场调研和政府所做的震损调查结果显示，在此次地震中私人建房损失很大，虽然私人建房绝大部分为框架结构，但由于结构不合理，以及施工质量存在的诸多问题，使大量私人房屋无法抵御这次强烈地震。除了建筑技术方面的原因外，根本原因是政府部门未能对该类房屋的结构设计与施工实施严格审查，现有法律没有将私人建房的结构设计纳入政府部门的审查程序。

（2）注意加强工程地质勘查工作。由于阿尔及利亚没有城市规划工程地质勘查技术的标准和规范，在进行城市规划设计时，普遍缺少工程地质勘查方面的详细基础资料，特别对工程有特殊意义的地质单元的空间分布情况不能准确定位，如活动断裂带、滑坡、软弱夹层、塌陷、地震液化区等。因此在城市规划工作中，新区选址和生命线工程的布局规划上都比较盲目，此次地震有几个震害异常区域可能与活断层有关。

（3）注意结构的构造措施。震后调查发现，阿尔及利亚的抗震规范对抗震构造措施重视不够，不少震害均是一些已被地震考验是错误的构造方法而造成的，如：空心砖填充墙不拉结、框架柱柱顶留施工缝、框架节点区无箍筋、梁柱端箍筋未设加密区等。

21. 2008 年中国汶川地震

2008 年 5 月 12 日，在我国四川省发生了 8.0 级特大地震，震中烈度达 11 度。汶川地震建筑震害的经验教训，有以下几点[12]：

（1）20 世纪 80 年代以来我国颁布执行的抗震设计规范经受了大震的考验，有效地保证了人民的生命财产安全。汶川地震表明：除了危险地段山体滑坡造成的灾害外，总体上城镇倒塌和严重破坏需要拆除的房屋约 10%，凡是严格按照《建筑抗震设计规范》GBJ 11—1989 或 GB 50011—2001 的规定进行设计、施工和使用的各类房屋建筑，在遭遇到比当地设防烈度高一度的地震作用下均经受了考验，没有出现倒塌破坏，有效地保护了人民的生命安全。

（2）现场调查表明，此次地震灾区破坏的房屋多数是由于抗震概念设计和构造措施方面存在缺陷造成的。例如：平面布局不规则、抗侧力构件竖向不连续、强梁弱柱、结构整体没有二道防线、砖混结构不设圈梁和构造柱、预制空心楼板端部无连接、出屋面女儿墙无构造柱和压顶梁、填充墙与主体结构拉接不足、抗震缝处置不合理、对局部突出屋面的楼电梯间等小结构的鞭梢效应考虑不足，未进行局部加强设计等。

（3）现场震损房屋调查结果显示，地震中私人建房损失很大，由于选址不当、结构设计不合理、施工质量不良等原因导致了大量震害。除了建筑技术方面的原因外，另一重要原因是，该类房屋的规划设计与施工游离于政府主管部门的管辖范围之外，现有法律没有将私人建房的设计与施工纳入政府主管部门的审查程序。

（4）虽然地震中倒塌的学校建筑的比例略低于其他房屋，但伤亡人数的比例明显大于其他房屋。因此，要特别注意在发生地震灾害时加强对未成年人的保护。另外，学校建筑应按抗震规范概念设计的要求，采用体系合理、具有多道抗震防线、楼屋盖整体性强的结构，确保建筑的抗震安全性。

（5）重视场地的工程抗震措施。西部地区的建设用地主要位于山区，地形复杂，农村很多建筑依山而建，城市中有很多陡坡和挡土墙，潜在的地质灾害主要有山体滑坡、泥石流和洪灾等。因此，加强建筑工程场地的选址工作，选择有利地段，避开危险地段是十分必要的；对于无法避让的抗震不利地段，应采取有效的工程场地抗震措施进行排险。

2008年汶川地震后，《"5·12"汶川地震房屋建筑震害分析与对策研究报告》对各类结构的破坏情况作了总结。报告指出，对不同类型房屋结构的震害研究表明："①砖混结构中，以大开间、大开窗、外走廊等建筑样式的震害最为严重。在20世纪90年代以前建造的砖混结构房屋中较多地使用了大开间、大开窗、外走廊等建筑样式，这些建筑在重灾区普遍遭到严重的破坏甚至是整体倒塌。②采用框架-砌体混合结构形式的建筑，在重灾区普遍损毁严重。无论是底部框架砖混的竖向混合结构还是部分框架部分砖混的水平混合结构，由于刚度突变、传力途径复杂和变形能力不协调等因素，大量此类建筑受损严重。③框架结构中，出现了框架柱先于框架梁受到破坏的现象。震害调查显示，此次地震中，部分房屋的一些框架结构的破坏体现为框架柱先于框架梁受到破坏。汶川地震的竖向振动十分剧烈，震中区域部分房屋的框架柱受到了水平、竖向叠加作用力，发生粉碎性压缩损坏，导致房屋受损严重甚至垮塌。④厂房、库房的排架结构受灾严重。震害调查中发现，灾区的不少厂房、库房的排架结构由于跨度大、屋架重、柱间连接薄弱，加上年久失修等原因，在此次地震中受损严重，垮塌较多。其中单跨结构比双跨结构震害严重，重屋架结构比轻屋架结构震害严重。⑤农村自建房在重灾区受灾情况十分严重，倒塌现象普遍。20世纪90年代前，农村自建房大量使用砖瓦、木头等简易材料。由于缺乏相应的建造技术，再加上砌筑墙体的黏合材料强度差，一般情况下也没有进行专门的抗震设计，因此震害十分严重，倒塌普遍。⑥木结构房屋和轻钢结构房屋在此次地震中损坏较轻。木结构采用榫卯进行连接，榫头在榫卯节点处可轻微转动，具有"柔性"连接的特点；柱根直接放在柱基石上，水平振动时柱根可在柱基石上轻微滑动；厚重的屋盖通过穿斗或斗拱的连接方式与内柱、檐柱体系连成一体，保证了木结构房屋的整体性。木结构的这些特点使得重灾区的木结构房屋除有不少屋面瓦脱落外，多数房屋损坏较轻。灾区还有少量采用轻钢结构的厂房，由于轻钢结构具有质量轻、连接可靠、结构整体延性好的特点，再加上配套屋盖和墙板均采用轻质材料，因此，这类房屋具有较好的抗震性能。此次地震中，该类房屋受损主要是柱间支撑连接被拉断、钢构件防火涂料剥落等，震害较轻。"图 2-2 为几类典型建筑的破坏照片。

图 2-2　汶川地震中破坏的建筑

此外，关于汶川地震的震害及其原因，《建筑结构》《建筑结构学报》《工程抗震与加固改造》等期刊均出了专辑，许多专家学者对此进行了总结，比较一致的结论主要有[19]：

（1）极重灾区地震烈度极大是汶川地震灾害的主要原因。汶川地震有 10 个极重灾区，震前的设防烈度为 7 度，实际烈度达到了 8 ~ 11 度。

（2）未设防的旧房屋倒塌和破坏严重，而按照国家规范和标准正常设计施工的房屋都表现出较好的抗震能力。

（3）平面和立面不规则的建筑破坏比较严重。

（4）盲目加层、屋顶违章搭建、拆除部分承重墙体的建筑破坏严重甚至局部倒塌。

（5）突出屋面小塔楼破坏严重，甚至倒塌。

（6）不同结构构件之间的连接，尤其是框架结构中的填充墙震害比较普遍，有的震害比较严重。

（7）伸缩缝不符合抗震缝要求的建筑，产生不同程度的碰撞破坏。

（8）有一些框架结构在地震中再现了"强柱弱梁""裂而不倒"的设计理念，但大量的框架结构因呈现出"强梁弱柱"的机制而破坏。

（9）框架结构的楼梯间的破坏较多。

22. 2010 年 2 月智利地震和 2011 年 2 月新西兰 Christchurch 地震

2010 年 2 月智利地震（8.8 级）和 2011 年 2 月新西兰 Christchurch 地震（6.3 级）中，剪力墙结构出现了不同程度和不同类型的破坏，部分墙体的破坏远超出可修复的程度，这也是近年来现代钢筋混凝土高层建筑遭受明显破坏的地震。这两次地震中，剪力墙的破坏模式与墙体的高宽比、轴压比、截面形式、边缘约束构件以及钢筋配置形式等因素密切相关。通常情况下墙体都是在轴压、弯曲和剪切多种作用状态下工作，其破坏模式最终取决于这三种承载力的相对强弱关系，弯曲破坏的墙体具有较好的延性，而剪切破坏的墙体在超过峰值荷载后，承载力迅速退化，延性较差[18]。

智利 2010 年地震中，较多的中高层剪力墙底部出现严重的混凝土压碎破坏，其最直接的原因是底部剪力墙厚度较薄，墙体轴压比过大，与 1985 年智利地震的剪力墙（大部分为 300mm 厚）相比，这次地震中遭受破坏的剪力墙的厚度普遍偏薄（大多数为 200mm）。随着建筑高度的不断增加，使得底部剪力墙承受较大的竖向压应力，在地震作用下容易发生压溃破坏。这种破坏使得整体结构的强度迅速下降，甚至引起建筑物的倒塌。

1980 年以前，新西兰主要采用抗震设计规范 NZS4203：1976，剪力墙中典型的配筋方式是在 150~200mm 的墙厚中，配置单层或者双层间距为 305mm（12in）、直径为 9.5mm（3/8in）的水平和竖向钢筋，较低的配筋率使得剪力墙在本次新西兰地震中易发生受剪破坏。相比之下，一些老结构由于墙体较厚，却能表现出了较好的抗震性能。20 世纪 80 年代后，新建的剪力墙结构趋于高宽比较大和轴压比过大等特点，此类剪力墙虽然设计为弯曲破坏模式，但当承受较大竖向荷载时，地震过程中容易出现底部墙体剪压破坏或者混凝土压溃破坏。

在 1985 年的智利地震中，剪力墙表现出了良好的抗震性能，虽然大部分墙体没有采用延性构造措施，但是仍有效控制了层间变形，所以 1996 年发布的抗震设计规范 NCh433. Of96 中，虽然绝大多数条款与 ACI 318-95 的规定类似，但是取消了边缘约束构件这条规定，这也是导致 2010 年地震中剪力墙边缘部位出现如此严重破坏的主要原因。

2010 年地震中破坏的剪力墙的配筋间距普遍为 200mm×200mm，并且箍筋为 90°弯钩，混凝土保护层（通常两边各 20mm）的剥落直接导致了墙体有效承压面积减少近 20%，在这种情况下，90°弯钩的箍筋在地震作用下容易张开，导致墙体纵筋出现严重的压屈破坏，甚至出现钢筋断裂的现象。

新西兰在采用规范 NZS3101：1982 之前，剪力墙大多未采用延性设计的措施，尤其在边缘约束区域。近年来剪力墙设计时，一般采用规范 NZS3101：2006 的延性设计方法，但是在配置箍筋较少的边缘约束位置，也易发生纵筋压屈或断裂破坏。

在智利 2010 年地震和新西兰 2011 年地震中都出现了整体墙片平面外失稳破坏的现象，相对其他破坏形式而言，此类震害以前研究相对较少，墙体厚度较薄、轴压比过大和边缘约束区混凝土较早压碎破坏可能是导致这一现象的主要原因。由此引发了对对智利地震中剪力墙边缘约束构件的思考。可以说，墙体轴压比过大和缺少边缘构造措施，导致剪力墙构件易发生混凝土压溃和钢筋屈曲破坏，是智利 2010 年地震和新西兰 2011 年地震中剪力墙破坏的主要原因。1996 年，智利采用 NCh433. Of96 设计规范，该规范基于 1985 年那次地震中剪力墙的破坏情况，把在剪力墙边缘约束构件部位要加强箍筋约束的规定取消了，一直延续到 2008 年颁布的规范 NCh430. Of2008，新规范中又把边缘箍筋约束这条规定给补充上了。但是就 2010 年这次地震来说，过分地相信了 1985 年地震中的经验，是造成本次地震中剪力墙边缘约束构件破坏的主要原因。用一个"成功"的特例去实现现实生活中的普遍行为，可说是不可取的[18]。

23. 2016 年 2 月 6 日中国台湾高雄地震

2016 年 2 月 6 日，中国台湾高雄发生 6.7 级地震，震源深度 15km。航拍视频显示，地震现场一片狼藉，台南永大路 17 层的维冠大楼被拦腰折断（图 2-3）；台南新化京城银行大楼因严重倾斜而倒塌，地下一层金库被埋压；台南山上区一处房屋倾斜；台南东区一栋大楼倾斜。

图 2-3　高雄 6.7 级地震中倒塌的房屋（网络照片）

第二节　从房屋建筑地震震害调查得出的
几个重要概念

　　黑格尔说："由于规律同时也自在地就是概念，这种意识的理性本能就必然地但不自觉地要去纯化规律及其环节，使之成为概念。理性本能对规律进行实验。最初显现出来的规律是很不纯粹的，是纠缠在个别的感性存在里的，构成着规律的本性的概念是沉浸在经验材料里面的。理性本能在做试验的时候，要想发现在什么情况下会发生什么现象，因此从表面上看，好象规律只会因实验而愈来愈深地沉入于感性存在里去；但感性存在毋宁在试验过程中消失了。因为，这种实验的内在意义在于发现规律的纯粹条件，而所谓发现规律的纯粹条件是什么意思呢？尽管说这句话的意识可能以为这句话另有含义，但实际上这只不过是说，实验是要把规律整个地纯化为概念形式的规律并将规律的环节与特定的存在之间的一切关联完全予以消除而已。"⊖因此，"作为科学，真理是发展着的纯粹的自我意识……是客观的思维……概念本身是自在自为地存在的东西。"⊖通过对 1906 年洛杉矶地震以来世界大地震的震害简要回顾和地震中建筑物破坏的情况分析研究表明，尽管每一次地震建筑物的破坏情况各有特点，但其中仍然不乏一些共性的、规律性的东西。概括起来，地震导致建筑物破坏的直接原因可分为以下三种情况：

　　（1）地震引起的断层错动、山崩、滑坡、地陷、地面裂缝或错位等地面变形，对其上部建筑物的直接危害。因此，工程场地选址时要有意避开抗震危险地段。

　　（2）地震引起的砂土液化、软土震陷等引起地基不均匀沉陷，导致上部结构破坏或整体倾斜。

　　⊖ 《精神现象学》上卷，第 169 页。

　　⊖ 《列宁全集》第 55 卷，第 80 页或《逻辑学》上卷，第 31 页。

（3）建筑物在地面运动激发下产生剧烈震动过程中，因结构强度不足、变形过大、连接破坏、构件失稳或整体倾覆而破坏。

根据上述三种情况，人们对目前量大面广的钢筋混凝土结构，提出更详细、更具体的要求，形成并充实了抗震概念设计的基本概念及内涵。

一、钢筋混凝土房屋抗震设计的基本要求

为了达到抗震要求，钢筋混凝土房屋结构的承载力、刚度、稳定性、能量吸收及能量耗散等性能，均应满足地震作用下的要求。加州大学 V. V. Bertero 教授认为[6]：抗震设计的基本要求是需要的"刚度、承载力、稳定性、吸能能力、耗能能力"小于供给的"刚度、承载力、稳定性、吸能能力、耗能能力"，即

问题在于如何可靠地确定"需要量"和真实地估计"供给量"，因为这两方面都存在很多不确定因素，而且这两方面又是互相影响的〔例如，地震作用程度不同（6~9度），设计所选用的构件截面尺寸和构造措施就不同，而结构构件截面尺寸和构造措施的不同，结构在地震作用下的反应和抗震性能也不同〕。因此，孤立地考虑上图"需要量"和"供给量"两侧的某一项都会导致不合理、不经济的设计。近年来，用复杂的三维计算程序可进行数学模型的空间动力分析，但在估计建筑物真实的抗震能力方面，则缺少相应的研究。目前估计建筑结构"供给量"的指标，大部分是根据力学理论及伪静力试验求得的经验公式，并不能真实反映地震时的情况。唯一的方法是通过真实建筑物的整体试验分析，但限于试验条件，在这方面的研究是较少的[6]。因此，目前抗震设计除必要的计算外，很大程度靠判断即概念设计。而判断能力和标准主要来自以往的震害分析经验和试验研究成果。在钢筋混凝土房屋抗震

设计中，除了经常提到的合理结构选型和布置以及采取正确的构造措施等原则以外，更要注意以下几个重要概念[6]。

（1）承载力、刚度和延性要适应结构在地震作用下的动力要求，并应均匀连续分布。在一般静力设计中，任何结构部位的超强设计都不会影响结构的安全，但在抗震设计中，某一部分结构设计超强，就可能在结构的其他部位出现相对薄弱环节或相对薄弱部位。因此，在设计中不合理的任意加强以及在施工中以大代小改变配筋，都需要慎重考虑。

（2）采取有效措施防止过早的剪切、锚固和受压等脆性破坏。在这方面，"约束混凝土"是非常重要的措施。在1948年的福井地震中，福井市六层的大和百货大楼被震垮了，震害调查发现一层柱的纵向钢筋全部脱落，梁端部钢筋也被拔出。在1968年的十胜冲地震中，太平洋北岸各城市的很多公共建筑和学校遭受不同程度的震害。其中陆奥市市政厅三层办公楼的最上层内部柱子的混凝土完全飞出，钢筋进开，建筑物的一端损坏严重；三泽商业中专学校震前在旧楼的左边扩建了一段，扩建部分的左边在地震中被震坏，一层完全拦腰破坏，而旧楼的柱子则出现明显的剪切型X形裂缝。在1971年的圣费尔南多地震中，洛杉矶市郊外的欧丽布友医院一层震害严重，柱子倾斜了600mm，而遭受破坏，医院正门厅左边的L形角柱遭受了严重的破坏，混凝土全部进裂，而其他一些柱子由于设置了螺旋箍筋，才勉强抗住了地震，与角柱相比由于螺旋箍筋发挥了抗震效能，充分发挥了钢筋混凝土的延性，才实际上承受了600mm大的变形。而L形角柱虽然纵筋较大，但因混凝土全部剥落而在承载力上不能起任何协同作用而破坏。这就清楚地说明，没有充足的箍筋约束作用，就不能发挥纵筋的效力。在1975年的大分地震中，九重湖饭店遭受了很大的破坏，东南边一层陷落，与西边四层相比，看起来像三层楼，由于箍筋约束不足，一层柱子混凝土进裂[13]。这些地震破坏的实例表明，当柱子发生脆性破坏时，其建筑物都无一例外地遭受严重灾害，而柱子破坏的主要原因就是抗剪不足，造成混凝土和钢筋分离而不能共同工作。为了防止柱子钢筋与混凝土分离，最重要的措施就是设置抗剪箍筋，阻碍柱子内部的混凝土发生裂缝和剥落，且牢牢地约束住混凝土，日本知名抗震专家武藤清认为这是钢筋混凝土的抗震诀窍[13]。

（3）尽可能设置多道抗震防线。强烈地震之后往往伴随多次余震，如只有一道防线，在首次破坏后再遭余震，将会因损伤积累而导致倒塌。适当处理构件的强弱关系，使其在强震作用下形成多道防线，是提高结构抗震性能、避免倒塌的有效措施。

（4）在地震作用下节点的承载力应大于相连构件的承载力。当构件屈服、刚度退化时，节点应能保持承载力和刚度不变。

（5）地基基础的承载力和刚度要与上部结构的承载力和刚度相适应。

（6）合理控制结构的非弹性部位（塑性铰区），实现合理的机制。

（7）结构单元之间应遵守牢固连接或彻底分离的原则。高层建筑宜采取加强连接的方法，而不宜采取分离的方法。

二、合理的屈服机制及屈服过程

钢筋混凝土房屋在强震作用下某些结构构件进入非弹性。为了分析结构的抗震性能，尽可能做到经济合理的设计，必须研究在地震作用下结构的屈服部位、屈服过程及最后形成的屈服机制。

多层或高层钢筋混凝土房屋可以归纳为两类屈服机制，一种为总体机制，另一种为楼层机制。其他机制均可由这两种机制组合而成。

典型的楼层机制表现为在地震作用下仅竖向构件屈服，而横向构件处于弹性。

结构的自由度与层数相同。总体机制则表现为所有横向构件屈服而竖向构件除根部外均处于弹性，总体结构围绕根部做刚体转动，因此从结构总体而言仅有一个自由度。

以框架结构为例，层间位移及延性系数的分布对于楼层机制（柱铰机制）是非常敏感的，塑性变形集中现象随着地面运动的不同可能在不同楼层发生，而总体机制（梁铰机制）则表现完全不同。由于只有一个自由度，层间位移的变化是很均匀的，而且对于地面运动很不敏感，这样就可以减少一部分不确定因素的影响，使设计者掌握较多的主动权。这也是为什么要在设计上采取措施控制结构的屈服部位，促使实现预期理想机制的主要原因。

理想的总体机制也就是最少自由度的机制，一方面防止塑性铰在某些构件上出现，另一方面迫使塑性铰发生在其他次要构件上，同时要尽量推迟塑性铰在某些关键部位的出现，例如框架柱的根部、双肢或多肢剪力墙的根部等。

在地震作用下首先进入屈服的构件称为主要耗能构件，这些构件在屈服进展过程中受约束于其他处于弹性的构件，这一阶段称为有约束屈服阶段。抗震设计就是要设法延长这一阶段以提高结构的抗震性能。这种由弹性阶段到有约束屈服阶段（弹塑性），再到无约束屈服阶段（全塑性）直到最后破坏，是在地震作用下结构表现的全过程。

基于上述要求，选定主要耗能构件要注意以下几点[6]：

（1）主要耗能构件的屈服过程应尽量保持受约束屈服，且具有良好的延性和耗能性能。

（2）为了保证主要耗能构件的延性，应选用承受轴向应力较小的构件，不宜选用承受竖向静荷载的主要构件。为了提高耗能能力，构件应具有相当的刚度。

（3）主要耗能构件耗能部位的破坏形态应当是弯曲破坏而不是剪切破坏，为此在进行构件承载力设计时，应按不同承载力的要求进行设计。

三、延性结构设计的几个概念

武藤清将强度和延性看作钢筋混凝土抗震的基点[13]。对结构、构件或截面除了要求它们满足承载力以外，还要求它们具有一定的延性，其目的在于[13]：①有利于吸收和耗散地震能量，满足抗震要求；②防止发生像超筋梁那样的脆性破坏；③在超静定结构中，能更好地适应地基不均匀沉降和温度收缩作用；④使超静定结构能够充分地发挥内力重分布，并避免配筋疏密悬殊，便于施工，节约钢材。

延性包括材料、截面、构件和结构的延性，且对截面延性的要求高于对构件延性的要求；对构件延性的要求高于对结构延性的要求，而结构延性和构件延性两者的关系与结构塑性铰形成后的破坏机制有关[14]。延性是指从屈服开始至达到最大承载能力或达到以后而承载力还没有显著下降期间的变形能力。换言之，延性实质上是材料、截面、构件或结构保持一定的强度或承载力时的非弹性（塑性）变形能力。延性通常用延性系数来表达：

$$\mu = \Delta_u / \Delta_y$$

式中　Δ——材料的应变、截面的曲率，构件和结构的转角或位移；

　　　Δ_u——屈服值；

　　　Δ_y——极限值。

延性大，说明塑性变形能力大，强度或承载力的降低缓慢，从而有足够大的能力吸收和耗散地震能量，避免结构倒塌；延性小，说明达到最大承载能力后承载力迅速降低，变形能力小，呈现脆性破坏，引起结构倒塌。

1. 材料延性

截面、构件、结构的延性来自材料的延性，即材料屈服以后的塑性变形能力。材料的应变延性系数可以定义为：

$$\mu_\varepsilon = \varepsilon_u / \varepsilon_y$$

式中　ε_y——材料的屈服应变；

　　　ε_u——材料强度没有显著降低时的极限应变。

抗震结构用的钢筋或钢材的应力-应变曲线应有明显的屈服点、屈服平台和应变硬化段（图2-4）。屈服点对应的应变即为屈服应变，极限应变可取峰值应力对应的应变。《建筑抗震设计规范》GB 50011—2010 第3.9.2条规定："抗震等级为一、二、三级的框架和斜撑构件（含梯段），其纵向受力钢筋采用普通钢筋时，钢筋的抗拉强度实测值与屈服强度实测值的比值不应小于1.25；钢筋的屈服强度实测值与屈服强度标准值的比值不应大于1.3。且钢筋在最大拉力下的总伸长率实测值不应小于9%。钢结构的钢材应符合下列规定：①钢材的屈服强度实测值与抗拉强度实测值的比值不应大于0.85；②钢材应有明显的屈服台阶，且伸长率不应小于20%；③钢材应有良好的焊接性和合格的冲击韧性。"就是说抗震结构用的钢筋、钢材的抗拉强度实测值与屈服强度实测值的比值不应过小，以保证钢筋或钢材屈服后、极限强度前有大的塑性变形能力，有一定的强度储备；钢筋屈服强度实测值与标准值的比值不应过大，以保证实现强柱弱梁、强剪弱弯。

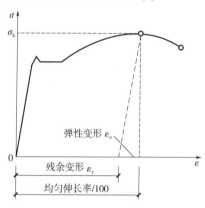

图2-4 钢筋或钢材的应力-应变曲线[14]

对于非约束混凝土，单轴受压的应变延性与混凝土强度有关。图2-5a为不同强度非约束混凝土的单轴受压应力-应变关系曲线，从图中曲线可以看到[14]：

（1）线性段即弹性工作段的范围随混凝土强度的提高而增大，普通强度混凝土线性段的上限为峰值应力的40%～50%，高强混凝土可达75%～90%。

（2）峰值应变值随混凝土强度的提高有增大趋势，普通强度混凝土为0.0015～0.002，高强混凝土可达0.0025。

（3）到达峰值应力后，普通强度混凝土的应力-应变曲线下降段相对较平缓，高强混凝土的应力-应变曲线骤然下降，表现出脆性。

非约束混凝土的屈服压应变可取峰值应变，极限压应变可取0.003～0.004。

箍筋约束混凝土承受轴压力时，混凝土向外膨胀，当压应力接近混凝土轴心抗压强度时,箍筋受的拉力增大,其反作用力使混凝土受到横向压应力。随混凝土横向变形增大,箍筋的约束效果增大。箍筋约束混凝土的应变延性与混凝土强度、箍筋的形式、箍筋的间距、箍筋的强度、体积配箍率等有关,混凝土强度、箍筋强度和体积配箍率的影响可以综合为一个参数,即配箍特征值。

图 2-5b 为不同配箍特征值的混凝土单轴受压应力-应变关系曲线。从图中可见,箍筋约束混凝土后,其峰值应力和峰值应变提高;达峰值点后,曲线下降平缓。

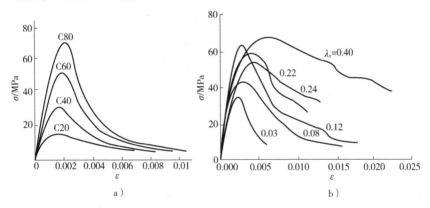

图 2-5 混凝土单轴受压应力-应变全曲线[14]

a) 不同强度等级 b) 不同配箍特征值

国内外对箍筋约束混凝土的应力-应变关系曲线提出了许多模型。试验研究表明,以配箍特征值为参数,单轴受压箍筋约束普通强度混凝土的峰值应力和峰值应变可以用下式计算[14]:

$$f_{cc} = (1 + 1.79\lambda_v)f_{c0}$$

$$\varepsilon_{cc} = (1 + 3.50\lambda_v)\varepsilon_{c0}$$

$$\lambda_v = \rho_v \frac{f_{yv}}{f_{c0}}$$

式中 f_{cc}、ε_{cc}——约束混凝土的峰值应力和峰值应变;

λ_v——配箍特征值;

ρ_v——体积配箍率;

f_{yv}——箍筋抗拉强度。

如何定义混凝土的极限压应变，目前尚无统一的规定。下式分别为应力-应变曲线下降段上应力为 0.9 倍和 0.5 倍峰值应力时的应变计算式[14]：

$$\varepsilon_{0.9} = (1.25 + 1.14\lambda_v^{0.67})\varepsilon_{cc}$$

$$\varepsilon_{0.5} = (2.34 + 2.49\lambda_v^{0.73})\varepsilon_{cc}$$

箍筋形式对混凝土约束作用的影响如图 2-6 所示。普通矩形箍在四个转角区域对混凝土提供约束，在箍筋的直段上，混凝土膨胀使箍筋外鼓而不能提供约束；增加拉筋或箍筋成为复合箍，同时在每一个箍筋相交点设置纵筋，纵筋和箍筋构成网格式骨架，使箍筋的无支长度减小，箍筋产生更均匀的约束力，其约束效果优于普通矩形箍。从施工的角度考虑，拉筋工作量大于箍筋，且由于规范要求拉筋端部平直段做 135°弯钩，质量不易保证。螺旋箍均匀受拉，对混凝土提供均匀的侧压力，约束效果最好，但螺旋箍施工比较困难；间距比较密的圆箍（采用焊接搭接）或圆箍外加矩形箍，也能达到螺旋箍的约束效果。

箍筋间距密，约束效果好（图 2-6d）。直径小、间距密的箍筋的约束效果优于直径大、间距大的箍筋。箍筋间距不超过纵筋直径的 6～8 倍时，才能显示箍筋形式对约束效果的影响。箍筋间距不能太密，要考虑混凝土浇筑的难易程度。

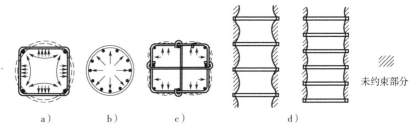

图 2-6　箍筋形式和间距对混凝土约束作用的影响[14]

a）普通矩形箍　b）螺旋箍和圆箍　c）复合箍　d）箍筋间距的影响

2. 截面曲率延性

从构件截面角度来看，延性指的是截面屈服以后的变形能力。以弯曲变形为主的构件进入屈服后，塑性铰的转动能力与单位长度截面上塑

性转动能力即截面的曲率延性直接相关。构件截面延性如用曲率表示，截面曲率延性系数的计算式为：[14,12]

$$\mu_\phi = \phi_u / \phi_v \quad \mu_\phi = \phi_u \phi_v$$

也可用构件挠度表示：

$$\mu = f_u / f_y$$

式中 f_y、ϕ_y——截面钢筋开始屈服时的跨中挠度与曲率；

f_u、ϕ_u——截面达极限状态时的极限挠度与极限曲率。

图 2-7 是某一钢筋混凝土适筋梁受力后荷载与位移、弯矩与曲率的关系曲线。当截面钢筋开始屈服后，构件挠度及截面转角迅速增加，截面抵抗弯矩的能力继续有所提高，直到压区混凝土压碎，跨中出现了塑性铰，构件才丧失承载能力。

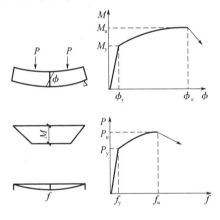

图 2-7　构件的延性[12]

图 2-8a 中的曲线为截面的实际弯矩-曲率关系，双折线为简化的弯矩-曲率关系。M'_y 和 ϕ'_y 分别为受拉钢筋开始屈服时的弯矩和曲率。由图 2-8b 可得

$$\phi'_y = \varepsilon_y / (h_0 - x'_y)$$

式中 h_0——截面有效高度；

ε_y——钢筋屈服应变；

x'_y——混凝土受压区高度。

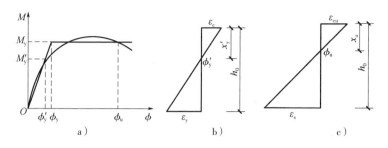

图 2-8　确定截面曲率延性系数[14]

a）截面弯矩-曲率关系曲线　b）受拉钢筋开始屈服时截面应变分布

c）混凝土达到极限压应变时截面应变分布

以受拉钢筋开始屈服时的割线刚度作为截面的弯曲刚度。钢筋开始屈服并不等于截面屈服，对于受弯构件，截面的名义屈服弯矩可取为[14]

$$M_y = M'_y/0.85$$

这样，截面的名义屈服曲率为

$$\phi_y = \phi'_y/0.85$$

截面的极限曲率通常取受压区边缘混凝土达到其极限压应变时的曲率，即

$$\phi_u = \varepsilon_{cu}/x_u$$

式中　x_u——受压区边缘混凝土达到其极限压应变时的受压区高度。

影响钢筋混凝土构件截面曲率延性的主要因素有[14]：①混凝土强度。如前所述，高强混凝土的应力-应变曲线的下降段比普通强度混凝土的下降陡，表现出脆性，塑性变形能力小。另一方面，提高混凝土强度可以降低受弯构件和压弯构件截面的混凝土受压区高度，提高构件截面的曲率延性。混凝土材料的这种双重性质表明，混凝土强度等级的选取不是越高越好，要适度。②箍筋。箍筋对截面曲率的影响表现在两个方面：一方面是使混凝土变形能力增大，即混凝土极限压应变增大；另一方面是使混凝土强度提高，使截面混凝土相对受压区高度降低，从而提高截面的曲率延性。目前一般不考虑后者的影响。③轴压比。增大轴压比，混凝土受压区高度增大，极限曲率降低。图 2-9 为非约束压弯构

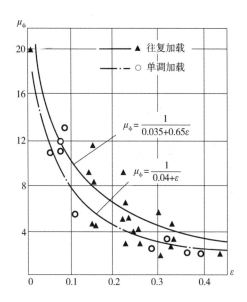

图 2-9　混凝土相对压区高度 ξ 与曲率延性比 μ_ϕ 关系的试验结果[14]

件的截面曲率延性系数与混凝土相对压区高度 ξ 关系的试验曲线，试验结果说明，截面曲率延性系数随相对压区高度的增大而减小。而对称配筋柱的轴压比增大，其混凝土相对受压区高度也增大。因此，在其他条件相同的情况下，轴压比增大，则截面曲率延性系数减小。④纵向钢筋。包括屈服强度和配筋率两个方面。受拉纵筋的屈服强度高，则屈服应变也大，使屈服曲率值提高，但对极限曲率影响不大。受拉纵筋为高强度钢筋时，曲率延性降低。配置受压纵筋可以增大截面的曲率延性。提高配筋率可以提高截面的轴压承载力，也就是降低了截面的轴压比。⑤截面的几何形状。截面面积相同时，即使是素混凝土，圆形截面柱的轴压承载力也高于方形、矩形截面柱的承载力。同样条件下，方形、矩形截面柱的曲率延性大于 T 形、L 形等异形截面柱，异形截面柱结构的适用高度、轴压比限值应比方形、矩形截面柱严格。

3. 构件位移延性

图 2-10 所示为一悬臂梁受水平力作用时弯矩、曲率和位移沿梁长的分布，其顶点位移延性系数可表示为[14]

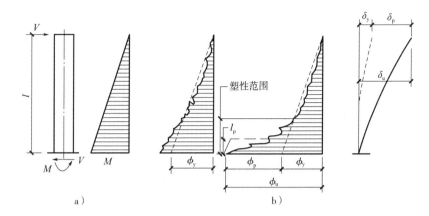

图 2-10　悬臂构件的弯矩、曲率和位移的关系[14]

$$\mu_\delta = \delta_u/\delta_y$$

式中　δ_y，δ_u——分别为屈服位移和极限位移。

悬臂梁底部屈服时，曲率沿梁长可近似为线性分布，如图 2-10b 所示，顶点屈服位移为[14]

$$\delta_y = \phi_y l^3/3$$

悬臂梁底部达到极限曲率时，顶点极限位移为[14]

$$\delta_u = \phi_y l^2/3 + (\phi_u - \phi_y)l_p(l - 0.5l_p)$$

式中　l_p——等效塑性铰长度，梁柱可取 $0.5h$，h 为截面高度，剪力墙可取 $0.3l$，l 为墙高。

等效塑性铰长度不等于塑性铰长度，构件的塑性铰长度大于 l_p，在塑性铰长度范围内，需要采取抗震构造措施，保证塑性铰的转动能力。

由上式，可以得到构件位移延性系数与截面曲率延性系数的关系式为[14]

$$\mu_\phi = 1 + \frac{l^2(\mu_\delta - 1)}{3l_p(l - 0.5l_p)}$$

构件的塑性变形集中在两端的塑性铰区，曲率延性系数应比构件的位移延性系数大，才能满足抗震要求。由构件抗倒塌所需的位移延性系数，可以得到所需的截面曲率延性系数，进而确定混凝土所需达到的极限压应变,通过采取抗震构造措施(如配置约束箍筋),使混凝土具有达到所需的极限压应变的能力,避免结构倒塌或局部倒塌[14]。

4. 结构位移延性

结构位移延性可以用顶点位移延性系数或层间位移延性系数度量,即

$$\mu_u = u_u/u_v$$
$$\mu_\delta = \delta_u/\delta_v$$

结构位移延性系数几乎不可能用手算得到,即使是最简单的框架结构。这是由于同一种构件中的构件(梁或柱)不可能同时屈服,而当其中的一个构件屈服或某些部位出现塑性铰后,该构件的承载力与变形的关系已为非线性,承载力增加慢、变形增加快,并引起结构构件内力重分布,结构中荷载与位移之间将呈现非线性关系,如图2-11所示。当荷载增加很少而位移迅速增大时,可认为结构"屈服";当承载能力明显下降或结构处于不稳定状态时,认为结构破坏,达到极限位移。结构的延性常用顶点位移或层间极限位移的延性比来表示,即

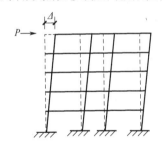
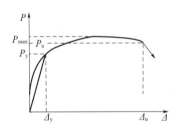

图2-11 结构的延性[12]

$$\mu = \Delta_u/\Delta_y$$

当 $\mu = 1$ 时,$\Delta_u = \Delta_v$,表示结构屈服即破坏,没有延性,是脆性破坏。当 $\mu > 1$ 时,$\Delta_u > \Delta_v$,表示结构具有一定的延性,如果结构在承载能力基本保持不变的情形下,仍能具有较大的塑性变形能力,则称此结构为延性结构。当承载能力明显下降或结构处于不稳定状态时,认为结构破坏,此时达到极限位移 Δ_u。因此,μ 越大,表示结构的延性越好。

目前，可以用来计算结构位移延性系数的手段是对整体结构进行静力弹塑性分析。由静力弹塑性分析，得到结构的基底剪力-顶点位移关系曲线和层间剪力-层间位移关系曲线，由曲线得到结构的位移延性系数。由静力弹塑性分析得到的结构延性系数只是一个近似值。主要原因是：①水平力-位移关系曲线与施加的水平力沿高度分布的形式有关。②由曲线如何确定结构的屈服顶点位移或屈服层间位移，尚无准则。一个构件或若干个构件屈服，不等于结构整体屈服或某一层屈服。目前一般采用作图法确定结构的屈服点，由此得到的屈服点往往因人而异。③如何确定结构的极限顶点位移或极限层间位移，也没有准则。一般接受的准则是：结构的承载力（基底剪力或层间剪力）下降至峰值承载力的85%~90%时对应的位移为极限位移。但目前的静力弹塑性分析程序还不能计算得到结构的水平力-位移曲线的下降段。④由整体结构的静力弹塑性分析，往往难以得到高层建筑上部一些层的完整的层间剪力-层间位移关系曲线[14]。

图2-12对弹性及弹塑性结构进行了比较，弹塑性结构的荷载-位移曲线表示成理想弹塑性关系。据大量结构弹塑性分析可知，在低频结构中，在同一个地震波作用下的弹性与弹塑性位移反应接近。如令 $\Delta_r = \Delta_s$，从图2-12a根据几何比例关系可得弹塑性结构荷载 P_s 只是弹性结构荷载 P_T 的 $\frac{1}{\mu_0}$ 倍。在中频结构中，二者在同一个地震波作用下吸收的能量相近，图2-12b中不同方向的阴影线分别表示两种结构吸收的能量。根据面积相等关系可以得出 P_s 与 P_T 比值等于 $\frac{\mu_0}{\sqrt{2\mu_0-1}}=\frac{\Delta_s}{\Delta_T}$，是弹塑性结构塑性位移与屈服位移之比。图2-12c表示了在同一个小震和中震的地震波作用下弹性结构与弹塑性结构荷载比与位移比的关系[12]。

由上述比较可见[12]：

（1）在同样的地震作用下，弹塑性结构所受的等效地震作用比弹性结构大大降低。因此，在设防烈度地震作用下，利用结构弹塑性性能吸收地震能量，可大大降低对结构承载能力的要求，达到节省材料的目的。

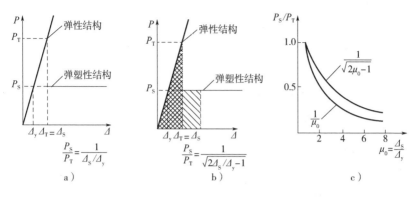

图 2-12　地震作用大小与结构的弹塑性变形关系[12]

（2）对弹塑性结构承载能力的要求降低了，但对结构塑性变形能力的要求却提高了。即是说，弹塑性结构是利用结构变形能力抵抗地震。例如，钢结构材料延性好，可抵抗强烈地震而不倒塌；而砖石结构变形能力差，在强烈地震作用下容易出现脆性破坏而倒塌。钢筋混凝土材料具有双重性，如果设计合理，能消除或减少混凝土脆性性质的危害，充分发挥钢筋塑性性能，实现延性结构。因此，抗震的钢筋混凝土结构都应按照延性结构要求进行抗震设计。

可见，延性比 μ 是结构抗震性能的一个重要指标。对于延性比大的结构，在地震作用下结构进入弹塑性状态时，能吸收、耗散大量的地震能量，此时结构虽然变形较大，但不会出现超出抗震要求的建筑物严重破坏或倒塌。相反，若结构延性较差，在地震作用下容易发生脆性破坏，甚至倒塌。

提高结构或构件的承载力，可以适当降低对其屈服后变形能力（延性）的要求。这一点可以通过图 2-13 说明。图 2-13 为折线化后结构承载力-顶点水平位移关系曲线。OA 为大震作用下按弹性结构设计，OBC 为中震作用下按弹性结构

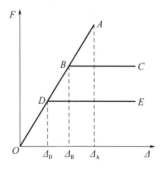

图 2-13　结构承载力-顶点水平位移关系[14]

设计，ODE 为小震作用下按弹性结构设计。显然，其承载力 $F_A > F_B >$ F_D；根据等位移原理，三种结构的位移延性系数 $\dfrac{\Delta_A}{\Delta_D} > \dfrac{\Delta_A}{\Delta_B} > \dfrac{\Delta_A}{\Delta_A}$。原则上，抗震结构可以为高承载力、低延性结构，但对于低延性结构的适用范围，如何设计低延性结构，尚缺乏研究。在实际设计中，即使提高了某些构件的承载力，也并不降低其延性[14]。

我国规范没有对结构、构件的延性系数和耗能能力做出定量的规定，但规定了罕遇地震作用下各结构体系的弹塑性层间位移角限值。结构能达到的弹塑性层间位移角是与结构、构件所具有的延性有关的。例如，钢筋混凝土框架结构的屈服层间位移角为 1/200 左右，规范规定其弹塑性层间位移角限值为 1/50，也就是说，钢筋混凝土框架结构的层间位移延性系数必须不小于 4，才有足够大的塑性变形能力，在层间位移角达到 1/50 时不倒塌。如何使钢筋混凝土框架结构具有不小于 4 的层间位移延性系数，尚需要进一步研究。这也是需要通过基于位移的抗震设计研究解决的问题。其他结构体系也有类似的情况[14]。

5. 结构与构件滞回特性

耗能能力可以用结构或构件在往复荷载作用下的力-变形滞回曲线包含的面积来度量。一般来说，延性大、滞回曲线饱满，则耗能能力大。

通过大量试验研究得到的钢筋混凝土结构构件的荷载-位移滞回曲线，表达了在反复周期荷载下结构的受力性能的变化，反映了裂缝的开展和闭合、钢筋的屈服和强化、钢筋的粘结退化和滑移、混凝土的局部破坏和剥落，是构件和结构的强度、刚度、延性等力学特征的综合反映。滞回环面积的大小表明了构件和结构的吸收能量的能力。

图 2-14a 所示的是一个理想化的弹塑性结构的滞回曲线，实际中并不存在这样性能的结构。图 2-14b 是框架梁塑性铰部位理想状态的滞回曲线，滞回环面积约为图 2-14a 理想化滞回曲线的 70% ~ 80%，这就表明其塑性变形吸收的能量约占地震反映能量的 70% ~ 80%。图 2-14c 是中等至较高轴压比框架柱的滞回曲线，滞回环面积与图 2-14a 相比显然吸收地震能量的能力大大降低。图 2-14d 是在低轴力作用下矮墙的滞回

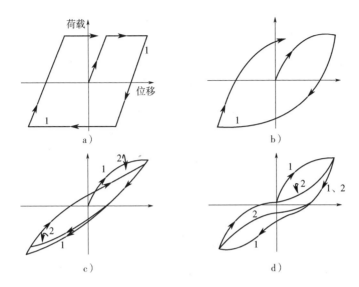

图 2-14　钢筋混凝土构件和结构的典型荷载-位移滞回曲线[12]

曲线，表明在反复荷载下矮墙底部裂缝开展而引起了墙体滑移。

　　构件的延性要求一般都高于结构的延性要求，二者的关系与结构塑性铰形成后的破坏机制有关。例如 10 层的框架结构，若按柱铰机制分析求得柱根截面曲率延性系数要求达 10 以上，这对于一般钢筋混凝土结构是无法满足的。而同一结构，若按梁铰机制分析求得柱根截面曲率延性系数仅为柱铰机制的 1/10，这对于一般钢筋混凝土结构采取一定的构造措施是不难满足的。大量研究分析说明当梁铰机制的框架结构的总体结构位移系数为 3~5 时，楼层位移系数可为 3~10，而梁构件的位移系数可为 5~15 或更多。

　　试验研究表明，梁截面的受压与受拉配筋接近时，曲率延性系数可达到 10 以上。压应力较大的柱截面位移系数一般不大于 3，当柱截面混凝土有良好的约束时位移延性系数可达到 4~6。具有纵横配筋及对角交叉配筋剪力墙的位移延性系数也可达到 4~6[12]。

　　前面从文献中梳理了材料延性、截面曲率延性、构件位移延性、结构位移延性以及结构与构件滞回特性的定义、计算方法、影响因素等，旨在说明延性作为概念设计的重要内容和核心概念是可以量化计算的，只是量化计算目前还不够实用。因此，概念设计与计算设计之间往往是你中有我、我中有你的，两者不可分离。离开计算的概念设计、没有概念内涵的计算设计，是没有的或不完整的。

6. 延性对结构抗震性能的影响

当结构反应进入非线性阶段后，强度不再是控制设计的唯一指标，变形能力变得与强度同等重要。作为抗震设计的指标，应是双控制条件，使结构能同时满足极限强度和极限变形。这是因为一般结构并不具备足以抵抗强烈地震的强度储备，而是利用结构的弹塑性性能吸收地震能量，以达到抗御强震的目的。

延性越好，结构的抗震能力也就越好。在大震下，即使结构构件达到屈服，仍然可以通过屈服截面的塑性变形来消耗地震能，避免发生脆性破坏。在大震后的余震发生时，因为塑性铰的出现，结构的刚度明显变小，周期变长，所受地震力会明显减小，震害减轻。地震过后，结构的修复也较容易。因此在地震区，结构必须具备一定的延性，并且设防烈度越高，结构高度越大，对延性的要求也越高。

钢筋混凝土材料具有双重性，如果设计合理，尽量消除或减少混凝土脆性性质的危害，充分发挥钢筋塑性性能，可以实现延性结构[12]。

7. 影响受弯构件的延性系数的主要因素

受弯构件的延性系数的主要影响因素是：纵向钢筋配筋率、混凝土极限压应变、钢筋屈服强度及混凝土强度。纵向受拉钢筋配筋率增大，延性系数减小；纵向受压钢筋配筋率增大，延性系数增大；混凝土极限压应变增大，延性系数提高。大量试验研究表明，采用密排箍筋能增强受压混凝土的约束，提高混凝土的极限压应变；混凝土等级提高，而钢筋屈服强度适当降低，也可使延性系数有所提高。

8. 结构抗震等级

震害调查表明，不同场地、不同的地震烈度、不同建筑物高度、不同的结构类型，在地震时的震害是不同的。这就说明，不同的建筑物对延性的要求也不一样。

我国抗震规范是根据钢筋混凝土房屋的设防烈度、结构类型和房屋高度采用不同的抗震等级，依据抗震等级对构件本身不同性质的承载力或构件间的相对的承载力进行内力调整，并依据规定的构造要求来达到延性要求。结构抗震等级共有四个，一级对延性要求最高，二级次之，四级要求最低。内力调整系数，依据抗震等级不同而异：一级抗震等级以实际配筋为基础进行内力调整；二至四级抗震等级是在设计内力的基础上进行调整。而构造措施，则根据不同的抗震等级，规定出截面形式、尺寸限制、材料规格、配筋率以及构造形式等。

第三节　抗震结构体系及其抗震性能分析

结构体系的性能是做到具有良好抗震性能及经济合理的设计的重要依据。概念设计的要求只有在体系中才能充分表现出来。只有将概念设计的内涵和要求融入到结构体系中，概念设计的特点才能展现出来。结构体系是反映和展现概念设计内涵与要求的载体。因此，选定结构体系要考虑多方面的因素，例如使用要求、地震烈度、房屋高度、建筑布置、场地和地基条件等。以下结合几种常用的结构体系进行分析[6,12]。

一、延性框架结构

按照不同构造，框架结构可分为刚接延性框架和半刚接框架。框架结构体系可全部采用刚接延性框架，此时对梁柱和节点的设计构造有较高的要求。对于低烈度区及场地较好的中等烈度区可采用刚接延性框架与半刚接框架的混合体系。此时，抗侧力及保证侧向刚度主要由刚接延性框架承担，而半刚接框架主要承受竖向荷载，同时考虑结构进入非弹性阶段，由于侧移对柱引起附加内力的影响[6]。

半刚接框架，包括板柱体系，可减少梁截面高度，有利于争取楼层空间和简化构造。考虑抗扭作用，这种混合体系的周边应采用有梁刚接框架，同时要求有整体性较好的楼盖。这种体系不宜用于体型和平面形状复杂、扭转影响较大的情况，对其最大适用高度规范控制较严。

对抗震框架，首先推荐采用现浇混凝土结构。低烈度区以及场地较好的中等烈度区可以采用装配整体式框架结构。平面、体型复杂的框架结构的楼盖宜采用整体浇筑或后浇叠合做法，以保证楼盖刚性和结构的整体性。当采用装配式楼盖时，板与板、板与梁均应有良好的连接。

在同一结构单元应尽量避免楼层标高有突变。楼梯间是抗震的不利部位。在强震作用下楼梯结构起支撑作用，从而引起应力集中造成连接部位的破坏，见图4-5。为此可以采用楼梯踏步板上端为铰接，下端为滑动支承的做法，以减小楼梯间的刚度，见图4-6。

采用钢筋混凝土作为电梯间的围护墙时，电梯间宜对称布置，否则应采取构造措施以减小扭转的不利效应。局部突出屋面的结构不宜布置在房屋尽端。

用坚实材料砌筑的填充墙对框架结构有不利和有利两方面的影响。填充墙如布置及构造合理，可以减轻地震对框架的作用。中等烈度区及低烈度区层数不多（五至八层）的框架结构可以利用部分实心砖砌填充墙作为抗侧力构件[6]。

根据震害以及近年来国内外试验研究资料，延性框架设计的基本要点是[12]：

（1）强柱弱梁：从抗弯角度来讲，要求柱端截面的屈服弯矩要大于梁端截面的屈服弯矩，使塑性铰尽可能出现在梁的端部，从而形成强柱弱梁。在梁端出现塑性铰，一方面框架结构不会变成机构，而且塑性铰的数目多，消耗地震能的能力强；另一方面，受弯构件具有较高的延性，结构的延性有保障。"强柱弱梁"设计原则实质是控制塑性铰在框架中出现的位置。不会引起结构局部或整体破坏的耗能的塑性铰应早出、多出。

在地震作用下，框架中塑性铰可能出现在梁上，也可能出现在柱上，但是不允许在梁的跨中出铰。梁的跨中出铰将导致局部破坏（图2-15）。在梁端和柱端的塑性铰，都必须具有延性，才能使结构在形成机构之前，可以抵抗外荷载并具有相对的延性。

由图 2-16 可以看出，在框架结构中，塑性铰出现的位置或顺序不同，将使框架结构产生不同的破坏形式。图 2-16a 所示是一个强柱弱梁型结构，塑性铰首先出现在梁中，当部分梁端甚至全部梁端均出现塑性铰时，结构仍能继续承受外荷载，而只有当柱子底部也出现塑性铰时，结构才达到破坏。图 2-16b 所示是一个强梁弱柱型结构，塑性铰首先出现在柱或节点中，当某薄弱层柱的上下端均出现塑性铰时，该层就成为几何可变体系，而引起上部结构的倒塌，如图 2-1b 和图 1-10。这种结构破坏时只与最薄弱层柱的强度和延性性能有关，而其他各层梁柱的承载能力和耗能能力均没有发挥作用。由于柱中出现塑性铰，不易修复而且容易引起结构倒塌；而塑性铰出现在梁端，却可以使结构在破坏前有较大的变形，吸收和耗散较多的地震能量，因而具有较好的抗震性能。震害调查发现，凡是具有现浇楼板的框架，由于现浇楼板大大加强了梁的强度和刚度，地震破坏大多发生在柱中，破坏较严重；而没有楼板的构架式框架，裂缝出在梁中，破坏较轻，从而也证实强梁弱柱引起的结构震害比较严重。

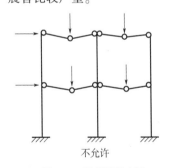

不允许

图 2-15　框架局部破坏

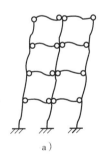
a）

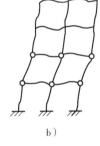
b）

图 2-16　框架破坏机构图

此外，梁的延性远大于柱的延性。这是因为柱是压弯构件，较大的轴压比将使柱的延性下降，而梁是受弯构件，比较容易实现高延性比要求。

因此，较合理的框架破坏机制应是梁比柱的塑性屈服早发生和多发生，底层柱柱根的塑性铰较晚形成，各层柱子的屈服顺序应错开，不要集中在某一层。这种破坏机制的框架，就是强柱弱梁型框架。

（2）强剪弱弯，就是要求构件的抗剪能力要比其抗弯能力强，从而避免梁、柱构件过早发生脆性的剪切破坏。

要使结构具有延性，就必须保证框架梁柱构件有足够的延性，而梁柱构件的延性是以其截面塑性铰的转动能力来度量的。因此框架结构抗震设计的关键是梁柱构件的塑性铰设计。

适筋梁或大偏压柱，在截面破坏时可以达到较好的延性，可以吸收和耗散地震能量，使内力重分布得以充分发展；而钢筋混凝土梁柱在受到较大剪力时，往往呈现脆性破坏。所以在进行框架梁、柱设计时，应使构件的受剪承载力大于其受弯承载力，使构件发生延性较好的弯曲型破坏，避免发生延性较差的剪切型破坏，而且保证构件在塑性铰出现之后也不过早剪切破坏，这就是"强剪弱弯"的设计原则。为了使梁柱构件的破坏形态与理想的机制一致，必须满足以下几点要求。

1）梁、柱剪跨比限制。剪跨比反映了构件截面承受的弯矩与剪力的相对大小。它是影响梁、柱极限变形能力的主要因素之一，对构件的破坏形态有很重要的影响。

比如，柱的剪跨比 $\lambda = M/(Vh_0)$（M 为计算截面上与剪力设计值 V 相对应的弯矩设计值，h_0 为柱截面高度）。试验研究发现，剪跨比 $\lambda \geqslant 2$ 的柱属于长柱，只要构造合理，通常发生延性好的弯曲破坏；当剪跨比 $1.5 \leqslant \lambda < 2$ 的柱为短柱，柱子将发生以剪切为主的破坏，当提高混凝土强度等级或配有足够的箍筋时，也可能发生具有一定延性的剪压破坏；而当剪跨比 $\lambda < 1.5$ 时为极短柱，柱的破坏形态是脆性的剪切斜拉破坏，几乎没有延性，设计中应当避免。

在一般框架结构中，柱内弯矩以地震作用产生的弯矩为主，所以可近似假定反弯点在柱高的中点，从而有柱端弯矩 $M = VH_n/2$（H_n 为柱净高），即 $\lambda = H_n/(2h_0)$。

因此，为保证柱子发生延性破坏，抗震设计时要求柱净高与截面长边尺寸之比宜大于4。不满足时，在柱全高范围内应加密箍筋。

类似地，对框架梁而言，则要求其净跨 l_n 与截面高度 h_b 之比不宜小于4。当梁的跨度较小而梁的设计内力较大时，宜首先考虑加大梁宽，这样虽然会增加梁的纵筋用量，但对提高梁的延性却是十分有利的。

2）梁、柱剪压比限制。当构件的截面尺寸太小或混凝土强度太低时，按抗剪承载力公式计算的箍筋数量会很多，则箍筋在充分发挥作用之前，构件将过早呈现脆性斜压破坏，这时再增加箍筋用量已没有意义。因此，设计中应限制剪压比 $V/(f_c bh_0)$，即梁截面的平均剪应力，使箍筋数量不至于太多，同时，也可有效地防止斜裂缝过早出现，减轻混凝土碎裂程度。这实质上也是对构件最小截面尺寸的要求。

3）柱轴压比限制及体积配箍率。轴压比 $\mu_N = N/(f_c A)$ 是指柱考虑地震作用组合的柱轴压力设计值 N 与柱的全截面面积 A 和混凝土轴心抗压强度设计值 f_c 乘积的比值。

试验研究表明，轴压比的大小，与柱的破坏形态和变形能力是密切相关的。随着轴压比不同，柱将产生两种破坏形态：受拉钢筋首先屈服的大偏心受压破坏和破坏时受拉钢筋并不屈服的小偏心受压破坏。而且，轴压比是影响柱的延性的重要因素之一，柱的变形能力随轴压比增大而急剧降低（图2-17），尤其在高轴压比下，增加箍筋对改善柱变形能力的作用并不明显。所以，抗震设计中应限制柱的轴压

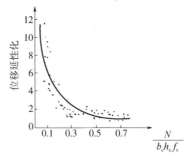

图 2-17 轴压比与延性比关系

比不能太大，其实质就是希望框架柱在地震作用下，仍能实现大偏心受压下的弯曲破坏，使柱具有延性性质。确定框架柱轴压比限值理论上就是确定框架柱大偏压与小偏压的分界线，但在轴压比一定（尤其是在界线附近）时，其他措施对柱子的延性也有一定的影响，常见的有以下几种。

箍筋对核心混凝土的约束作用，对柱子的延性是非常有利的。这一点也为大量的震害实例所证明。在衡量箍筋对混凝土的约束程度时，一般用体积含箍率 ρ_v 来表示：

$$\rho_v = \frac{a_v l_v}{l_1 l_2 S}$$

箍筋对核心混凝土的约束作用，不仅与箍筋的配置量有关系，而且与箍筋的形式有关。单个矩形箍筋对核心混凝土的约束作用较弱，螺旋箍筋的约束作用最好，复式箍筋对核心混凝土的约束作用大大好于矩形箍筋。在柱子的箍筋配置中，最好不用单个矩形箍筋，可以采用复式箍筋。可能的条件下，最好采用螺旋箍筋。

随着柱子轴压比的提高，通过箍筋约束混凝土提高延性的效果会逐渐减弱。因此，只能在中等轴压比的情况下，可以利用提高箍筋用量来改善柱子延性。

在高层建筑中，底层柱由于承受很大的轴力，很难将轴压比限制在较低水平。为此，近年来，国内外对改进柱的延性性能做了大量试验研究。试验表明，在矩形柱或圆形柱内设置矩形核心柱（图 2-18），不但可以提高柱的受压承载力，还可以提高柱的变形能力。

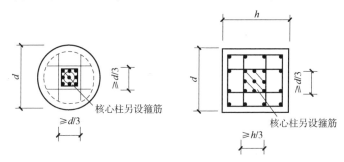

图 2-18　核心柱尺寸示意图

在压、弯、剪作用下，当柱出现弯、剪裂缝，在大变形情况下核心柱可以有效地减小柱的压缩，保持柱的外形和截面承载力，尤其是对于承受高轴压的短柱，更有利于提高变形能力，延缓倒塌。

4）合理配置框架梁柱箍筋。震害表明，梁端、柱端震害严重，是框架梁、柱的薄弱部位。所以按照强剪弱弯原则设计的箍筋主要配置在梁端、柱端塑性铰区，称为箍筋加密区。

在塑性铰区配置足够的箍筋，可约束核心混凝土，显著提高塑性铰区混凝土的极限应变值，提高抗压强度，防止斜裂缝的开展，从而可充分发挥塑性铰的变形和耗能能力，提高梁、柱的延性；而且箍筋作为纵向钢筋的侧向支承，阻止纵向钢筋压屈，使纵向钢筋充分发挥抗压强度。所以规范规定，在框架梁端、柱端塑性铰区，箍筋必须加密。

此外，框架结构构件的延性与箍筋形式有关。研究表明，在其他条件相同的情况下，采用连续矩形复合螺旋箍比一般复合箍筋可提高柱的极限变形角 25%。所以矩形截面柱采用连续矩形复合螺旋箍筋，可大大提高其延性。

5）纵向钢筋配筋率。试验表明：钢筋混凝土单筋梁的变形能力，随截面混凝土受压区相对高度 x/h_0 的减小而增大，而 x/h_0 随着配筋率的增大、钢筋屈服强度的提高和混凝土强度等级的降低而增大，框架梁延性性能降低。为此，《建筑抗震设计规范》GB 50011—2010 对一、二、三级抗震等级框架梁的 x/h_0 和 ρ_{max} 做出了规定。同时，框架梁还应满足最小配筋率的要求。

为了避免地震作用下框架柱过早地进入屈服阶段，增大屈服时柱的变形能力，提高柱的延性和耗能能力，全部纵向钢筋的配筋率不应过小。

（3）强节点、强锚固。由于节点区的受力状况非常复杂，容易发生破坏。只有保证在梁、柱塑性铰顺序出现之前节点区不过早破坏或出现过大的变形，才能使梁、柱充分发挥其承载能力和变形能力，即节点的可靠与否是关系梁、柱能否可靠工作的前提。在设计延性框架时，除了保证梁、柱构件具有足够的承载力和延性以外，保证节点区的承载力，使之不过早破坏是十分重要的。

震害调查表明，节点区的破坏大都是由于节点区无箍筋或少箍筋，在剪压作用下混凝土出现斜裂缝，然后挤压破碎，纵向钢筋压屈成灯笼状所致，见图 3-12。

在竖向压力及梁端柱端弯矩、剪力作用下，节点区存在较复杂的应力状态。震害表明，主要是在压力和剪力作用下，节点区产生剪切变形，沿受压力的对角线出现斜裂缝，在反复荷载下则产生交叉状的斜裂缝。

从节点试验可知，节点的破坏过程大致可分为两个阶段[12]：第一阶段为通裂阶段，当作用于核心的剪力达到60% ~ 70%时，核心区出现贯通斜裂缝，裂缝宽度约 0.1 ~ 0.2mm。钢筋应力很小（不超过20MPa），这个阶段剪力主要由混凝土承担；第二阶段为破裂阶段，随着反复荷载逐渐加大，贯通裂缝加宽，剪力主要由箍筋承担，箍筋陆续达到屈服，在混凝土挤碎前达到最大承载能力。设计时以第二阶段作为极限状态。保证节点区不发生剪切破坏的主要措施是，通过抗剪验算，在节点区配置足够的箍筋，并保证混凝土的强度及密实性，实现强节点。

在节点试验中出现的另一个重要现象是，梁内纵向钢筋在节点区内的滑移。因为在地震作用下，通过节点区的梁纵向钢筋在节点区两边应力变号，无论是正筋还是负筋，都是一侧受拉，另一侧受压，造成节点区内钢筋与混凝土的粘结应力较一般情况下为大，很容易出现粘结破坏。如果主筋在节点区内产生滑移不仅造成传递剪力的能力减弱，也会使梁端塑性铰区裂缝加大。钢筋锚固的好坏是构件能否发挥承载力的关键，设计中应处理好纵向钢筋在节点区的锚固构造，做到强锚固。

二、延性剪力墙结构设计要点

历次地震中，钢筋混凝土框架结构破坏严重的原因，主要是框架结构的刚度小、变形大。而剪力墙的抗侧、抗扭刚度大，小震作用下的变形小，承载能力大；合理设计的剪力墙具有良好的延性和耗能能力，大震作用下的破坏程度轻；与框架一起抗侧力时，可以降低框架的抗震要求。强柱弱梁型的框架结构，即使在地震中不倒塌，其修复是很困难的，同时修复的费用也可能高于重建的费用。

相比而言，现浇钢筋混凝土剪力墙结构整体性好，既有较大的抗侧刚度，又有较高的承载力，在水平力作用下侧移小，经过合理设计，它可以成为抗震性能优越的钢筋混凝土延性剪力墙。钢筋混凝土延性剪力墙结构设计的基本措施是[12]：

1. 强墙肢弱连梁

弹性阶段，剪力墙的性能与整体系数 α 有关。整体系数为连梁刚度与墙肢刚度的比值。弹性分析表明：连梁刚度小，$\alpha \leq 1$ 时，连梁对墙肢的约束弯矩很小，可以忽略连梁对墙肢的约束，把连梁看成铰接连杆，只传递水平力，墙肢各自承担水平力，剪力墙的刚度、承载力为各墙肢刚度、承载力之和；连梁刚度大，$\alpha \geq 10$ 时，连梁对墙肢的约束大，在水平力作用下，剪力墙的截面应力分布接近直线，剪力墙接近整体墙，剪力墙的刚度、承载力大，$1 \leq \alpha \leq 10$ 时，为联肢剪力墙，工程中的剪力墙大部分为联肢墙；剪力墙洞口加宽，墙肢截面长度减小，而连梁与墙肢的刚度比增大，$\alpha \geq 10$ 时，剪力墙逐步变化为框架。

对于联肢墙，整体系数 α 值越大，连梁对墙肢的约束越大，墙的抗侧刚度也越大。双肢墙只有一排连梁，是最简单的一种联肢墙，其剪力最大的连梁约在墙高度的中部，α 值越大，剪力最大的连梁的位置越接近底截面；α 值增大，连梁剪力增大，墙肢轴力也增大，而墙肢弯矩减小。

整体系数 $\alpha \leq 1$ 的剪力墙，其延性和耗能能力取决于各墙肢的延性和耗能能力；整体系数 $\alpha \geq 10$ 的剪力墙，可以将其视为整体，其延性和耗能能力取决于墙整体的破坏形态、延性和耗能能力；影响 $1 \leq \alpha \leq 10$ 的联肢墙的延性和耗能能力的因素，要复杂得多，主要与联肢墙的整体破坏形态、连梁和墙肢的破坏形态、连梁和墙肢的延性和耗能能力等有关。

联肢墙可能的破坏形态为：①连梁的承载力大，连梁不屈服，联肢墙作为整体斜截面剪切破坏或正截面压弯破坏；②连梁的承载力小，连梁屈服，墙肢承载力大，墙肢不屈服；③连梁的承载力小，连梁屈服，墙肢也屈服。第一种破坏形态的联肢墙类似于整体系数 $\alpha \geq 10$ 的剪力墙，应避免整体斜截面剪切破坏、实现整体弯曲破坏，但剪力墙的塑性变形集中在其底部，必须通过抗震构造措施，使墙的底部具有大的延性和耗能能力，才能避免结构倒塌。第二种破坏形态可以保证结构不倒塌，但由于仅连梁屈服耗能，对连梁的延性和耗能能力的要求高，连梁应采取措施，避免剪切破坏、实现弯曲破坏，连梁是否有能力提供大震所要求的延性和耗能，与连梁的抗震构造措施有关。第三种破坏形态是联肢墙比较普遍的破坏形态，连梁可能剪切破坏或弯曲破坏，墙肢底部弯曲破坏，通过抗震构造措施使墙肢具有大的延性和耗能能力，即使连梁剪切破坏，也可以避免结构倒塌。

与框架的强柱弱梁类似，联肢墙的破坏形态以强墙肢弱连梁为好，即连梁先于墙肢屈服，使塑性变形和耗能分散于连梁中，但允许墙肢屈服，降低对连梁延性和耗能能力的要求。

实现强墙肢弱连梁的方法不同于实现强柱弱梁的方法，《建筑抗震设计规范》GB 50011—2010 通过弹性计算时连梁的刚度折减，从而减小连梁的内力设计值、降低连梁的承载力。

2. 强剪弱弯

在轴压力和水平力的作用下，墙肢可能出现的破坏形态为：底部受拉钢筋屈服的弯曲破坏，剪拉破坏，剪压破坏，剪切滑移破坏，平面外错断破坏，施工界面上的滑移破坏。除弯曲破坏为延性耗能破坏外，其他都是脆性破坏，应在设计中避免。剪拉破坏是混凝土沿主斜裂缝劈裂破坏，剪拉破坏的原因是抗剪分布钢筋不足，通过配置不少于一定数量的分布钢筋（不少于最小分布钢筋的配筋率），可以避免剪拉破坏；通过强剪弱弯设计可以避免剪压破坏。平面外错断的主要原因是墙肢端部的纵向钢筋少，通过设置边缘构件或端部配置一定量的纵向钢筋可以避免平面外错断。可能出现滑移破坏的位置是施工缝截面，因此，可以通过剪力墙施工缝截面抗滑移验算、配置抗滑移钢筋防止滑移破坏。

在弯矩和剪力的作用下，连梁可能出现的破坏形态为：弯曲破坏、剪切滑移破坏和剪切破坏。连梁的延性和耗能能力来源于两端的弯曲屈服，应避免脆性剪切破坏。

工程设计中，采用剪力增大系数调整墙肢底部加强部位截面的剪力计算值和连梁梁端截面组合的剪力计算值，使墙肢和连梁实现强剪弱弯。

3. 限制剪压比

墙肢、连梁截面的剪压比超过一定值时，将过早出现斜裂缝，且增加横向钢筋或箍筋不能提高其受剪承载力，抗剪钢筋不能充分发挥其抗剪作用,抗剪钢筋未屈服的情况下,墙肢或连梁混凝土发生斜压破坏。为了避免这种破坏,应限制墙肢和连梁截面的平均剪应力与混凝土轴心抗压强度的比值,即限制剪压比,也就是限制剪力设计值。

4. 限制墙肢轴压比

随着建筑高度的增加,剪力墙墙肢的轴压力也增加。与钢筋混凝土柱相同,轴压比是影响墙肢延性的主要因素之一。图2-19所示为轴压比试验值为0.2和0.4的两片剪力墙的水平荷载-位移滞回曲线。大偏心受压的高轴压比墙与低轴压比墙的受力性能的主要区别有[12]:

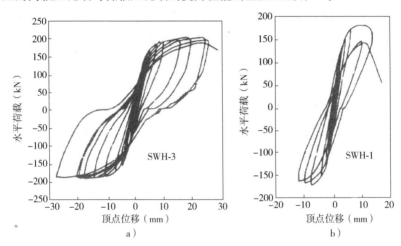

图2-19　不同轴压比剪力墙的水平荷载-位移滞回曲线

(1)破坏形态不同。低轴压比墙出现受拉裂缝在前,压区混凝土压碎在后,有比较多的斜裂缝,开展充分;高轴压比墙先是压区混凝土压碎剥落,破坏前才出现受拉裂缝,但没有开展。

(2)端部纵向钢筋屈服情况不同。低轴压比墙受拉端纵向钢筋先屈服,高轴压比墙受压端纵向钢筋先屈服。

(3)塑性变形能力不同。低轴压比墙屈服后的荷载-位移滞回曲线的水平段长、稳定,位移延性系数大;高轴压比墙达到峰值承载力后,承载力迅速下降,滞回曲线没有水平段,位移延性系数小。

(4)耗能能力不同。低轴压比墙有较好的耗能能力,而高轴压比墙的耗能能力较差。对于一定高宽比的剪力墙，为了达到要求的位移延性系数，应限制相对受压区高度；为了工程应用方便，在一定条件下，限制相对受压区高度可以转换为限制轴压比。一般情况下，墙肢底部是最有可能屈服、形成塑性铰的部位，也是限制轴压比的部位。

5. 延性墙肢设计

（1）避免小剪跨比。与钢筋混凝土柱相同，墙肢是弯曲破坏还是剪切破坏，与其剪跨比密切相关。水平地震作用下，剪跨比大于 2 的剪力墙以弯曲变形为主，可以实现延性弯曲破坏；剪跨比在 2 与 1 之间的剪力墙，剪切变形比较大，一般会出现斜裂缝，通过强剪弱弯设计，有可能实现有一定延性和耗能能力的弯剪或剪弯破坏；剪跨比小于 1 的剪力墙为矮墙，为脆性的剪切破坏。工程设计中，应避免出现矮墙。

对于 $\alpha \geqslant 10$ 且剪跨比小于 2 的剪力墙，或剪跨比小于 2 的墙肢，可以通过设置大洞口，将长墙分成剪跨比大于 2 的墙。当连梁刚度大致使联肢墙成为整体墙，其剪跨比小于 2 时，也可以设置大洞口，或减小部分连梁高度，使之成为跨高比大、受弯承载力小、容易屈服的连梁，将整体墙分成若干剪跨比大于 2 的墙段。

（2）设置底部加强部位。按强墙肢、弱连梁设计的剪力墙在水平地震影响下，连梁首先屈服，然后，墙肢底截面受拉钢筋屈服，随着地震作用增大，钢筋屈服的范围上移，形成塑性铰。塑性铰的长度，一般为 $0.3 \sim 0.8$ 倍墙肢截面长。适当提高塑性铰范围及其以上相邻范围的承载力和加强抗震构造措施，对于提高剪力墙的抗震能力、改善整个结构的抗震性能是非常有用的。墙肢底部塑性铰及其以上相邻的一定高度范围，即为剪力墙的底部加强部位。我国有关规范、规程规定了剪力墙底部加强部位高度的取值。

为加强抗震等级为一级的剪力墙的抗震能力，《建筑抗震设计规范》GB 50011—2010 规定：底部加强部位及以上一层，采用墙肢底部截面组合的弯矩计算值。

（3）提高墙肢斜截面受剪承载力。墙肢的斜截面剪切破坏大致可以归纳为三种破坏形态：剪拉破坏、斜压破坏和剪压破坏。剪拉破坏属脆性破坏，通过配置横向和竖向分布钢筋，可以避免剪拉破坏。通过限制受剪截面的剪压比，可以避免斜压破坏。剪压破坏是最常见的墙肢剪切破坏形态，其破坏过程为：墙肢在竖向力和水平力共同作用下，首先出现水平裂缝或细的倾斜裂缝；水平力增加，出现一条主要斜裂缝，并延伸扩展，混凝土受压区减小；最后斜裂缝尽端的受压区混凝土在剪应力和压应力共同作用下破坏，横向钢筋屈服。

墙肢斜截面受剪承载力计算公式主要建立在剪压破坏的基础上。受剪承载力由横向钢筋的受剪承载力和混凝土的受剪承载力两部分组成。

在轴压力和水平力共同作用下，剪跨比不大于1.5的墙肢以剪切变形为主，首先在腹部出现斜裂缝，形成腹剪斜裂缝，裂缝部分的混凝土随即退出工作。取混凝土出现腹剪斜裂缝时的剪力作为混凝土部分的受剪承载力偏于安全。剪跨比大于1.5的墙肢在轴压力和水平力共同作用下，在截面边缘出现的水平裂缝向弯矩增大方向倾斜，形成弯剪裂缝，可能导致斜截面剪切破坏。出现弯剪裂缝时混凝土所承担的剪力作为混凝土受剪承载力会偏于安全，与混凝土出现腹剪斜裂缝时的剪力相似，也只考虑剪力墙腹板部分混凝土的抗剪作用。

作用在墙肢上的轴向压力加大了截面的受压区，提高了受剪承载力；而轴向拉力对抗剪不利，降低了受剪承载力。大偏心受拉时，墙肢截面还有部分受压区，混凝土仍可以抗剪。计算墙肢斜截面受剪承载力时，需计入轴力的有利或不利影响。

（4）设置约束边缘构件。约束边缘构件是指配置一定数量箍筋的暗柱、端柱和翼墙。若墙肢的轴压比较小，截面受压边缘混凝土达到非约束混凝土的极限压应变时，墙肢截面的曲率延性系数可以满足抗震要求，墙肢两端可不设约束边缘构件；否则，需要设置约束边缘构件，增大墙肢边缘混凝土的极限压应变，增大截面的塑性变形能力。约束边缘构件的构造要求包括四个方面：沿墙肢截面的长度和沿墙肢的高度，箍筋数量（配箍特征值），水平分布筋在约束边缘构件内的锚固，纵向钢筋面积。

研究结果表明，为达到相同的弹塑性层间位移角，墙肢受压区混凝土外缘的极限压应变 ε_{cu} 及墙肢两端的 l_c/h_w 与 h_w、轴压比 μ_N 以及层高 h 的关系为：墙肢截面 h_w 长，则 ε_{cu} 大，l_c/h_w 也大；轴压比 μ_N 大，则 ε_{cu} 大，l_c/h_w 也大；层高 h 小，则 ε_{cu} 大，l_c/h_w 也大。

墙肢约束边缘构件的长度和配箍特征值随轴压比的增大而增大。若约束范围较长，配箍量较大，可以将约束范围分为两段，采用两种配箍量，靠中和轴的一段的配箍量可减少。若轴压比超过一定值，则约束长度和配箍量太大，即使再增大配箍量，也不能达到需要的位移延性系数。

（5）分布钢筋的最小配筋率。墙肢应配置竖向和横向分布钢筋，分布钢筋的作用是多方面的：抗剪、抗弯、减少收缩裂缝等。竖向分布钢筋过少，墙肢端的纵向受力钢筋屈服时，裂缝宽度大；横向分布钢筋过少时，斜裂缝一旦出现，就会发展成一条主要斜裂缝，使墙肢沿斜裂缝劈裂成两半；竖向分布钢筋也起到限制斜裂缝开展的作用。墙肢的竖向和横向分布钢筋的最小配筋要求相同。

6. 延性连梁设计

连梁的特点是跨高比小，住宅、旅馆剪力墙结构的连梁的跨高比往往小于 2.5，甚至不大于 1.0，在地震作用下，连梁比较容易出现剪切斜裂缝，如图 2-20 所示。

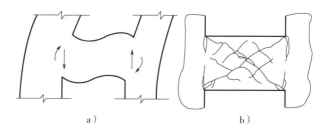

图 2-20　小跨高比连梁的变形和裂缝

a）变形图　b）裂缝图

抗震设计的连梁，其刚度并不是越大越好，刚度大，则弯矩、剪力设计值大，难以实现强剪弱弯；同样，其受弯承载力也不是越大越好。

一般剪力墙中，可采用弯矩调幅的方法降低连梁的弯矩设计值，使连梁先于墙肢屈服和实现弯曲屈服。调幅的方法有两种：一是在小震作用下的内力和位移计算时，通过折减连梁刚度，使连梁的弯矩、剪力值减小。折减系数不能过小，以保证连梁有足够的承受竖向荷载的能力。二是按连梁弹性刚度计算内力和位移，将弯矩和剪力组合值乘以折减系数。用这种方法时应适当增加其他连梁的弯矩设计值，以补偿静力平衡。

根据"强墙肢弱连梁"的抗震设计要求，连梁屈服先于墙肢，连梁应具有大的延性和耗能能力。但普通混凝土连梁尤其是跨高比小的连梁，不能满足延性连梁的要求。研究人员提出了多种改进的连梁，例如，两端配置钢筋销栓连梁、钢连梁、钢骨混凝土连梁、矩形钢管混凝土连梁等，下面介绍三种延性耗能连梁。

1）开缝槽混凝土连梁。开缝槽混凝土连梁的示意图如图 2-21 所示。对于跨高比较小的连梁，在连梁腹板上沿跨度方向预留一条或两条缝或槽，将连梁沿梁高方向分成几根跨高比较大的梁，在大震作用下，发生延性较好的弯曲破坏。

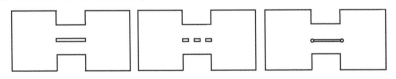

图 2-21　几种开缝槽混凝土连梁

2）交叉配筋和菱形配筋连梁。交叉配筋和菱形配筋连梁的原理是利用交叉斜筋来抵抗地震作用下不断改变方向的剪力，斜筋方向和主拉应力方向接近，斜筋抵抗由弯剪作用所引起的主拉应力，有效地限制了裂缝的开展。

交叉配筋连梁（图 2-22 ～ 图 2-24）有明显的优越性：交叉钢筋的竖向分量可以提供两个方向的剪力，有效地防止剪切滑移破坏；交叉钢筋可以承担混凝土开裂、退出工作后的拉力，有效防止斜裂缝继续开展，避免剪切破坏。

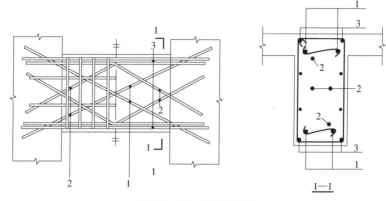

图 2-22　交叉斜筋配筋连梁

1—对角斜筋　2—折线筋　3—纵向钢筋

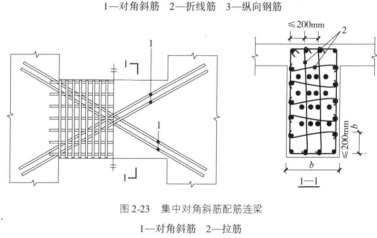

图 2-23　集中对角斜筋配筋连梁

1—对角斜筋　2—拉筋

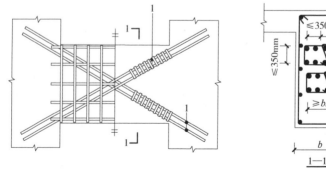

图 2-24　对角暗撑配筋连梁

为防止交叉斜筋压屈，可以采用 4 根钢筋用矩形箍筋或螺旋箍筋绑成斜柱，两个方向的斜柱成为交叉斜撑；箍筋还可以起到约束斜筋周围混凝土的作用。为了保证交叉斜撑（斜筋）发挥作用，钢筋在梁端必须有足够的锚固长度。试验结果表明，配置交叉斜撑的连梁的破坏为斜筋周围混凝土剥落后，斜筋缺少侧向约束，导致受压屈曲而破坏。交叉配筋连梁的延性和耗能能力明显优于普通水平配筋连梁，具有良好的抗震性能。

交叉斜撑需要配置箍筋，制作费工，钢筋密集，厚度小的连梁难以施工。

图 1-15 所示的菱形配筋也可以提高抗剪承载力，防止发生剪切滑移破坏，菱形配筋在提供竖向剪力的同时，还可以增大对约束区域混凝土的约束作用，提高混凝土的强度。不足之处在于配筋密集，施工复杂。

《混凝土结构设计规范》GB 50010—2010 第 11.7.10 条："对于一、二级抗震等级的连梁，当跨高比不大于 2.5 时，除普通箍筋外宜另配置斜向交叉钢筋……当洞口连梁的截面宽度小于 250mm 时，可采用交叉斜筋配筋……当连梁截面宽度不小于 400mm 时，可采用集中对角斜筋配筋（图 2-23）或对角暗撑配筋（图 2-24）。"

3）钢板混凝土连梁。钢板混凝土连梁是在混凝土连梁中配置钢板的连梁，由钢板抵抗剪力，钢筋混凝土与钢板共同抵抗弯矩。钢板提高了连梁的抗剪承载力，防止连梁发生脆性剪切破坏；更重要的是，钢板作为一个连续体在连梁中有效地防止了斜裂缝的产生和发展，在梁墙交界处有效地防止了反复荷载作用下的弯曲滑移破坏，钢板有良好的塑性变形能力，可以减少箍筋用量，给施工带来方便。

第三章　工程概念的本质属性

> 没有思维和概念的对象，就是一个表象或者甚至只是一个名称；只有在思维规定和概念规定中，对象才是它所是的东西。
>
> ——《列宁全集》第 55 卷，第 194 页

孔子曰："名不正，则言不顺。"概念属于"名"的范畴，而且概念是揭示思维对象的特有属性的思维形式。在事物的特有属性中，本质属性既具有区别性，又具有规定性，为一个事物内部所固有，并能决定这个事物成其为这个事物的性质。如果一个概念不能反映特有属性，特别是不能反映本质属性，就会"名不正"，进而"言不顺"。恩格斯说，真实描述某一事物，同时也就是说明这一事物，"描述是一回事，要求则是另一回事。……我们描述……而真实描述某一事物……同时也就是说明这一事物，……我们描述经济关系，描述这些关系如何存在和如何发展，并且严格地从经济学上来证明这些关系的发展同时就是社会革命各种因素的发展。"[一]因此，概念不仅要描述和说明事物，还要正确把握、反映事物发展的规律。毛泽东在《实践论》中也指出："概念这种东西已经不是事物的现象，不是事物的各个片面，不是它们的外部联系，而是抓住了事物的本质，事物的全体，事物的内部联系了，概念同感觉，不但是数量上的差别，而且有了性质上的差别。循此继进，使用判断和推理的方法，就可产生合乎论理的结论来。"[二]在概念形成过程中，人们以感觉、知觉和表象为基础，通过分析、综合、归纳、演绎等

[一]《马克思恩格斯全集》第 18 卷，第 305 页。

[二]《毛泽东选集》第一卷，第 285 页。

思维活动，从个别到一般，从具体到抽象，从感性认识上升到理性认识，逐步把握事物的本质。

在第二章中，我们论述了工程概念的来源，我们还应进一步探讨概念的本质属性，揭示我们经常说的概念设计的概念是抽象的还是具体的？是普遍的还是特殊的？概念的内涵是固定不变的还是灵活变化的？我们怎样判别工程技术人员个人的工程概念对概念设计的不利影响？概念设计与计算设计是怎样的关系？这些都不是一个简单的、可以随便解答的问题，需要进一步解释概念的本质属性，即"概念的辩证本性"。所谓"概念的辩证本性"就是说任何一个概念按其本性来说都是辩证的，即包含着对立面的统一，是发展变化的。黑格尔说："矛盾的思维乃是概念的本质要素。"⊖人们运用概念做出判断，然后进行推理，将认识成果概括起来，把它固定在一定的主观形式之中，进而建立完整的思想体系。黑格尔还指出："在知性逻辑里思维被认为是纯主观的和形式的活动，而客观的东西则和思维相反，被认为是固定的和自己存在的东西。但是这种二元论不是真理，并且，不问主观性和客观性的来源，就这样简单地接受这两个规定，这种做法是毫无意义的……其实，主观性仅仅是从存在和本质而来的一个发展阶段，……然后这个主观性'辩证地''突破自己的界限'并且'通过推理展开为客观性'。"列宁给出"极其深刻和聪明！逻辑规律是客观事物在人的主观意识中的反映"的批注。⊜概念是用语言表达的通过描述一些事物的特有属性来代表某事物的思维现象，"它的规定、概念、判断、推论等内容，都不可认作象一套空架格似的，要先从外面去找些独立自存的客体加以填满"⊜美国著名科学史专家赫伯特·西蒙曾说过："我们今天生活着的世界，与其说是自然的世界，还不如说是人造的或人为的世界。在我们周围，几乎每样东西都含有人的技能的痕迹"，从现代文明角度上看，工程建设是

⊖　《逻辑学》下卷，第 543 页。

⊜　《列宁全集》第 55 卷，第 154 页；《小逻辑》，第 371 页。

⊜　《小逻辑》，第 371 页。

概念设计的概念

人类综合运用科学知识、经验知识，特别是工程知识和必要的资源、资金、装备等要素构建起来并具有使用价值的人工产品或技术服务的有组织的社会实践活动。工程建设活动产生的工程建设的精神性成果，即内涵于建筑物中的建筑文化、建筑艺术，也包括建设经验、建设技术和人们对工程建设规律的认识，这些精神内涵中的一部分形成工程概念和运用工程概念的艺术。恩格斯说："那些把它的经验概括起来的结论是一些概念，而运用这些概念的艺术不是天生的，也不是和普通的日常意识一起得来的，而是要求有真实的思维（它也有长期的经验的历史，其时期之长短和经验自然科学的历史正好是一样的）。"⊖这些经验概括和运用工程概念的艺术，是人类从事工程建设与蜘蛛结网、蜜蜂筑巢的本质区别。蜘蛛结网、蜜蜂筑巢只能"重复昨天的故事"，而人类建造的工程却是"日新月异"的，每一工程都与历史上的、同时期的其他工程既有不同之处，又有某种共通之处和共同的基质，也就是说工程不是凭空产生的，也不是全然新颖独特的，它是在工程建设基本理论、设计思想、工程建设规范的基础上设计建造的，并与工程建造技术水平和管理经验等密切相关。

克劳塞维茨认为"理论是以概念方式展示的艺术"，概念作为一种思维形式，按其本性来说是充满着内在矛盾的，它既然是对象本质、全体和内部联系的一种反映形式，就不能不反映一切对象本身所固有的各种内在矛盾、反映认识主体与客体之间的固有矛盾，而且正是由于每一个概念都包含着内在矛盾，才决定了概念间的相互联系、相互依存和相互转化，才推动着概念的运动和发展。准确地把握概念的内在矛盾和本质属性是准确地把握概念这种思维形式的前提。

⊖ 《马克思恩格斯全集》第 20 卷，第 17 页。

第一节 工程概念的主观性和客观性

概念是思维主体的人用以反映客观对象的一种反映形式。恩格斯指出:"辩证的思维——正因为它是以概念本性的研究为前提——只对于人才是可能的,并且只对于较高发展阶段上的人(佛教徒和希腊人)才是可能的,而其充分的发展还晚得多,在现代哲学中才达到。"[一]概念是人所特有的,离开了人,离开了人的认识和思维活动,就无所谓作为思维形式的概念。黑格尔说:"认为人之所以异于禽兽在于人能思想,乃是一个古老的看法,我们赞成这种看法。人之所以比禽兽高尚的地方,在于他有思想。由此看来,人的一切文化之所以是人的文化,乃是由于思想在里面活动并曾经活动。但是思想虽说是那样基本的、实质的和有实效的东西,它却具有多方面的活动。我们必须认为,惟有当思想不去追寻别的东西而只是以它自己——也就是最高尚的东西——为思考的对象时,即当它寻求并发现它自身时,那才是它的最优秀的活动。"[二]因此,概念是人类在认识过程中,把所感知的事物的共同本质特点抽象出来,加以概括而形成的,这是人的主观认识能力的体现。列宁指出:"认识是人对自然界的反映。但是,这并不是简单的、直接的、完整的反映,而是一系列的抽象过程,即概念、规律等等的构成、形成过程。"[三]任何一个概念,其产生与形成都是人脑对客观对象和现象的感性认识材料进行加工制作的结果。而进行这种加工制作的主要手段是在思维中进行抽象,即把对象中那些本质的、必然的、稳定的属性抽取出来,撇开对象的那些偶然的、非本质的属性。通过概念,人的一切认识成果才得以概括起来,把它固定在一定的主观形式之中。因此,概念就

[一] 《马克思恩格斯全集》第20卷,第565~566页。

[二] 《哲学史讲演录》第1卷,第10页。

[三] 《列宁全集》第55卷,第152页。

概念设计的概念

其形式而言，是主观的，而概念所反映的对象是客观的，是不依赖于思维主体的客观对象和现象，这主要表现在以下几个方面。

第一，一切概念都有其客观来源和客观内容，必须先有被认识的事物和对象，然后才可能有关于这些事物和对象的概念。黑格尔说："在日常生活中，我们也进行反思，但并未特别意识到单凭反思即可达到真理；我们进行思考，不顾其他，只是坚决相信思想与事情是符合的，而这种信念确是异常重要。但我们这时代有一种不健康的态度，足以引起怀疑与失望，认为我们的知识只是一种主观的知识，并且误认这种主观的知识是最后的东西。但是，真正讲来，真理应是客观的，并且应是规定一切个人信念的标准，只要个人的信念不符合这标准，这信念便是错误的。反之，据近来的看法，主观信念本身，单就其仅为主观形式的信念而言，不管其内容如何，已经就是好的，这样便没有评判它的真伪的标准。……前面我们曾说过，'人心的使命即在于认识真理'，这是人类的一个旧信念，这话还包含有一层道理，即任何对象，外在的自然和内心的本性，举凡一切事物，其自身的真相，必然是思维所思的那样，所以思维即在于揭示出对象的真理。"⊖ 概念的思维就在于通过反思使"思想与事情符合"从而"揭示出对象的真理"。

工程建设的一大标志就是工程建设的传承性，既有建设技术、建设经验的传承，又有建筑历史文化、建设传统、建筑艺术等的传承。传承是需要媒介的，传承工程建设的媒介就是工程概念。在柏拉图看来，世界上有三张桌子：一张是画家画的桌子，一张是现实中的桌子，一张是作为桌子的概念的桌子。在人们进行的各种各样的交流活动中，不同的人或不同的场合，其所指出的"桌子"的内涵是不同的，别人的理解与你所"指"的可能是不同的，不一定都能一一对应。真正能把建造桌子的技术和经验传承下去，并在建造过程中有所创新，只能是"概念的桌子"，"画家画的桌子"只能使你认识或认得桌子，"现实中的桌子"具有使用性，但你要做一张新的桌子或模仿"画家画的桌子"或"现实

⊖ 《小逻辑》，第77～78页。

中的桌子"，只有运用自己已有的做桌子的经验或从他人那里学来的做桌子的经验和技术，再做桌子和学习做桌子的过程是概念交流和重新认识概念的过程，因而只有桌子的概念才是反映客观真理的主观知识，是"思想与事情"的符合。由此推及工程建设。人类从事的工程建设都是在已有建设技术、建设经验和既有的物质成果基础上进行的，因而工程概念乃是反映现实对象的一种思维形式，费尔巴哈说："思维把现实中非连续性的东西设定为连续性的东西，把生活中无限的多次性东西设定为同一的一次性东西。对思维和生活（或现实）之间本质的不可磨灭的差别的认识，是思维和生活中的一切智慧的开端。在这里，只有区别才是真正的联系。"对此，列宁给出了"关于哲学唯物主义原理的问题"的批注[一]。工程建设无论是从策划、选址、设计、施工和使用，还是从基础到上部结构一层层建造的过程，都是非连续性、差异性的，思维和概念建立起了各环节和各阶段的联系。工程概念必须也能够反映工程建设各阶段、各环节的内在必然性。

笔者曾审查过一个三层砌体结构项目，抗震设防烈度 6 度，基础落在强风化岩上，地基承载力特征值 180kPa，现浇钢筋混凝土楼盖；圈梁截面尺寸 240mm×300mm，纵筋 4ϕ12，箍筋 ϕ8@200；构造柱截面尺寸 240mm×240mm，纵筋 4ϕ10，箍筋 ϕ6@100/200。笔者认为这一设计工程概念比较含糊，主要有：

（1）圈梁截面高度 300mm 与砖的模数不匹配，不易砌筑。圈梁截面高度一般为 180mm、240mm 或 360mm，就是为了与砖的模数匹配。从这一工程来说，无论是从抗震角度还是从调整地基不均匀沉降的角度，圈梁截面尺寸按 240mm×180mm 足够了。其实由于该项目采用现浇钢筋混凝土楼盖，不设圈梁也是可以的，因为现浇楼盖刚度很大，能对整体结构起到很好的约束和加强整体性的作用。图 3-1 给出两个工程对比，图 3-1a 所示配电室为一层建筑，承重墙体已出现严重破坏，部分墙体已向外倾斜，几近坍塌，但由于屋面板的约束作用，大部分墙体（墙块）

　　[一] 《列宁全集》第 55 卷，第 58～59 页。

概念设计的概念

"歪斜而不倒"。在图 3-1b 所示的住宅中，由于顶层为木屋面，对墙体约束较差，顶层窗间墙开裂后局部坍塌。

a)   b)

图 3-1   汶川地震中两例典型的破坏实例

　　（2）圈梁与构造柱的配筋关系错位。圈梁纵筋配 4φ12 是可以的，但如果构造柱纵筋配 4φ10 的话，圈梁就没必要配 4φ12，因为根据图 1-13，构造柱在强震作用下是有可能破坏的，纵筋和箍筋适当加强，对抗震有利。《建筑抗震设计规范》GB 50011—2010 第 7.3.2 条要求构造柱纵筋"宜采用 4φ12"；《建筑抗震设计规范》GB 50011—2010 第 7.3.4 条，6度区的圈梁纵筋可以为 4φ10。因此，从经济合理和便于施工的角度来说，该项目的圈梁和构造柱的设计可调整为：圈梁截面尺寸 240mm ×180mm，纵筋 4φ10（或 4φ12），箍筋 φ6@200；构造柱截面 240mm ×240mm，纵筋 4φ12，箍筋 φ6@100/200。这一概念无疑是我个人主观的看法，但其有客观性，主要表现在：①砌体结构在地震作用下的破坏规律；②砌体施工要求；③圈梁与构造柱在整体结构中强弱相对关系及其作用，即加强构造柱是有利的，而加强圈梁未必起作用。这几个方面就是概念客观性的体现。黑格尔说："思想的真正客观性应该是：思想不仅是我们的思想，同时又是事物的自身，或对象性的东西的本质——客观与主观乃是人人习用的流行的方便的名词，在用这些名词时，自易引起混淆。根据上面的讨论，便知客观性一词实具有三个意义。第一为外在事物的意义，以示有别于只是主观的、意谓的或梦想的东西。第二为康德所确认的意义，指普遍性与必然性，以示有别于属于我们感觉的偶然、特殊和主观的东西。第三为刚才所提出的意义，客观性是指思想所把握的事物自身，以示有别于只是我们的思想，与事物的实质或事物的自身有区别的主观思想。"[一]笔者在项目审查时针对实际工程提出的关于圈梁构造柱设置的这些概念是上述三方面内容的综合体现。由此还可以联想到黑格尔关于艺术创作的论述："真正的创造就是艺术想象的活动……艺术家的创造的想象是一个伟大心灵和伟大胸襟的想象，它用图画般的明确的感性表象去了解和创造观念和形象……艺术内容在某种意义上也终于是从感性事物，从自然，取来的；或则说，纵使内容是心灵性的，这种心灵性的东西（例如人与人的关系）也必须借外在现实中的形象，才能掌握住，才能表现出来。"[二]黑格尔说，在真的认识中，"方法不仅仅是一堆规定，而且是概念的自在自为地被规定，概念之所以是中项，只是因为它同样也具有客观的东西的意义，在结论中的客观的东西，因此不仅是一个由方法所达到的外在的规定性，而且是在它与主观概念的同一性中建立起来的"[三]。因此，"如果思想仅仅是主观的和偶然的东西，那么它们当然没有任何更多的价值，但是，它们并不由此而逊于暂时的和偶然的现实，这些现实除了偶然性的和现象的价值以外，也没有其他更多的价值。反过来说，如果认为观念之所以没有真理的价值，是因为对于现象它是超验的，是因为在感性世界中不能提供任何和它一致的对象，那么这是奇怪的误解，在这里之所以否定观念的客观意义，是由于观念正好缺乏那种构成现象即构成客观世界的非真实存在的东西。"[四]恩格斯在批评杜林把纯数学的概念看作是悟性"自己的自由创造物和想象物"的观点时明确指出："数和形的概念不是从其他任何地方，而是从现实世界中得来的。人们曾用来学习计数，从而用来作第一次算术运算的十个指头，可以是任何别的东西，但是总不是悟性的自由创造物。为了计数，不仅要有可以计数的对象，而且还要有一种在考察

〇　《小逻辑》，第 120 页。

〇　《美学》第一卷，第 50～51 页。

〇　《逻辑学》下卷，第 533 页。

〇　《列宁全集》第 55 卷，第 163 页。

对象时撇开对象的其他一切特性而仅仅顾到数目的能力，而这种能力是长期的以经验为依据的历史发展的结果。和数的概念一样，形的概念也完全是从外部世界得来的，而不是在头脑中由纯粹的思维产生出来的。必须先存在具有一定形状的物体，把这些形状加以比较，然后才能构成形的概念。纯数学的对象是现实世界的空间形式和数量关系，所以是非常现实的材料。这些材料以极度抽象的形式出现，这只能在表面上掩盖它起源于外部世界的事实。但是，为了能够从纯粹的状态中研究这些形式和关系，必须使它们完全脱离自己的内容，把内容作为无关重要的东西放在一边；这样，我们就得到没有长宽高的点、没有厚度和宽度的线、a 和 b 与 x 和 y，即常数和变数；只是在最后才得到悟性的自由创造物和想象物，即虚数。甚至数学上各种数量的明显的相互导出，也并不证明它们的先验的来源，而只是证明它们的合理的相互关系。矩形绕自己的一边旋转而得到圆柱形，在产生这样的观念以前，一定先研究了一定数量的现实的矩形和圆柱形，即使它们在形式上是很不完全的。"[一] 不仅数学概念如此，一切概念，即使是最抽象的概念也莫不如此。

　　第二，概念作为一种思维形式又是如何反映现实的呢？即它对现实对象的反映有什么不同于其他的反映形式（如感觉、知觉、表象等感性的反映形式）和不同于其他的思维形式（如判断、推理等）的特点呢？黑格尔说："客观性是这样的直接性，即概念通过扬弃它的抽象和中介，把自身规定为直接性。"[二] "客观性首先具有概念的自在自为之有的意义，具有扬弃了在其自身规定中建立的中介而成为直接的自身关系那种概念的意义。所以这种直接性本身是直接地并且整个地被概念渗透了的，正如概念的总体是直接地与概念的有同一那样。"[三] 列宁在批评黑格尔所谓 "我的思想也就是事物的概念，就是事物的实质……在自然界里……它有一个灵魂，而这灵魂就是它的概念"[四] 时说，"人的概念就是

　　[一]《马克思恩格斯全集》第 20 卷，第 41~42 页。

　　[二]《逻辑学》下卷，第 392 页。

　　[三]《逻辑学》下卷，第 393 页。

　　[四]《列宁全集》第 55 卷，第 244 页。

自然界的灵魂——这只不过是神秘主义地转述下面的话：自然界独特地（注意：独特地和辩证地!!）反映在人的概念中"。列宁所谓概念是对对象的"独特地""辩证地"反映，主要是指概念不是对对象的一种直接的反映（感觉、知觉等反映形式只是对对象的一种直接的、外在的反映），而是间接的反映；不仅仅是对对象的一般属性的反映，而是对对象的本质属性或本质的反映。这也就是列宁所说的："概念不是直接的东西（虽然概念是'单纯的'东西，但这是'精神的'单纯性，观念的单纯性）……直接的只是'红色的'感觉（'这是红色的'）等等。概念不是'仅仅意识中的东西'，而是对象性的本质，是'自在的'（an sich）东西。"⊖因此，概念乃是反映事物本质、全体和内部联系的一种思维形式，这是对作为思维形式的概念的实质和特征的最明确的规定。

第三，主观性与客观性是对立统一关系。主观性和客观性的矛盾是概念最基本的内在矛盾。黑格尔把他的整个逻辑学体系，看作主观与客观的对立统一，因而其中的概念、范畴都不是僵死的、不动的，而是变动的、发展的。他说："科学是概念的自身发展，所以从概念的观点去判断科学，便不仅是对于科学的判断，而且是一种共同的进展。"⊜毛泽东说："思想等等是主观的东西，做或行动是主观见之于客观的东西，都是人类特殊的能动性。……一切根据和符合于客观事实的思想是正确的思想，一切根据于正确思想的做或行动是正确的行动。"⊜在黑格尔看来，"思维被认为是纯主观的和形式的活动，而客观的东西则和思维相反，被认为是固定的和自己存在的东西。但是这种二元论不是真理，并且，不问主观性和客观性的来源，就这样简单地接受这两个规定，这种做法是毫无意义的……其实，主观性仅仅是从存在和本质而来的一个发展阶段，……然后这个主观性'辩证地突破自己的界限'并且'通过推理展开为客观性'。"㊃列宁认为黑格尔的这一论述是"极其深刻和聪

⊖ 《列宁全集》第55卷，第241页。
⊜ 《小逻辑》，第18页。
⊜ 《毛泽东选集》第2卷，第477页。
㊃ 《列宁全集》第55卷，第154页。

明！逻辑规律是客观事物在人的主观意识中的反映"⊖。莱伊论述了科学研究的主观与客观关系，他说："真理——这就是客观的东西。客观的东西——这就是不以观察者为转移的关系的总和。实际上这就是大家所公认的东西，就是从科学意义上去理解的普遍经验的、普遍同意的对象。如果我们对这种普遍同意的条件进行分析，在这个因素的后面寻找它所寻找的根据，寻找它所依据的理由，我们就会得出这样的结论：科学工作的目的就是使经验'消除主观性'，失去个体特性，把经验按一定的方法延续下去。因此，科学的经验就是粗糙的经验的继续。科学的事实和粗糙的事实之间并没有性质上的区别。有时人们说，科学的真理不过是一种抽象。当然，如果是考察粗糙的经验，即主观的和个人的经验，那么科学的真理只不过是一种抽象，因为它从这种经验中排除一切只是以通过经验进行认识的个人为转移的东西。而相反地，这种抽象的目的是：不管那改变着现存的东西的个人和环境如何，而按照现存的东西的本来面目去重新把握它，即揭示客观的东西，主要是揭示具体的东西、实在的东西。"⊜工程建设的概念和建设理论就是要使"经验消除主观性，失去个体特性，把经验按一定的方法延续下去"而达到科学的抽象，排除"一切只是以通过经验进行认识的"、以个人为转移的东西。

主观性与客观性的对立统一关系，是主观辩证法与客观辩证法辩证关系的一个方面、一个环节。恩格斯说："所谓客观辩证法是支配着整个自然界的，而所谓主观辩证法，即辩证的思想，不过是自然界中到处盛行的对立中的运动的反映而已。"⊜毛泽东根据主观辩证法与客观辩证法辩证关系原理，创造性地提出了战争指导规律与战争规律关系问题，阐明了战争规律与战争指导规律的辩证关系。毛泽东主张用客观的全面的观点分析和研究战争，认为战争既存在着不以人的意志为转移的客观的战争规律，也存在着战争指导规律，并正确处理了两者的关系。毛泽东说："军事的规律，和其他事物的规律一样，是客观实际对于我们头

⊖ 《列宁全集》第 55 卷，第 154 页。

⊜ 《列宁全集》第 55 卷，第 505 页。

⊜ 《马克思恩格斯选集》第 3 卷，第 534 页。

脑的反映，除了我们的头脑以外，一切都是客观实际的东西。"[⊖]战争规律是战争过程各种因素的内在联系，具有客观性、稳定性、必然性、普遍性等特点。毛泽东不仅肯定了战争存在着客观规律，而且也明确提出了战争指导规律。他说："指导战争的规律，就是战争的游泳术。"[⊜]毛泽东指出，不知道战争规律，就不知道如何指导战争，就不能打胜仗。战争指导，是战争的指导者"熟识敌我双方各方面的情况，找出其行动规律，并且应用这些规律于自己的行动"[⊜]的一种战争实践活动。就是说战争指导活动的内容由认识规律和运用规律这两部分组成，而且认识战争规律和应用战争规律于战争行动两个阶段的统一，贯穿于战争指导的全过程。这两个阶段的不断反复，一个从客观到主观，一个从主观到客观，在主观与客观的辩证统一中，战争指导者对战争规律的认识和应用就不断深入、充实和发展。战争指导规律是战争指导者，在认识和运用战争规律的基础上，为赢得战争，充分发挥主观能动性进行战争指导活动的规律。毛泽东关于战争规律与战争指导规律的辩证关系的论述，深刻阐明了主观辩证法与客观辩证法辩证的关系，对工程建设具有指导意义。工程设计也有自身独立的规律，它不只是工程建设规律的简单应用。从对应关系来说，工程建设规律对应于战争规律；工程设计规律对应于战争指导规律，因此我们可以说，工程设计活动的内容由"认识规律和运用规律这两部分组成"，"而且认识工程建设规律和应用工程建设规律在工程建设中的统一，贯穿于工程建设和工程设计的全过程。认识工程建设规律和应用工程建设规律两个阶段的不断反复，一个从客观到主观，一个从主观到客观，在主观与客观的辩证统一中，工程建设从业者对工程建设规律的认识和应用就不断深入、充实和发展"。目前，工程设计规律还没有得到应有的阐述和揭示，工程设计学还没有成为一门显学，这也许是概念设计没能得到应有发展甚至在某些方面止步不前的一个重要原因和方面。

⊖　《毛泽东选集》第一卷，第 181～182 页。

⊜　《毛泽东选集》第一卷，第 183 页。

⊜　《毛泽东选集》第一卷，第 178 页。

概念设计的概念

　　从主观和客观关系来说，工程设计规律就是工程建设规律在"人的主观意识中的反映"，而且"主观性（或概念）和客体——是同一的又是不同一的"[○]。因此，"把主观性和客观性当作一种固定的和抽象的对立，是错误的。二者完全是辩证的"[○]，这就是说"仅仅是主观的主观东西，仅仅是有限的有限东西，仅仅应当是无限的无限东西等等，都是不具有真理性的，都是自相矛盾的，并且向自己的对立面过渡"[○]。马克思说："因为思维自以为直接就是和自身不同的另一个东西，即感性的现实，从而认为自己的活动也是感性的现实的活动，所以这种思想上的扬弃，在现实中没有触动自己的对象，却以为已经实际上克服了自己的对象；另一方面，因为对象对于思维说来现在已成为一个思想环节，所以对象在自己的现实中也被思维看作思维本身的即自我意识的、抽象的自我确证。"^四在工程设计过程中，设计者扬弃感性的现实，将设计对象作为思维的内容和思想的环节，并据此进行创造性的设计工作。

　　概念设计的直接目的和最终目标就是要达成"主观与客观"的一致性。在概念设计提出之前，大量的工程虽然满足计算要求，但在地震作用下破坏较严重，也就是出现了"主观与客观"不一致。从认识和运用规律的角度来说，主客观一致了，就是科学的东西，就可运用它指导我们的工程建设取得成功。反之，就是主观主义的东西，就会引导我们走向失败。黑格尔说："当我们一提到思维，总觉得是指一种主观的活动，或我们所有的多种能力，如记忆力、表象力、意志力等等之一种。如果思维仅是一种主观的活动，因而便成为逻辑的对象，那么逻辑也将会与别的科学一样，有了特定的对象了。但这又未免有些武断，何以我们单将思维列为一种特殊科学的对象，而不另外成立一些专门科学来研究意志、想象等活动呢？思维之所以作为特殊科学研究的对象的权利，其理由也许是基于这一件事实，即我们承认思维有某种权威，承认思维可以表示人的真实本性，为划分人与禽兽的区别的关键。而且即使单纯把作

　　○　《列宁全集》第 55 卷，第 154 页。
　　○　《列宁全集》第 55 卷，第 154 页。
　　○　《列宁全集》第 55 卷，第 168～169 页。
　　四　《马克思恩格斯全集》第 42 卷，第 173～174 页。

为主观活动的思维，加以认识、研究，也并不是毫无兴趣的事。对思维的细密研究，将会揭示其规律与规则，而对其规律与规则的知识，我们可以从经验中得来。从这种观点来研究思维的规律，曾构成往常所谓逻辑的内容。"○

概念设计要实现"主观与客观"一致是一个过程。人们通过科学的思维方法，对事物发展过程的各个方面、各个阶段、各种因素进行具体分析，并进行抽象概括，得出一些本质性的概念。然后再找出这些概念之间的内在联系，即可认识事物发展的规律。但人们对一切对象的本质及其内在性质的认识，总要经历一个过程，因而，作为反映对象本质的思维形式的概念乃是科学长期发展和人类实践的产物，是人们在一定历史时期关于对象的知识、经验的集中概括，因而它标志着人们认识发展的一定阶段和水平。莱伊说："在经验中，正如它向我们表明的那样，经验的知识是断断续续地得到的，而我们只是为了得到这些经验的片断。"○从这个意义上说，科学概念和范畴都是历史的、暂时的产物，而不是固定的、永恒不变的东西。正如马克思所说："适应自己的物质生产水平而生产出社会关系的人，也生产出各种观念、范畴，即这些社会关系的抽象的、观念的表现。所以，范畴也和它们所表现的关系一样不是永恒的。这是历史的和暂时的产物。"○

概念的主观性和客观性的对立统一，在某种程度上和某些方面表现为形式和内容的对立统一。列宁说："当逻辑的概念还是'抽象的'，还具有抽象形式的时候，它们是主观的，但同时它们也表现着自在之物。自然界既是具体的又是抽象的，既是现象又是本质，既是瞬间又是关系。人的概念就其抽象性、分隔性来说是主观的，可是就整体、过程、总和、趋势、来源来说却是客观的。"⑩黑格尔说："由于得出了这样一个结果，即观念是概念和客观性的统一，是真理，所以不应当把观

○《小逻辑》，第72页。

○《列宁全集》第55卷，第506页。

○《马克思恩格斯选集》第4卷，第327页。

⑩《列宁全集》第55卷，第178页。

念只看作目标，即应当与之接近、然而其自身永远是一种彼岸性的目标；而应当这样看：一切现实的东西之所以存在，仅仅是因为它们自身包含着并且表现着观念。对象、客观的和主观的世界，不仅应当完全和观念一致，并且它们本身就是概念和实在的一致；和概念不符合的实在，是单纯的现象，是主观的、偶然的、随意的东西，而不是真理。"⊖在实际工作中，我们要善于把握真理的主观性和客观性相统一的规律，既要坚持概念的内容来自客观现实并受客观现实和社会实践的检验，又要承认人的思维通过辩证运动的途径能够使概念最大限度地符合客观事物的本来面目，即能够正确把握运用概念的主观性和能动性，使概念的形式和内容达到在一定条件下的具体的历史的统一。黑格尔说："真理的认识将这样来建立，即于客体按照客体的样子而没有主观反思的附加去认识，并且正确行动在于顺从客观规律；客观规律没有主观根源，不能容许随意专断和违反其必然性的处理。"⊖恩格斯也指出，"对我来说，事情不在于把辩证法的规律从外部注入自然界，而在于从自然界中找出这些规律并从自然界里加以阐发。"⊜概念设计就在于从工程的"自然界"中找出工程建设的规律并在工程的"自然界"里的建设实践中加以阐发，将客观规律与主观意愿结合起来，用于改变自然、建设人类美好的家园的实践活动。

第二节　工程概念的抽象性和具体性

黑格尔说："人一开口说话，他的话里就包含着概念"⑭，但人们的认识有一个从抽象概念到具体概念的深化过程。概念作为对对象一定性

⊖ 《列宁全集》第 55 卷，第 163 页。

⊖ 《逻辑学》下卷，第 393 页。

⊜ 《马克思恩格斯全集》第 20 卷，第 15 页。

⑭ 《列宁全集》第 55 卷，第 223 页。

质的抽象，不可能穷尽具体对象的所有性质，而只能是对对象的某些性质的抽象。这就是说，任何概念都不能完全地反映对象，从这个意义上说，概念必然具有抽象性。概念本身是抽象思维的产物，是对对象或现象进行抽象思维的结果。由于这种抽象，概念就失去了感性的具体性。

概念的主观性和客观性分别决定了概念的抽象性和具体性。概念的抽象性表现了概念的主观性。从另一个角度说，概念作为一种反映对象的主观的思维形式，也必然具有抽象性。但是，概念的抽象性和具体性又密不可分。概念作为反映对象本质的一种思维形式，它的形成离不开把握对象的本质、规律和必然联系，而不是去把握感性的具体对象和现象。要把握对象的本质、规律和必然联系，就必须把对象中必然的和偶然的、本质的和非本质的属性区别开来，而这种区别本身就是一种抽象。不做这种区别、不进行这种抽象，就无法把握对象的本质和规律，从而也就不能真正具体地把握对象。正是在这个意义上，列宁指出："思维从具体的东西上升到抽象的东西时，不是离开真理，而是接近真理。物质的抽象，自然规律的抽象，价值的抽象等等，一句话，一切科学的（正确的、郑重的、不是荒唐的）抽象，都更深刻、更正确、更完全地反映自然。"[一]

在人类认识的过程中，抽象概念和具体概念都是理性认识，但前者是比较肤浅的、低级的认识，而后者往往是比较深刻的、高级的认识。这种现象在工程中更明显。例如，现浇挑檐、雨篷等悬挑板的配筋，人们一开始把它作为悬臂受弯构件考虑，配筋时只考虑支座负弯矩影响，仅配上层受力钢筋和分布筋，不配置底层钢筋（悬挑板下部弯矩为0）。这从抵抗静载、活载的角度考虑，构件的安全不会存在太大问题，但实际工程中由于温度收缩作用在板底出现过宽的收缩缝的情况也是有的，如图3-2所示。

图3-2为北京某两层建筑的挑檐板裂缝照片，该工程建于1989年，挑檐悬挑长度600mm，由于挑檐板只配了支座负弯矩钢筋，板底未配

[一] 《列宁全集》第55卷，第142页。

图 3-2　北京某工程挑檐板裂缝照片

筋，致使板底在温度和收缩作用下出现很宽的裂缝，局部已经断裂，很难修补，不得不拆除后改成砌筑女儿墙。女儿墙、挑檐板等外露构件长期受温度和收缩作用影响，是结构中最容易开裂的部位。为了限制这些易裂部位的裂缝开展，《混凝土结构设计规范》GB 50010—2010 第 8.1.1 条要求现浇挑檐、雨罩、女儿墙等外露结构的伸缩缝间距不宜大于 12m。这一条主要是为了防止女儿墙等外露结构在温度、湿度变化作用下裂缝开展过宽的构造措施，这只是说明伸缩缝的间距，没明确配筋要求。对于挑檐板如只按受弯构件考虑，只需要配置负弯矩筋就可以了，但从控制悬挑板在温度、湿度变化作用下的裂缝宽度而言，仅限制其伸缩缝间距还不足以控制裂缝的开展，笔者认为，还应按《混凝土结构设计规范》GB 50010—2010 第 9.1.8 条对温度、收缩应力较大的区域来考虑，配置双层钢筋，在板的底部配置构造钢筋，配筋率不小于 0.10%，间距不大于 200mm。规范专门针对温度、收缩应力较大的区域提出配筋的要求，表明人们对构件尤其是悬臂构件的配筋要求已从单纯的受弯构件，发展到受弯构件与抵抗温度、收缩应力双重要求，是认识的不断深化的结果。

　　在逻辑史上，形式逻辑（知性思维）最早把概念区分为抽象概念和具体概念。但形式逻辑所说的抽象概念乃是指反映对象性质和关系的概念，形式逻辑所说的具体概念则是指反映整个对象及其总和的概念。形式逻辑的这种区分有其一定的意义。但是，这仅仅是对概念所做的一种静态的考察和区分，辩证逻辑对此有着与形式逻辑完全不同的解释和标准。

一、具体概念

在哲学史上，黑格尔第一次把概念区分为辩证逻辑意义上的抽象概念和具体概念。在黑格尔那里，"抽象"和"具体"都各自有着两种不同的含义。在一种意义上，"具体"是指感性的具体，即指人们可以看得见、摸得着，可以为感官直接感知的感性形象。与此相对应的"抽象"则是指经过抽象概括而形成的、不能为感官所直接感知的概念或思想。在另一种意义上，"具体"是指思维中的具体，即在思维中所再现的对象的整体。这种"具体"和感性的"具体"不同，它已经不是事物表面的外部的形象，而是对象的本质、规律，对象的各种属性、特征、关系的有机统一体，即对象的多样性的统一。与这种"具体"相对应的"抽象"，则是指在思维中仅仅抽取了对象的某一个或某一些普遍属性，而将对象的特殊性、个体性丢掉。黑格尔说："就思维作为知性[理智]来说，它坚持着固定的规定性和各规定性之间彼此的差别。以与对方相对立。知性式的思维将每一有限的抽象概念当作本身自存或存在着的东西……知性的活动，一般可以说是在于赋予它的内容以普遍性的形式。不过由知性所建立的普遍性乃是一种抽象的普遍性，这种普遍性与特殊性坚持地对立着，致使其自身同时也成为一特殊的东西了。知性对于它的对象既持分离和抽象的态度，因而它就是直接的直观和感觉的反面，而直接的直观和感觉只涉及具体的内容，而且始终停留在具体性里。"⊖在这个意义上，"抽象"就意味着孤立片面，贫乏肤浅。从此出发，黑格尔又相应地把概念区分为抽象概念（即知性概念）和具体概念（即理性概念）。所谓抽象概念是指只凭借分析作用和抽象作用，抽取出对象的某一些特征，而丢掉了具体事物的多样性或者抹杀了这些特性的不同的具体表现，因而也就排斥了对象固有的内在矛盾而形成的概念。黑格尔认为，这种概念是抽象的、偏窄的、空洞的，它们不能全面

⊖ 《小逻辑》，第172～173页。

地反映对象，不能把握对象的本质，而只能把事物了解成为一个没有内在矛盾的同一体。运用这种概念进行的思维只能是抽象思维。费尔巴哈说："只是人的局限性和他因贪图方便而简单化的习性，才使人以永恒性代替时间，以无限性代替从一个原因到另一个原因的永不终止的进展，以呆板不动的神代替不知休止的自然界，以永恒静止代替永恒运动。……人们从主观的需要出发，以抽象代替具体，以概念代替直观，以一代替多，以一个原因代替无数原因。但是，对于这些抽象概念，'不赋予任何客观的意义和存在，不赋予我们之外的任何存在'。"⊖列宁在"客观的意义"旁边加了"客观的＝在我们之外的"旁注。这样的抽象概念，排斥了对象固有的内在矛盾。

1. 辩证逻辑范畴中的具体概念

如前所述，"辩证逻辑"研究的具体概念中的"具体"，不是指经验的、感性的具体，而是指理性思维所获得的思维中的具体。马克思说："具体总体作为思维总体、作为思维具体，事实上是思维的、理解的产物；但是，决不是处于直观和表象之外或驾于其上而思维着的、自我产生着的概念的产物，而是把直观和表象加工成概念这一过程的产物。"⊜思维中的具体不仅要表现对象一般属性的多样性，而且要表现构成对象本质规律的那种属性的多样性和它们的统一性。这就是说，"辩证逻辑"的具体概念乃是反映对象具体普遍性和具体同一性的概念。所谓具体普遍性是指那种并不排斥特殊性和单一性，而是把它们包含于自身之中的普遍性。这就是说，具体概念不仅在其中确定着对象普遍的一般的特性，而且还要确定对象特殊的和单一的特性。"一般乃是一个贫乏的规定，每个人都知道一般，但是不知道作为本质的一般。"⊜例如工程安全的概念，安全都是具体的，没有一般的安全，但安全具有一般要求。对工程来说，结构安全性是结构防止破坏倒塌的能力，是结构工程最重要的质量指标。结构工程的安全性主要决定于结构的设计与施工水

⊖ 《列宁全集》第 55 卷，第 42 页。

⊜ 《马克思恩格斯全集》第 12 卷，第 751～752 页。

⊜ 《列宁全集》第 55 卷，第 229 页。

准，也与结构的正确使用（维护、检测）有关，而这些又与工程法规和技术标准（规范、规程、条例等）的合理设置及运用相关联。对结构设计来说，结构的安全性主要体现在结构构件承载能力的安全性、结构的整体稳固性与结构的耐久性等几个方面。

（1）构件承载能力的安全设置水准。与结构构件安全水准关系最大的因素有两个：一是规范规定结构需要承受多大的荷载即荷载标准值。以办公楼为例，我国规范自 1959 年至《建筑结构荷载规范》GBJ 9—1987 均规定楼板承受的活荷载是 $150kg/m^2$，《建筑结构荷载规范》GB 50009—2001 和现行规范《建筑结构荷载规范》GB 50009—2012 均为 $2.0kN/m^2$，而美、英则为 $2.4kN/m^2$ 和 $2.5kN/m^2$。二是规范规定的荷载分项系数与材料强度分项系数的大小，前者是计算确定荷载对结构构件的作用时，将荷载标准值予以放大的一个系数，后者是计算确定结构构件固有的承载能力时，将构件材料的强度标准值加以缩小的一个系数。这些用量值表示的系数体现了结构构件在给定标准荷载作用下的安全度，在安全系数设计方法（如我国的《公路桥涵结构设计规范》）中称为安全系数，体现了安全储备的需要；而在可靠度设计方法（如我国的《建筑结构设计规范》）中称为分项系数，体现了一定的名义失效概率或可靠指标。安全系数或分项系数越大，表明安全度越高。《建筑结构荷载规范》GB 50009—2012 第 3.2.4 条规定的活荷载与恒载的分项系数分别为 1.4 和 1.2；《建筑结构可靠性设计统一标准》GB 50068—2018 第 8.2.9 条则将活荷载（可变作用）与恒载（永久作用）的分项系数分别调整为 1.5 和 1.3。据介绍，美国规范的活荷载与恒载的分项系数分别为 1.7 和 1.4，英国则为 1.6 和 1.4。这样，根据我国规范设计办公楼时，所依据的楼层设计荷载（荷载标准值与荷载分项系数的乘积）值均低于英美规范给出的数值，而设计时据以确定构件能够承受荷载的能力（与材料强度分项系数有关）却要比英美规范高，这两个因素都使构件承载力的安全水准下降。值得的注意的是，尽管我国设计规范所设定的安全储备较低，但是某些工程的材料用量尤其是用钢量反而有高于国外同类工程的，其主要问题在于设计偏保守，在结构方案、材料选用、分析计算、结构构造上缺乏创新。

（2）结构的整体稳固性（Robustness）。结构的安全性除了结构构件要有足够承载能力外，结构物还要有整体稳固性（鲁棒性）。所谓系统的"整体稳固性"是指控制系统在一定的参数摄动下，维持某些性能的特性，与人在受到外界病菌的感染后，是否能够通过自身的免疫系统恢复健康一样。整体稳固性是我们对系统的一个形容词，准确地说，不能说有某一系统没有整体稳固性，只能说 more robust 或者 less robust。结构的整体稳固性是结构出现某处的局部破坏不至于导致大范围连续破坏倒塌的能力，或者说是结构不应出现与其原因不相称的破坏后果。结构连续倒塌是指结构因突发事件或严重超载而造成局部结构破坏失效，继而引起与失效破坏构件相连的构件连续破坏，最终导致相对于初始局部破坏更大范围的倒塌破坏。结构产生局部构件失效后，破坏范围可能沿水平方向和竖直方向发展，其中破坏沿竖向发展影响更为突出。当偶然因素导致局部结构破坏失效时，如果整体结构不能形成有效的多重荷载传递路径，破坏范围就可能沿水平或者竖直方向蔓延，最终导致结构发生大范围的倒塌甚至是整体倒塌。结构的整体稳固性主要依靠结构能有良好的延性和必要的冗余度，用来对付地震、爆炸等灾害荷载或因人为差错导致的灾难后果，可以减轻灾害损失。唐山地震造成的巨大伤亡与当地房屋结构缺乏整体稳固性有很大关系。结构连续倒塌事故在国内外并不罕见，如 2001 年石家庄发生故意破坏的恶性爆炸事件，一栋住宅楼因土炸药爆炸造成的墙体局部破坏，竟导致整栋楼的连续倒塌，就是房屋设计牢固性不足的表现。英国 Ronan Point 公寓煤气爆炸倒塌，法国戴高乐机场候机厅倒塌等都是比较典型的结构连续倒塌事故。这些事故都造成了重大人员伤亡和财产损失，造成了严重的负面影响。进行必要的结构抗连续倒塌设计，当偶然事件发生时，能有效控制结构破坏范围。

结构抗连续倒塌设计在欧美多个国家得到了广泛关注，英国、美国、加拿大、瑞典等国颁布了相关的设计规范和标准。比较有代表性的有美国 General Services Administration（GSA）《新联邦大楼与现代主要工程抗连续倒塌分析与设计指南》（Pro- gressive Collapse Analysis and De- sign Guidelines for New Federal Office Buildings and Major Modernization Project），美国国防部 UFC（Unified Facilities Criteria 2005）《建筑抗连续倒塌设计》（Design of Buildings to Resist Progressive Collapse），以及英国有关规范对结构抗连续倒塌设计的规定等。我国《钢筋混凝土结构设计规范》TJ 10—74、《混凝土结构设计规范》GBJ 10—1989 及《混凝土结构设计规范》GB 50010—2002 均偏重截面配筋计算和构件设计，没有专门提出结构体系的要求。《混凝土结构设计规范》GB 50010—2010 修订时特地增加第 3.2 节"结构方案"，标志着规范体系由"构件计算"扩展到"结构设计"，体现了设计应包括的结构方案、内力分析、截面计算、构造措施四个层次。规范强调结构选型、体系组构、构件布置、均匀规则、传力途径、冗余约束、缝的分割、连接构造、方便施工、综合功能等要求，特别强调结构整体稳固性的重要性。《混凝土结构设计规范》GB 50010—2010 第 3.6.1 条条文说明指出："当结构发生局部破坏时，如不引发大范围倒塌，即认为结构具有整体稳定性。结构和材料的延性、传力途径的多重性以及超静定结构体系，均能加强结构的整体稳定性。设置竖直方向和水平方向通长的纵向钢筋并应采取有效的连接、锚固措施，将整个结构连系成一个整体，是提供结构整体稳定性的有效方法之一。此外，加强楼梯、避难室、底层边墙、角柱等重要构件；在关键传力部位设置缓冲装置（防撞墙、裙房等）或泄能通道（开敞式布置或轻质墙体、屋盖等）；布置分割缝以控制房屋连续倒塌的范围；增加重要构件及关键传力部位的冗余约束及备用传力途径（斜撑、拉杆）等，都是结构防连续倒塌概念设计的有效措施。"

（3）结构的耐久安全性。长期以来，人们一直以为混凝土应是非常耐久的材料。我国土建结构的设计与施工规范，重点放在各种荷载作用下的结构强度要求，而对环境因素作用（如干湿、冻融等大气侵蚀以及工程周围水、土中有害化学介质侵蚀）下的耐久性要求则相对考虑较少。混凝土结构因钢筋锈蚀或混凝土腐蚀导致的结构安全事故，其严重程度已远超过因结构构件承载力安全水准设置偏低所带来的危害，所以这个问题近年来引起学界和工程界的重视。混凝土结构的耐久性是当前困扰土建基础设施工程的世界性问题，并非我国所特有。到 20 世纪 70 年代末期，发达国家逐渐发现原先建成的基础设施工程在一些环境下出现过早损坏。例如美国的一些城市的混凝土基础设施工程和港口工程建成后不到二三十年甚至在更短的时期内就出现劣化。据 1998 年美国土木工程学会的一份材料估计，他们需要有 1.3 万亿美元来处理美国国内基础设施工程存在的问题，仅修理与更换公路桥梁的混凝土桥面板一项就需 800 亿美元，而当时联邦政府每年为此的拨款只有 50～60 亿美元。另有资料指出，美国因除冰盐引起钢筋锈蚀需限载通行的公路桥梁已占这一环境下桥梁的 1/4。这些问题促使发达国家为混凝土结构耐久性投入大量科研经费并积极采取应对措施，如加拿大安大略省的公路桥梁为应对除冰盐侵蚀及冻融损害，钢筋的混凝土保护层最小厚度从 20 世纪 50 年代的 25mm 逐渐增加到 40mm、60mm 直到 20 世纪 80 年代后的 70mm，而混凝土强度的最低等级也从 20 世纪 50 年代的 C25 提高到后来的 C40，桥面板混凝土从不要求外加引气剂、不设防水层到必须引气以及需要设置高级防水胶膜并引入环氧涂膜钢筋。

建设部 20 世纪 80 年代的一项调查表明，国内大多数工业建筑物在使用 25～30 年后即需大修，处于严酷环境下的建筑物使用寿命仅 15～20 年。民用建筑和公共建筑的使用环境相对较好，一般可维持 50 年以上，但室外的阳台、雨罩等露天构件的使用寿命通常仅有 30～40 年。桥梁、港口等基础设施工程的耐久性问题更为严重，由于钢筋的混凝土保护层过薄且密实性差，许多工程建成后几年就出现钢筋锈蚀、混凝土开裂，有一座大桥，建成后仅 8 年，由于盐冻侵蚀，不得不部分拆除重建。海港码头一般使用十年左右就因混凝土顺筋开裂和剥落，需要大修。京津地区的城市立交桥由于冬天洒除冰盐及冰冻作用，使用十几年后就出现问题，有的不得不限载、大修或拆除。盐冻也对混凝土路面造成伤害，东北地区一条高等级公路只经过一个冬天就大面积剥蚀。我国铁路隧道用低强度的 C15 混凝土作衬砌材料，密实度和抗渗性差，不耐地下水与机车废气侵蚀，开裂与渗漏严重。对几个路局所辖的隧道进行抽样调查表明，漏水的占 50.4%，其中 1/3 渗漏严重，并导致钢轨等配件锈蚀以及电力牵引地段漏电，影响正常运行，而 1999 年颁布的铁路隧道设计规范仍未能对隧道的耐久性问题采取适当的对策，如适当提高混凝土的最低强度等级和在混凝土中掺入化学纤维等。

《混凝土结构设计规范》GB 50010—2010 第 3.5 节规定了耐久性设计的具体要求，如确定结构所处的环境类别；提出对混凝土材料的耐久性基本要求；确定构件中钢筋的混凝土保护层厚度；不同环境条件下的耐久性技术措施；提出结构使用阶段的检测与维护要求等。损害结构承载力的安全性只是耐久性不足的后果之一；提高结构构件承载能力的安全设置水准，在一些情况下也有利于结构的耐久性与结构使用寿命。

2. 具体概念克服了抽象概念在反映对象上的局限性

自然界和社会生活是复杂多样的，任何认识客体都是多种矛盾的统一体。具体概念是抽象概念逻辑发展的必然，是认识由浅入深，向理性思维高级阶段发展的必然。为了全面地认识客体，人们的思维必须进入理性具体阶段，达到对客体多种规定性的综合把握。随着认识由浅入深、由片面到全面的发展，概念也必然由低级向高级转化、发展。这是概念矛盾运动的规律。因为，概念的发展和认识运动在本质上是一致的。概念是人们的认识成果，又是人们用以认识事物的工具，以抽象普遍性、抽象同一性和单一规定性为特征的抽象概念，不能反映事物运动变化的本质。一般认识要和具体实际的条件相联系，不能抽象地把握概念，即概念不能停留在抽象的认识上，而要上升为具体的认识。具体概念就是在抽象概念的基础上，为了克服抽象概念在反映对象上的局限性，把握整体，实现对目标的正确认识而形成的，正如黑格尔所说，"同一句格言，从完全正确地理解了它的年轻人口中说出来时，总没有在阅历极深的成年人心中所具有的那种含义和广度，后者能够表达出这句格言所包含的全部力量"⊖。

黑格尔说："哲学的具体理念是揭示出它所包含的区别或多样性之

⊖ 《列宁全集》第 55 卷，第 83 页。

发展的活动。……唯有包含有区别在内的具体的东西才是实在的。所以区别须当作全体的形式来看。像这样包括了多样性、区别于其中的完整思想，就是一种哲学。"[一]他在《哲学史讲演录》中说："我们可以举出一些感性事物为例，对于'具体'这概念作一较详的说明。花虽说具有多样的性质，如香、味、形状、颜色等，但它却是一个整体。在这一朵花里，这些性质中的任何一种都不可缺少，这朵花的每一个别部分，都具有整个花所有的特性。……这倒并不是说抽象的东西根本不存在。譬如红色便是一个抽象的感性观念，当常识说到红色时，并不意味着它所指谓的是抽象物。但是一朵红色的玫瑰花，却是一种具体的红物，对这个具体的红物，我们是可以区别和孤立出许多抽象物的。"[二]马克思在《资本论》第一章《商品》中谈到了价值的四种形态："简单的、个别的价值形态"；"总和的或扩大的价值形态"；"普遍的价值形态"和"货币的价值形态"。从"个别的价值形态"经过"扩大的价值形态"到"普遍的价值形态"，是一个由抽象到具体，由简单到复杂的过程。其中，后一种形态都包含前一种形态在内，而又比前一种形态更具体、更复杂。当然，这几种价值形态的发展不仅仅是逻辑的推论，而且是和历史发展相一致的。抗震计算方法的演变也经历了一个由抽象到具体，由简单到复杂的历程，其中后一种计算方法都比前一种计算方法更具体、更复杂，体现了逻辑与历史相一致。结构的抗震理论大致经过了以下三个发展阶段[2,13]。

（1）抗震计算的静力理论阶段。水平静力抗震理论创始于意大利，发展于日本。日本抗震结构的研究，是从1891年的浓尾地震开始的。这次地震在日本是少见的大地震，其震中在大陆的内部。在名古屋附近，刚从西欧引进的砖结构建筑，受到了巨大的灾害。由于这次地震的惨痛教训，使日本文部省设立了"震害预防调查会"，由建筑、土木、地震有关的学者参加，开始了正式的研究工作，同时也给结构抗震技术研究迎来了新曙光[13]。

[一]《哲学史演讲录》第一卷，第38页。

[二]《哲学史讲演录》第一卷，第30~31页。

19 世纪末 20 世纪初日本浓尾、美国旧金山和意大利 Messina 的几次大地震中，人们注意到地震产生的水平惯性力对结构的破坏作用，提出把地震作用看成作用在建筑物上的一个总水平力，该水平力取为建筑物总重量乘以一个地震系数。1900 年，日本学者大森房吉提出了震度法的概念，该理论认为，结构所受到的地震作用可以简化为作用于结构的等效水平静力 F，其大小等于结构重力荷载 G 乘以地震系数 k，即

$$F = (a/g)G = kG$$

式中　　a——地震最大水平加速度；

　　　　g——重力加速度，k = a/g，其数值与结构的动力特性无关，是根据多次地震震害分析得出的经验数值，取 k ≈ 1/10。

意大利都灵大学应用力学教授 M. Panetti 建议，1 层建筑物取设计地震水平力为上部重量的 1/10，2 层和 3 层取上部重量的 1/12。这是最早的将水平地震力定量化的建筑抗震设计方法。

该理论认为结构是刚性的，各结构上任何一点的振动加速度均等于地震加速度，结构上各部位单位量受到地震力相等[2]。这一理论是在无详细的地震作用记录统计资料的条件下的经验性计算方法，未考虑结构弹性动力特征。这一时期建立的理论为静力理论，不考虑地面运动随时间变化的性质，也不考虑结构的变形和阻尼的影响[16]。

1916 年日本佐野利器博士提出计算地震力的佐野地震系数法。这一设计方法，就是在建筑物上加一水平方向的地震力，其大小是建筑物重量的某一比率，这个比率就是地震系数。然而，具体的设计地震系数究竟为多少，并没有定论。开始应用佐野地震系数法的几年，内藤多仲博士在改建日本兴业银行的设计时，采用了设计地震系数为 1/15。该大楼的设计将柱与梁之间的钢筋混凝土墙当作抗震墙，用以承担水平力。这座根据抗震计算设计的建筑物因在 1923 年的关东大地震时没有破坏而闻名。

关东大地震给东京及横滨带来了毁灭性的破坏，迫切要求在当时的建筑条令中，制定抗震设计的具体规定。震后第二年，日本《都市建筑法》（1924 年）中增加了设计地震系数 0.1 这一抗震设计规定。这是世界上最早的抗震设计规范，并为以后世界各国仿效。1927 年美国《统

一建筑规范》（UBC）第一版也采用静力法，地震系数取 0.075 ~ 0.1，并采用容许应力法进行构件的承载力设计。

据推断，关东大地震时在下町的地面运动的地震系数约为 0.3，横滨约为 0.35。《都市建筑法》之所以规定地震系数为 0.1，是因为当时材料的容许应力大约是强度的 1/3，如果结构具有较好的延性，即使实际的地震系数是 0.3，超出设计地震系数 0.1 的 3 倍，也能避免结构倒塌[13]。此外，抗震设计规范给出的地震力小于结构在实际地震作用下的弹性地震力是一普遍现象，而且满足规范规定的地震力要求的建筑，在大地震时并不一定导致严重破坏或倒塌。根据 1940 年 5 月 18 日 EL-Centro 地震记录的分析，由计算得到的地震系数为 0.6，而设计时采用静力法，设计取用的地震系数为 0.1，这些建筑物在这次地震中却未显示出明显的破坏[16]。这主要有两方面的原因：一是土与结构的相互作用。由于地震时土与结构间存在能量吸收与反馈作用，以及地基的柔性而使结构体系的周期加长，这两个因素的影响，根据上部结构的刚度以及地基的软硬不同，一般估计在 30% 以下[16]。二是结构的非弹性性质。建筑物进入弹塑性阶段，刚度下降，结构自振周期也相应增大，表 3-1 为日本宫城地震时建筑物的自振周期对比表。地震后结构周期一般增加 19% ~ 25%，个别建筑物增加 40% ~ 50%。国内外的资料表明，地震中周期与地震前的周期之比约为 1.0 ~ 2.0，地震后与地震前约为 1.1 ~ 1.3⊖。

表 3-1　实测周期与地震反应周期

周期 \ 建筑物		1	2	3	4	5	6	7	8	9
横向	地震值	5.12	4.21	2.23	2.39	1.92	1.76	0.80	0.70	0.77
	实测值	4.30	3.14	2.10	1.91	1.71	1.66	0.71	0.59	0.65
	比率	1.19	1.34	1.06	1.25	1.12	1.06	1.13	1.19	1.19
纵向	地震值	4.56	3.76	2.00	2.25	1.74	1.92	0.90	0.64	0.87
	实测值	3.10	2.56	2.00	1.89	1.64	1.71	0.60	0.55	0.68
	比率	1.47	1.47	1.00	1.19	1.06	1.12	1.50	1.16	1.20

⊖《抗震验算与构造措施》（下册）第 440 页。

从此以后，日本《都市建筑法》地震系数一直保持为 0.1。二战争结束后，1950 年日本制定了新的《建筑法规》代替《都市建筑法》。在《建筑法规》里所采用的荷载首次分成永久和临时两类，地震是临时荷载。混凝土的容许应力提高到约为战前的 2 倍，同时设计水平地震系数也为 0.2 以上（对于高层建筑的上层，水平地震系数按比例增加）。从表面上看，地震系数 0.2 是关东大地震以后不久所规定的地震系数 0.1 的两倍，但是实质上容许应力与地震力的关系完全没有改变，这一取值一直延续到 20 世纪 70 年代。然而，面对各国抗震规范一个接一个地采用新的研究成果进行了修订的情况下，日本的抗震规范依然采用地震系数法，而孤立于世界科技进步之外的状况，1976 年 4 月，武藤清在日本建筑杂志发表了《要求修订抗震规范》的文章，批评了日本的因循守旧，固步不前[13]。在武藤清看来，在抗震学领域里，与日本并驾齐驱的美国抗震规范，不断吸取了震害的经验和地震工程学的新成就，进行了频繁的修订，其中大部分最新规定，都被每三年出版一次的《统一建筑规范》（UBC）所采用。武藤清在他的专著里按年代顺序介绍了美国的抗震规范不断修订的历程[13]，现摘录如下。

1906 年 4 月 17 日，旧金山地震以后，建筑物按 $146kg/cm^2$ 的水平力设计。

1925 年圣巴巴拉（Santa Barbara）地震。开始了正式的抗震研究，并由海岸大地测量局承担地震研究。

1927 年太平洋海岸建筑官员会议的《统一建筑规范》的第一版出版了，其中附录的第一章，适用于抗震规定，并以各种形式发表。

1928 年加利福尼亚州的商会认识到在建筑规范中列入抗震规定的必要性，从而促进了抗震研究。

1933 年 3 月 10 日发生长滩（Long Beach）地震。4 月 10 日《施工条例》（Field Act）作为紧急措施生效。学校建筑的地震系数为 0.02 ~ 0.05（砖石结构为 0.1）。5 月 26 日《赖利条例》（Riley Act）生效，规定一般建筑物的地震系数为 0.02。《洛杉矶建筑条例》采用地震系数 0.08。长滩等其他南加利福尼亚的各个城市也采用了这个地震系数。

概念设计的概念

1935 年《统一建筑规范》中采用的地震系数为：坚硬地基 0.08、软弱地基 0.16。

1937 年《施工条例》中规定：三层和三层以下以及不能抗弯的建筑物地震系数为 0.06 ~ 0.10。四层以上能抗弯的建筑物，地震系数为 0.02 ~ 0.06。

1941 年施工条例中采用的地震系数为 0.06 ~ 0.10（仅由地基的类型而定）。

1943 年洛杉矶市建筑规范：

$$C_s = \frac{0.06}{N + 4.5}$$

式中　C_s——层剪力系数；

　　　N——计算层以上的层数，最大值为 13。

1948 年，美国土木工程协会与北加利福尼亚州结构工程师协会组成了"侧向力联合委员会"（Joint Committee on Lateral Forces）。1952 年，该联合委员会推荐以下的规定：

$$V = CW$$

式中　V——总地震力；

　　　W——建筑物总重量；

　　　C——基底剪力系数，按下式计算：

$$C = \frac{K}{T}$$

式中　K——结构系数，对建筑物为 0.015，对其他结构物为 0.025；

　　　T——基本自振周期（s），对建筑物：$C_{max} = 0.06$，$C_{min} = 0.02$；

　　　对其他结构物：$C_{max} = 0.10$，$C_{min} = 0.03$。

$$F_x = V \frac{w_x h_x}{\sum w_x h_x}$$

式中　F_x——x 层的地震力；

　　　w_x——x 层的重量；

　　　h_x——底部到 x 层的高度。

1953 年《施工条例》采用 $C_s = \dfrac{0.06}{N + 4.5}$。《赖利条例》采用地震系

数：高度 40ft 以下的建筑物 0.03，超过 40ft 的建筑物 0.02。

1956 年《旧金山建筑规范》采用以下规定：

$$V = CW$$

$$C = \frac{K}{T}$$

式中　K——建筑物为 0.02，其他结构物为 0.035。

$$F_x = V \frac{w_x h_x}{\sum w_x h_x}$$

对于建筑物 $C_{max} = 0.075$，$C_{min} = 0.035$；其他结构物 $C_{max} = 0.10$，$C_{min} = 0.04$。

1957 年 7 月 28 日发生了墨西哥市地震。为了制定适用于加利福尼亚全州的抗震规范，加州结构工程师协会成立了地震委员会。

1959 年，《洛杉矶市规范》废除了建筑物的高度限制，采用以下规定：

$$C_s = \frac{0.046S}{N + 0.9(S-8)}$$

式中　C_s——层剪力系数；

S——总层数，对于 13 层及 13 层以下的建筑物取 $S = 13$。

加州结构工程师协会规范发表以下的推荐水平力的规定：

$$V = KCW$$

$$C = \frac{0.05}{\sqrt[3]{T}}, \quad T_{min} = 0.1s$$

式中　K——结构系数为 0.67、0.80、1.0、1.33。

$$F_x = V \frac{w_x h_x}{\sum w_x h_x}$$

对于细高建筑：

$$F_x = 0.9V \frac{w_x h_x}{\sum w_x h_x}$$

$$F_t = 0.1V$$

式中　F_t——作用于建筑物顶层的集中地震力。

$$M = J \sum F_x h_x$$

式中 M——建筑物底面的倾覆力矩。

$$J = \frac{0.5}{\sqrt[3]{T}}$$

$$J_{min} = 0.33$$

$$M_x = \frac{H - h_x}{H} M$$

式中 M_x——x 层的倾覆力矩。

　　　H——建筑物主要部分的高度。

超过 13 层或者超过 160ft 的建筑物，必须用延性抗弯空间框架承受总地震力的 25%；要考虑重心和刚度中心之间的偏心所产生的平面扭矩；通常，当偏心超过建筑物最大边长的 5% 时考虑。

1963 年，在加州结构工程师协会规范中，仅规定建筑物超过 160ft 时，必须用延性抗弯空间框架承担总地震力的 25%，废除了"13 层"的规定。

1966 年加州结构工程师协会规范作以下的修正：

$$C_{max} = 0.10 \quad (\text{也即 } T_{min} = 0.1 \text{ 时})$$

$$F_t = 0.004V \left(\frac{h_n}{D}\right)^2$$

式中 h_n——建筑物地面以上部分的高度；

　　　D——承受水平力方向框架的平面长度。

$F_{tmax} = 0.15V$ （改变作用在顶层的地震力）。

取消 $J_{min} = 0.33$。

$$M_x = J_x \left[F_t(h_n - h_x) + \sum_{i=x}^{n} F_i(h_i - h_x) \right] \quad (\text{改变倾覆力矩计算式})$$

$$J_x = J + (1 - J) \left(\frac{h_x}{h_n}\right)^3$$

延性抗弯空间框架用语的定义表示，除钢结构之外，其他结构，甚至钢筋混凝土结构如能满足规定的话，亦可作为延性抗弯空间框架对待，也能应用在 160ft 以上的建筑物。

当建筑物用 $K = 0.80$ 或 $K = 0.67$ 设计时，各自对应的延性抗弯空间框架必须能承受总地震力的 25% 或 100%。

1967 年，加州结构工程师协会规范，将倾覆力矩折减系数修正为 $J = \dfrac{0.6}{\sqrt[3]{T}}$，除建筑物以外的结构物，规定 $J_{min} = 0.45$，如用动力设计，可以不遵守以前的有关规定。钢筋混凝土结构的规定也作了相应的修改。

《统一建筑规范》也采用了上述的修改（但是，整个规范的修改不完全相同）。7 月 29 日发生加拉加斯地震。

1968 年，加州结构工程师协会规范修正了偏心受压柱的抗剪加强钢筋的规定；对于钢结构，重新规定了延性抗弯空间框架的定义。

1969 年，加州结构工程师协会规范，废除了降低倾覆力矩的折减系数 J。

1970 年，加州结构工程师协会规范，根据混凝土抗震墙的极限强度设计，修正剪力和主拉力的计算方法及配筋规定。

1971 年 2 月 9 日发生圣费尔南多地震。加州结构工程师协会规范，作了以下的修正：

为了承受地震力而设计的一切钢筋混凝土空间框架，都必须是延性抗弯空间框架。

修改与钢筋混凝土延性抗弯空间框架有关的规定。修改内容有：计算组合内力时提高了地震力；轻质混凝土强度的限制；计算柱和梁的所需剪切抗力时，考虑主筋的实际屈服强度，减小箍筋的最大间距，修改束缚混凝土的加强钢筋的计算式，允许使用预制混凝土框架构件等。以规定的地震力所产生变形的四倍，来分析研究不承受水平力的构件，是否还能承担垂直荷载。

增加了混凝土抗震墙-框架及斜撑式框架的设计地震力。

关于网式钢筋柱，修改了箍筋尺寸、固定和间距的规定。

10 月，《统一建筑规范》采纳了以上这些规定作为规范的补充。

1972 年 9 月，洛杉矶市决定：在采用按动力分析的抗震规定以前，暂定采用《洛杉矶市临时抗震设计规定》。其内容大部分是采纳了 1971 年修改的加州结构工程师协会规范。此外，结构物对动力分析得出的影响，应具有足够的抗力。

在 160ft 及其以下的建筑物，沿高度方向的形状和刚度比较规则时，可按静力分析设计（内容与1971年加州结构工程师协会规范相同）。

关于重要设施（医院，消防站，防灾通信中心等）采用上述地震力的1.5倍。

加州结构工程师协会——美国土木工程协会特别联合委员会（1970年5月成立）在9月发表了"推荐荷载规定的基本设计准则及其说明"。

在1974年修订加州结构工程师协会规范时，进行了大幅度的修改，其内容有：标准基底剪力系数从原来的 $\dfrac{0.05}{\sqrt[3]{T}}$ 改为 $\dfrac{1}{\sqrt{15T}}$，补充了以前没有的地基类型系数，当建筑物的周期与地基周期接近时，按一定比率增加地震力，周期相同时，增到最大为1.5倍，新制定了重要性系数等。这些修改，几乎原封不动地被1975年的《统一建筑规范》采纳。

综上所述，决定地震力的因素，大致可分成地震学、土壤力学、结构力学和社会学等方面，这些因素具体地反映在规范里，是以地震区域、地基类型、结构类型、标准基底剪力系数、重要性系数等形式表现出来。

从上述抗震计算方法的演变历程可以看出，在国际上提出概念设计之前其实人们已经采用概念设计的方法判断抗震计算方法的可靠性，并在总结的基础上，将震害调查分析得出的概念融入计算方法的不断改进之中，只不过这种改进成效不彰、效果不如意，从而为概念设计的诞生作了历史的注脚和必要性的铺垫。

通过上述美国从1906年～1974年近70年规范和计算方法的不断修订历程，可以看出，一种抗震设计计算方法如果不能反映结构地震动反应的真实情况，仅靠"修修补补"的办法，对参数进行修正，是难以达到计算结果与实际地震反应相一致的目的的。因为用现在的结构抗震知识来考察，静力法没有考虑结构的动力效应，即认为结构在地震作用下，随地基作整体水平刚体移动，其运动加速度等于地面运动加速度，由此产生的水平惯性力，即建筑物重量与地震系数的乘积，并沿建筑高度均匀分布。考虑到不同地区地震强度的差别，设计中取用的地面运动加速度按不同地震烈度分区给出。然而根据结构动力学的观点，地震作用下结构的动力效应，即结构上质点的地震反应加速度不同于地面运动加速度，而是与结构自振周期和阻尼比有关。采用动力学的方法可以求得不同周期单自由度弹性体系质点的加速度反应，以此来计算地震作用引起的结构上的水平惯性力，这就是反应谱法。因此，反应谱理论的出现不是偶然的，而是一种必然，而且是对静力法的否定之否定。这一方法的嬗变昭示着一个真理：理论研究的方法和路径选择很大程度上决定研究成果的成败，或者说理论研究战略上的错误很难在战术上予以弥补和改进，说理论研究"路径决定命运"一点不为过。

（2）反应谱理论阶段。反应谱理论在设计规范从静力计算过渡到动力分析的发展过程中起着重要的作用。反应谱法的发展与地震地面运动的记录直接相关。1923 年，美国研制出第一台强震地面运动记录仪，并在随后的几十年间成功地记录到许多强震记录，其中包括 1940 年的 El Centro 和 1952 年的 Taft 等多条著名的强震地面运动记录。

20 世纪 30 年代，美国受到日本地震工程研究工作的启发，开展了强地震动加速度过程的观测和记录。1940 年 5 月 18 日取得了具有典型强地震动特性的 El Certro 记录（最大水平加速度 $a_{max} = 0.34g$，附近的地震烈度为 8 度[2]）。到 20 世纪 40 年代，美国已经取得了不少有工程意义的地震记录，丰富了人们对地震动工程特性的认识，从而促进了抗震设计理论的重大发展。

1943 年美国学者 M. A. Biot 首先提出从实测记录中计算反应谱的概念，并从实际地震记录的分析结果中推导出了无阻尼单自由度体系的反应加速度与周期的关系。1953 年美国学者 G. W. Housner 等人提出了有阻尼单自由度体系的反应谱曲线。接着，美国学者 R. W. Clough 在高层建筑地震反应中解决了高振型影响的计算方法。由于反应谱理论反映了地震动的特性，并根据强震观测资料提出了实用的数据，在国际上得到了广泛的承认。1954 年，美国加州工程师协会的房屋抗震设计规范首先采用了反应谱理论，20 世纪 50 年代中期以后，苏联规范也开始应用抗震设计反应谱。反应谱理论逐渐被各国抗震设计规范所接受。到 20 世纪 50 年代，这一抗震理论已基本上取代了震度法，从而在抗震设计领域确立了反应谱理论的主导地位，抗震设计理论进入了反应谱理论阶段[2]。

反应谱理论考虑了结构动力特性与地震动特性之间的动力关系，通

概念设计的概念

过反应谱来计算由结构动力特性（自振周期、振型和阻尼）所产生的共振效应，但其计算公式仍保留了早期静力理论的形式。地震时结构所受的最大水平基底剪力，即总水平地震作用为：

$$F_{EK} = k\beta(T)G$$

$$\beta(T) = S_a(T)/a$$

式中　k——地震系数；

　$\beta(T)$——加速度反应谱 $S_a(T)$ 与地震动最大加速度 a 的比值，它表示地震时结构振动加速度的放大倍数[2]。

这一理论认为地震系数 k 不但与地震动有关，而且还与结构物的动力特性有关，这是"地震荷载"不同于一般荷载的主要特征，也是反应谱理论的第一个特点。一般荷载如活荷载、风荷载（指风静压力）、雪荷载等，其大小只决定于外部施加力的大小和结构的受力面，而与结构物的力学特性无关。影响"地震荷载"即地震惯性力的结构动力性能是刚度、耗能能力和质量，在弹性假定下可以用结构自振周期 T 和阻尼比 ε 表示，即 $k = k(T, \varepsilon)$，这时，系数 k 可以理解为两部分的乘积，即 $k = (a/g)\beta(T, s)$，第一部分 a/g 与静力理论中一样，新增加的第二部分 $\beta(T, s)$ 表示结构物的振动效应，它是结构物产生的最大加速度 a_1 与地面加速度 a 之比，所以它是结构动力特性的函数。人们有时将 $\beta(T, s)$，有时将 $a_1(T, s)$ 称为反应谱。这一理论认为地震动中包含有许多不同频率的振动成分，因而需要用一种谱来反映其影响。这是反应谱理论的第二个特点。但是，在这一理论的初期，人们采用形状不变的反应谱，因而地震动还是只具有一个独立可变的物理量 a/g，和静力理论一样[16]。

反应谱直观的定义是：一组具有相同阻尼、不同自振周期的单质点体系，在某一地震动时程作用下的最大反应，为该地震动的反应谱，也就是以振幅、速度、加速度等最大值与振动体系的周期之间的关系来表示的方法。其中，以振幅表示的称位移谱，以速度表示的称速度谱，以加速度表示的便是加速度谱。图 3-3、图 3-4 表示埃尔森特罗（El Centro）1940（北南）与塔夫特（Taft）1952（东西）的加速度谱。以图 3-3 为例，地面运动的最大加速度为 342gal（即周期 $T=0$ 时相应于纵轴上的交点）的埃尔森特罗地震波，作用于周期 $T=1.0s$ 的建筑物时，如果建筑物的阻尼为 5%，则作用于建筑物的加速度为 507gal[13]。

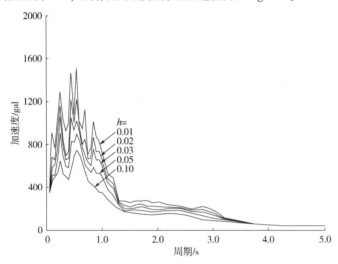

图 3-3　埃尔森特罗（El Centro）1940（北南）的加速度谱[13]

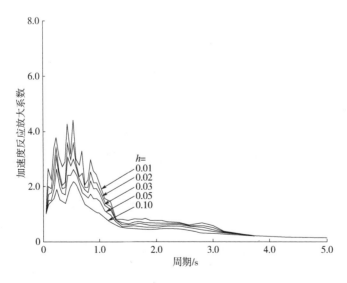

图 3-4　塔夫特（Taft）1952（西东）的加速度谱[13]

概念设计的概念

　　加速度谱常常将反应的最大加速度除以地震波的最大加速度，这样的谱称为标准加速度谱。此时，与纵轴的交点为1，如将谱的读数乘以输入最大加速度，便是加速度值。这样描绘的谱，直接读出的是反应放大率，同时，可将加速度值不同的地震波的反应，画在同一图上，以便于比较[13]。

　　每个地震波的反应谱形状都不同，但是为了研究它们之间的共同点，或是确切地找出标准地震谱的谱特性，而采用了平均反应谱的方法。1959 年豪斯纳用埃尔森特罗 1934、埃尔森特罗 1940、奥林皮亚（Olimpia）1949、塔夫特 1952 这 4 个地震波的各自两个方向的水平分量，发表了平均地震反应谱，如图 3-5 所示。这是根据谱烈度，按加权平均而求出的[13]。

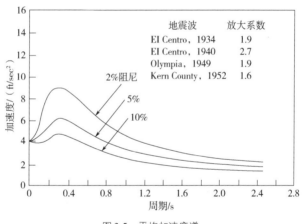

图 3-5　平均加速度谱

　　1973 年纽玛克（Newmark）等将大约 30 个强震记录以最大加速度进行了标准化，发表了在平均反应谱中增加标准偏差（约 84%）的谱。在美国，以这个谱作为原子能委员会的指南，用以制定原子能发电站的设计地震力。然而在进行这种平均化时没有考虑地基类型的影响。历次强震震害表明，场地条件对地震动和结构破坏程度的影响较大。1970 年日本的林、土田、仓田等根据地基性质不同，从强震记录的谱形状有大幅度的变化这点着手，用 38 个地震记录的 61 个（122 个水平分量）波形，按三种类型的地基分类，求出平均标准谱。从林、土田以及以后香农（Shannon）

等人的研究，普遍认识到必须根据地基类型分类，求出平均谱。

　　1974 年锡特（Seed）等用 28 个地震观测的 104 个强震记录给出了每种地基类型的平均谱以及在平均谱上增加标准偏差。所用的记录主要是美国西部的强震记录，还有日本的部分记录。图 3-6 表示各种地基的平均标准加速度谱。图 3-7 表示在平均谱上增加了标准偏差。而且在同一图中，前述的纽玛克的谱也表示在一起。其中，地基类型的分类和记录波形数目见表 3-2。

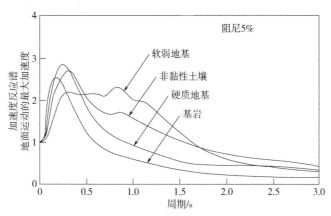

图 3-6　各类地基的平均标准加速度谱[13]

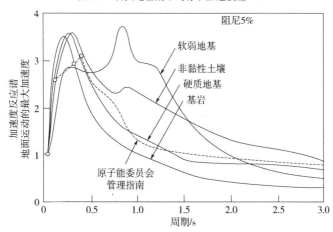

图 3-7　增加了标准偏差各类地基的平均标准加速度谱[13]

表 3-2　平均标准加速度谱地基类型的分类和记录波形数

地基类型的分类	记录波数/个
基岩	28
坚硬地基（硬土层深度小于150ft）	31
非黏性土壤（非黏性土壤层厚度大于250ft）	30
软弱地基（由软到中硬黏土夹杂砂和砂砾层构成的土壤沉积层）	15
总计	104

由图 3-6 和图 3-7 可以得出以下结论[13]：

1）地基类型的不同，其谱的形状也大不一样。特别在 $T = 0.4 \sim 0.5\text{s}$ 以上时，差别更为显著，其总体趋势是地基越软弱而反应放大率越大。

2）虽然非黏性土壤的平均谱是由 30 个波平均的，但其中采用 6 个长周期波，使 $T = 1 \sim 3.5\text{s}$ 之间的谱值变大。软弱地基也一样，随着加速度变大，长周期的谱值也变大。

设计反应谱作为地震作用的定量标准给抗震设计提供了基本的数据，它不仅决定于地震动强度，同时也取决于地面运动特性。强震地面运动的谱特性决定于许多因素，如震源机制、传播途径特性，地震波的反射、折射、散射和聚焦以及局部地质和土质条件等。随着强震观测资料的进一步累积，对其认识也正在逐渐深化。Hudson 和 Udwadia 分析了美国的一些强震记录，认为没有单一的主要因素决定特定场地的谱特性。他们分析了 1971 年 2 月 9 日 San Fernando 地震中两个台站上的平滑化 Fourier 谱，其中一个台站距震中 29km，位于冲积层上，另一个距震中 34km，位于花岗岩上，两台都位于同一方位上，相距 6km，震源机制都相同，传播途径也差不多，谱特性却有很大差别。特别值得注意的是单就谱特性来看，很难决定哪个在冲积层上，哪个在基岩上。Trifunac 和 Udwadia 分析了洛杉矶市六个台站上在几次地震中的加速度记录，指出这个地区的地震动谱特性主要决定于震源机制和震源距，局部场地条件在修正地面运动方面只起很小的作用。Udwadia 和 Trifunac 还分析了 EL Centro 台站上的 15 次地震记录，并指出同一台站上由于不同震源所引起的地震动加速度反应谱的差别是很大的，这说明震源机制和传播途径对谱特性有很大的影响，同时还发现地震方位对谱形状也有一定的影响。将这个台站上的反应谱按震中距进行分类得出平均反应谱。从平均反应谱图中可以看到在震中区附近反应谱的平均峰点周期比较短。此外，日本的研究者也曾对地面运动的谱特性进行过详细研究。例如土田肇等人将港湾技术研究所的 42 个台站上的 222 条水平分量反应谱进行了分类统计。首先他们将有两个以上记录的台站上的反应谱作了比较。结果发现，同一台站上在不同震级和方位的地震中所记录到的反应谱形状比较一致的有 11 个，相当离散的有 9 个，非常离散的有 2 个。由此可以大致估计场地条件和其他因素对反应谱形状影响的程度。就这些日本台站来讲，场地条件对反应谱的影响相对地就更多一些。此外，粟林荣一等利用 44 个 5 级以上强震记录研究了震级、峰值加速度、震中距和地基土质条件对加速度反应谱的影响。结果表明，在长周期范围内大震级、远震中距和软弱冲积层的谱值均偏大。在 1978 年 6 月 12 日日本宫城县地震（$M=7.4$）中，距震中 100 ~ 117km 的仙台地区得到了几个 MM 烈度达 8 度的强震记录，并给出了不同场地上的几个加速度反应谱。从这些反应谱中，发现冲积层场地上反应谱峰点周期约为 1s 左右，而基岩上反应谱的峰点周期约为 0.5s，谱值约比冲积层减少一半左右。从这个例子可以看出，当震中距比较大时，不论是在基岩或冲积层上，反应谱的峰点周期都偏长[84]。

以上是 20 世纪 70 ~ 80 年代文献上关于反应谱的研究成果。我国自 20 世纪 50 年代中期开始在抗震设计中采用反应谱理论，哈尔滨工程力学研究所先后于 1959 年与 1964 年主持编制过两个"地震区建筑规范草案"。尤其值得注意的是，64 规范草案比较全面地反映了我国当时的研究成果。随着各专业抗震工作的开展，进入 20 世纪 70 年代以后，我国先后颁发试行过若干专业性的抗震设计规范，大多吸取了 64 规范草案中的合理内容。这些规范基本都是以反应谱理论为基础的，将计算结果以地震反应随结构自振周期的变化规律曲线的方式表达，供设计时查用，同时用结构系数或构造系数的方式，考虑结构变形的延性。反应谱曲线不仅可以直接提供单自由度体系的弹性地震力，对于多自由度体系，也可以

概念设计的概念

通过振型分解把结构化为若干个单自由度以便利用同一谱曲线。

目前，反应谱理论有最大加速度反应谱、最大速度反应谱、最大位移反应谱等，常用的是最大加速度反应谱。我国现行的《建筑抗震设计规范》GB 50011—2010 第 5.1.2 条 ~ 第 5.1.5 条仍把振型分解反应谱法作为结构分析的基本方法，并给出了相应的反应谱曲线。图 3-8 为《建筑抗震设计规范》GB 50011—2010 中给出的地震影响系数曲线，图中，α 为地震影响系数，α_{max} 为地震影响系数最大值，η_1 为直线下降段的下降斜率调整系数，γ 为衰减指数，T_g 为特征周期，η_2 为阻尼调整系数，T 为结构自振周期。

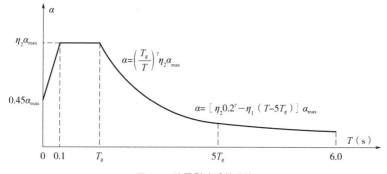

图 3-8　地震影响系数曲线

反应谱的特征是：①加速度反应随结构自振周期增大而减小。②位移随周期增大而增大。③阻尼比的增大使地震反应减小。④工程地质条件对地震破坏的影响很大，软弱的场地使地震反应的峰值范围加大。在地震灾害调查时常有地震烈度异常现象，即"重灾区里有轻灾，轻灾区里有重灾"。场地条件对不同类型结构震害的影响，一般的结论是软弱的厚土层在地震作用下对柔性结构特别不利，薄土层上刚性结构的震害虽也有加重的现象，但不很明显。基岩上建筑的震害在多数情况下是比较轻的，但也有少数例外，特别是低矮的刚性建筑，有时在基岩上的震害也比较严重。值得注意的是，国外的某些震害统计资料表明，土层的厚度对建筑物的震害有重要影响。例如在 1967 年委内瑞拉 6.4 级地震中，离震中 60km 的加拉加斯市的震害表明，对于 3~5 层房屋，在 30~

50m 土层上的房屋的破坏率比 100m 以上土层上大好几倍；对于 5 ~ 9 层的房屋，在 50 ~ 70m 厚的土层上的房屋的破坏较其他土层上稍重一些，对于 10 层以上的房屋，当土层厚度超过 160m 时，破坏百分率明显增大。从现有的强震观测资料和宏观震害经验来看，场地条件尤其是下卧土层对地震动参数，特别是反应谱有较大的影响。由于抗震设计中的未知因素很多，计算模型与实际情况又总有一定的差异，故计算结果并不是绝对可靠的。因此在抗震设计规范中，通常是将场地条件进行适当的分类，对不同的场地类别采用不同的抗震设计反应谱。现行的抗震设计规范引入了与场地土条件相关的设计加速度反应谱。

　　反应谱理论是不断完善的理论。当反应谱理论在 20 世纪 50 年代中期被工程界广泛接受时，抗震设计是建立在弹性理论基础上的。到 20 世纪 60 年代，美国 N. M. Newmark 提出了"延性"这个简单概念，来概括结构越过弹性阶段后的抗震能力，用延性的大小作为结构抗震能力强弱的标志。在结构抗震设计中，把提高延性与具备足够的刚度和强度提到了同等重要的地位，并提出按延性系数将弹性反应谱修改成为弹塑性反应谱的具体方法和数据，从而使抗震设计理论过渡到非线性反应谱阶段。到了 20 世纪 70 年代，通过研究更充分认识到在结构的非弹性反应阶段，变形和强度是决定结构安全的两个重要因素，必须同时考虑。

　　Housner 在 20 世纪 40 年代后期已经注意到了地震动的随机特性。到 20 世纪 60 年代初，美国、日本、苏联和我国都对此一问题以及结构地震反应的随机理论开展了研究。其成果不仅为结构地震反应提供了合理的并被工程界普遍接受的"平方和的平方根"（SRSS）振型遇合法则，更重要的是为以后发展的抗震设计概率理论奠定了基础[2]。

　　反应谱的优点是：①每一点都是非平稳反应时程的最大值，这正是抗震设计需要的，而平稳功率谱的"平稳"不合实际，而且需要复杂的换算才能得到最大值。②设计反应谱是大量同级、同类地震反应谱的母体平均值（中值），有一定的代表性。

　　反应谱方法的特点是理论比较成熟，计算简单，但它仍存在以下

概念设计的概念

不足[2,16]：

1）反应谱虽然考虑了结构动力特性所产生的共振效应，然而在设计中仍然把地震惯性力按照静力来对待。所以，反应谱理论只能是一种准动力理论。

2）反应谱法一次计算只能针对一个方向的地震输入，分析一个方向地面运动分量的反应，而实际地震地面运动是三维的，于是三个方向地面运动分量的反应分析必须分三次进行，然后进行方向组合，从而产生方向组合的误差。

3）反应谱法的振型组合（包括 CQC）原则都是基于平稳反应的假定，实际地震地面运动和结构反应都是非平稳的，造成振型组合的误差。

4）表征地震动的三要素是振幅、频谱和地震动持续时间。在制作反应谱过程中虽然考虑了其中的前两个要素，但始终未能反映地震动持续时间对结构破坏程度的重要影响。

5）反应谱是根据弹性结构地震反应绘制的，引用反映结构延性的结构影响系数后，也只能笼统地给出结构进入弹塑性状态的结构整体最大地震反应，不能给出地震过程中各构件进入弹塑性变形阶段的内力和变形状态，因而也就无法找出结构的薄弱环节。

6）结构不同部位的基础可能坐落于不同场地，有不同的反应谱，而反应谱法只能使用一条谱，不能表示多点输入，需建立包络谱，或加权平均谱。

上述缺点需要运用时程分析法进行弥补。《建筑抗震设计规范》GB 50011—2010 规定，对于特别不规则的和较高的高层建筑的抗震设计，要求采用时程分析法进行补充计算，同时对输入地震加速度时程要求满足一定的数量和反应谱特征，以计算结构底部总剪力作为评估输入地震动合理性的标准。

（3）动力理论阶段。20 世纪 60 年代中期以来，在一些强烈地震现场，取得大量的地震动数据，人们认识到反应谱的形状可以随场地土壤条件、地震震级、震源特性、震源距离和局部地形而有较大的改变，并进一步认识到地震动频谱组成可变性的重要意义。与此同时，也取得了很多结构的地震反应记录，更重要的是取得了一些受到地震严重损坏的结构的地震反应记录，从而使人们认识到地震动持续时间是一个独立可变的重要因素，它主要是随地震震级而变的。这一时期，人们认识的一个重大的变化就是认为地震动中独立可变的参数不再是一个，而是多个，并要求在设计中考虑这种变化[16]。1971 年美国圣费尔南多地震的震害，使人们意识到"反应谱理论只说出了问题的一大半，而地震持续时间对结构的破坏程度的重要影响没有得到考虑"，从而推动了采用地震动加速度过程 $a(t)$ 来计算结构反应过程的动力法的研究。这一理论不仅考虑了地震动的持续时间，还考虑了地震动过程中反应谱所不能概括的其他特性[2]。在 20 世纪 70 年代，对核电站等重要结构物，需要按地震动的时间过程进行动力分析。

动力分析方法又称时程分析法，是在强弱程度不同的地震作用下，将地震波按时段进行数值化后，输入结构体系的振动微分方程，采用逐步积分法进行结构弹塑性动力反应分析，计算出结构在整个强震时域中的振动状态全过程，给出各个时刻各杆件的内力和变形，以及各杆件出现塑性铰的顺序。它从强度和变形两个方面来检验结构的安全和抗震可靠度，并判明结构屈服机制和类型[2]。

采用时程分析法进行结构地震反应分析时的设计步骤如下[2]：

1）按照建筑场址的场地条件、设防烈度、近震或远震等因素，选取若干条具有不同特性的典型强震加速度时程曲线，作为设计用的地震波输入。

2）根据结构体系的力学特性、地震反应，建立合理的结构振动模型。

3）根据结构材料特性、构件类型和受力状态，选择恰当的结构恢复力模型，并确定相应于结构（或杆件）开裂、屈服和极限位移等特征点的恢复力特性参数，以及恢复力特性曲线各折线段的刚度数值。

4）建立结构在地震作用下的振动微分方程。

5）采用逐步积分法求解振动方程，得出结构地震反应的全过程。

6）必要时也可利用小震下的结构弹性反应所计算出的构件和杆件最大地震内力，与其他荷载内力组合，进行截面设计。

7）采用容许变形限值来检验中震和大震下结构弹塑性反应所计算

出的结构层间侧移角，判别是否符合要求。

上述步骤可用一个框图来概括地表示，如图 3-9[2] 所示。

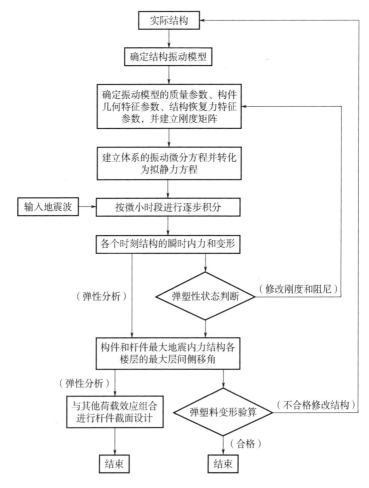

图 3-9　时程分析法确定结构地震反应的计算全过程

目前，对于结构振动微分方程式，一般均采用数值解法，而且多采用逐步积分法。比较常用的逐步积分法有：线性加速度法、威尔逊 θ 法、中点加速度法、纽马克 β 法和龙格-库塔法等。

多质点系地震作用下的振动微分方程一般表述为

$$[m]\{\ddot{x}\} + [C]\{\dot{x}\} + [K]\{x\} = -[m]\{\ddot{x}_g\} \qquad (3-1)$$

式中 $[m][C][K]$——分别为多质点的质量矩阵、t 时刻的阻尼矩阵和 t 时刻的刚度矩阵；

$\{\ddot{x}\}\{\dot{x}\}\{x\}$——分别为多质点在 t 时刻的相对加速度、相对速度、相对位移所组成的列向量；

$\{\ddot{x}_g\}$——沿 x 方向输入的地震动水平加速度时程曲线。

对于式（3-1），逐步积分法的计算步骤为[2]：

1）将整个地震时程划分为一系列的微小时段，每一时段的长度称为步长，记为 Δt。一般均采取等步长，特殊情况也有采取变步长的。Δt 取值越小，计算精度越高，但计算工作量也越大。对于高层建筑，通常取 $\Delta t = 0.01 \sim 0.02\text{s}$，即每秒钟分为 $50 \sim 100$ 步。

2）对于实际地震动加速度记录，经过零线调整等一些必要的处理后，按照时段 Δt 进行数值化。

3）在每一个微小时段 Δt 内，把 m、$C(t)$、$K(t)$ 及 $\ddot{x}_g(t)$ 均视为常数。

4）利用第 $i+1$ 时段（从 t_i 时刻到 t_{i+1} 时刻）的前端值 x_i、$\dot{x}_i$、$\ddot{x}_i$，来求该时段的末端值 x_{i+1}、$\dot{x}_{i+1}$、$\ddot{x}_{i+1}$。

由第一时段（从 t_0 时刻到 t_1 时刻）开始，利用第一时段起点（$i=0$ 处）的前端值 x_0、$\dot{x}_0$、$\ddot{x}_0$，来计算第一时段终点（$i=1$ 处）的末端值 x_1、$\dot{x}_1$、$\ddot{x}_1$，然后又将此等末端值作为第二时段的前端值（$i=1$ 处），求第二时段的末端值（$i=2$ 处）x_2、$\dot{x}_2$、$\ddot{x}_2$。循序渐进地对每一时段重复上述步骤，即得整个时程的结构地震反应。对于 $i=0$ 处的初始值，一般均取 $x_0 = \dot{x}_0 = \ddot{x}_0 = 0$，有时也以静荷载下的反应作为初始值。

时程分析法抗震设计理论具有如下特点[2]：

1）输入地震动参数需要给出符合场地情况、具有概率含义的加速度过程 $a(t)$，对于复杂结构要求给出地震动三个分量的时间过程及其空间相关性。

2）结构和构件的动力模型应接近实际情况，要包括结构的非线性恢复力特性。

3）动力反应分析方法要能给出结构反应的全过程，包括变形和能量损耗的积累。

4）设计原则要考虑到多种使用状态和安全的概率保证。

由于动力理论在输入、模型、方法和原则等四个方面，都提出了更具体的要求、更明确的规定和更详细的计算，从而可以得到更可靠的结构设计。例如，天津第二毛纺厂为 3 层钢筋混凝土框架厂房，唐山地震时，2 层框架柱的上、下端混凝土剥落，主筋外露，箍筋弯钩拉脱。震后，对 2 层柱进行局部修复加固。同年 11 月 15 日宁河地震时，整座厂房因底层严重破坏而倒塌。事后，采用反应谱振型分析法进行结构抗震承载力验算，计算结果表明，各层承载力和变形均满足要求。但采用时程分析法计算结果指出：地震时顶层和底层均发生屈服，由于 2 层加固后的刚度远大于底层，底层因相对柔弱而出现塑性变形集中，产生很大侧移，以致倒塌[2]。两种方法的对照计算表明，对于非等强多层结构，时程分析法明显优于反应谱分析法。

时程分析法的主要优点有[2]：

1）采用地震动加速度时程曲线作为输入，进行结构地震反应分析，从而全面考虑了强震三要素，也自然地考虑了地震动丰富的长周期分量对高层建筑的不利影响。

2）采用结构弹塑性全过程恢复力特性曲线来表征结构的力学性质，从而比较确切地、具体地和细致地给出结构的弹塑性地震反应。

3）能给出结构中各构件和杆件出现塑性铰的时刻和顺序，从而可以判明结构的屈服机制。

4）对于非等强结构，能找出结构的薄弱环节，并能计算出柔弱楼层的塑性变形集中效应。

从地震的振幅、频谱和持续时间三要素来看，抗震设计的静力理论阶段，考虑了结构高频振动的振幅最大值；反应谱理论考虑了结构各频段振动的最大值和频谱的两个要素；动力分析方法将地震动的三个要素都考虑到了，由于动力分析方法将结构物受到地震地面运动的作用模拟为入射波传播到作为振动体的结构上而求出动力变形和内力，因而可以追踪每一瞬时在结构各构件中的加速度、速度、位移、内力等的反应，以确保所设计结构物应有的安全度[13]。但是动力分析方法也有它的不足之处，那就是动力分析方法的地震波都是已经发生的地震波或者是人工波，而真正的地震波是随机的，而动力分析方法不能把"所有"的波都考虑到。有鉴于此，随机振动的理论得到越来越广泛的关注，从概率的角度考虑地震作用下的结构反应是一种分析思路的进步。

以上详细考察和梳理了抗震计算理论的发展演变历程，分析三种计算理论的优缺点，旨在强化工程技术人员正确选用计算理论的能力培养，感受当今工程抗震设计仅靠计算设计单一途径是不足够的。我们还应认识到，正确选择抗震计算方法以及判断计算结果的可靠性是概念设计的根本。如果计算方法选择错了，要指望用概念设计的方法将复杂的计算结果纠正过来是不现实的，所谓"凯撒的归凯撒，上帝的归上帝"。全面准确了解抗震设计理论的演变历程和基本内涵，是有必要的，也是有意义的。

在黑格尔看来，"哲学是认识具体事物发展的科学"⊖，"概念是完全具体的东西。因为概念同它自身的否定的统一，作为自在自为的特定存在，这就是个体性，构成它（概念）的自身联系和普遍性。在这种情形下，概念的各环节是不可分离的。"⊖这就是说，概念不应当只片面地抓住具体对象的某一个方面，不应当只是反映对象的抽象同一，而应当是具体的，应当包含否定自身的因素，应当表现为是它自身的否定的同一。但是，决不能因此而认为黑格尔就完全否定了抽象的知性思维和知性概念，相反，黑格尔也承认它们有其合理性和必要性。他说："我们必须首先承认理智思维的权利和优点，大概讲来，无论在理论的或实践的范围内，没有理智，便不会有坚定性和规定性。"⊖

⊖《哲学史演讲录》第一卷，第 32 页。
⊖《小逻辑》，第 334 页。
⊖《小逻辑》，第 173 页。

二、具体概念的具体是多样性的统一

与抽象概念不同，黑格尔认为具体概念是反映对象多样性的有机联系的整体，反映对象各种不同规定性的统一和同一的概念。这种统一、同一不是抽象的统一和同一，而是包含差别、矛盾于自身的统一和同一。他说："概念以及理念，诚然和它们自身是同一的，但是，它们之所以同一，只由于它们同时包含有差别在自身内。"○

人们的思维是由抽象概念向具体概念发展的。但是，任何具体概念的具体性都只具有相对的意义。具体概念在人们思维和认识中，不可能是一蹴而就的，它只能是在哲学和科学发展到从抽象再上升到具体阶段时的产物。事物的发展是无限的，事物在发展过程中所表现出来的本质、规律性和其他各种一般属性是无限丰富多样的，即使是具体概念也不可能一下子反映对象的全部发展和对象发展中的全部本质和一般属性。抗震计算的反应谱理论就是典型的实例。因此，具体概念本身也是不断发展的。具体概念对事物本质和规律的反映同样要经历一个由简单到复杂、由肤浅到深刻、由不完全到完全的过程。这个过程随着对象的发展和我们对象认识的发展而不断地发展着，并将永远不会完结。在思维过程中，就会表现为由一种具体概念转变为另一种更深刻的具体概念；由具体性较少的概念转变为具体性较多的概念等。列宁曾经指出："自然界在人的认识中的反映形式，这种形式就是概念、规律、范畴等等。人不能完全地把握＝反映＝描绘整个自然界、它的'直接的总体'，人只能通过创立抽象、概念、规律、科学的世界图景等等永远地接近于这一点。"○这就清楚地表明，具体概念本身乃是一个日益具体的发展过程。正是由于具体概念是个不断发展着的、日益具体的过程，所以，它才能相应地、越来越正确地反映着不断发展变化中的客观事物。具体概念和一切辩证思维的形式一样，都将随着对象本身的发展以及人们对其认识的发展而不断发展。

○ 《小逻辑》，第249～250页。

○ 《列宁全集》第55卷，第153页。

客观对象的发展是不会有终结的，人们对对象认识的发展也是没有终结的，因此，具体概念的发展也是永无终结的。[⊖]具体概念作为认识发展的一定阶段的标志和总结，有着丰富的内涵，因而它也就必然展开为和表现为一个概念体系。因此，具体概念也就必然成为把握具体真理的辩证思维形式。

坚持概念的抽象性和具体性的对立统一，既要关注概念的抽象性，对对象进行科学的、合理的抽象；又要关注概念的具体性，明确抽象的目的是为了更具体地把握对象，并在思维中完整地、具体地再现对象。如果在思维中把两者割裂开来，就既不可能有真正科学的抽象，也不可能达到真正的思维中的具体。无论在什么场合，科学的概念总是具体的，要正确地掌握它，就必须具体地去理解它。现实生活中，不乏典型实例，工程中更是比比皆是，甚至可以说工程概念都是具体的。例如，框架-剪力墙结构，它不是框架与剪力墙两种构件的简单组合，而是由两类结构组成结构受力体系，规范给出了详细的要求。仅从剪力墙的设置角度来说，剪力墙的墙量、布置在结构体系中是有要求的，现说明如下。

（1）震害调查发现框架-剪力墙结构随剪力墙数量的增加而震害相对减轻。日本福井地震中，钢筋混凝土多层框架-剪力墙结构的震害分析表明，当以楼面面积统计的剪力墙平均长度小于 $50\mathrm{mm/m^2}$ 时，震害严重；剪力墙平均长度大于 $150\mathrm{mm/m^2}$ 时，破坏轻微，甚至无震害，从而得出含墙率不少于 $50\mathrm{mm/m^2}$ 的要求。虽然这个统计是粗略的，它没有反映墙厚、层数、重量等因素，但是它却表明在框架-剪力墙结构中，剪力墙设置得越多，震害越轻。日本十胜冲地震震害分析时，框架-剪力墙结构的震害采用双指标来分析。一是以平均压应力 $\sigma = G/(A_c + A_w)$ 即楼层以上重量 G 除以墙截面面积 A_w 与柱截面面积 A_c 之和。σ 反映了层数、重量以及结构截面面积等因素；二是以剪力墙截面面积表示的含墙率，反映了墙厚的因素。分析表明，当平均压应力 σ 小于 1.2MPa、

⊖ 彭漪涟主编《辩证逻辑基本原理》，华东师范大学出版社，2000 年 7 月，第135～137 页。

概念设计的概念

含墙率大于 5000mm/m² 时，无震害；两个条件均不满足时，震害严重。1978 年日本宫城县冲地震震害调查结果也采用类似方法，只不过含墙率控制指标变为 3000mm/m²，说明从 1968 年十胜冲地震后，日本抗震设计技术有了很大的进步，在加强构造措施的基础上，剪力墙数量可以适当减少。这些事例表明，框架-剪力墙结构设计的关键是剪力墙的布置和数量控制。

（2）框架-剪力墙结构的剪力墙的数量以满足规范的侧移限制为好。剪力墙太多不仅加大地震力，而且使结构重量加大，施工工程量相应增加。分析研究表明，在地震作用下，侧向位移与剪力墙抗弯刚度并不成反比关系。根据某实际工程计算，在其他条件不变的情况下，剪力墙抗弯刚度增加 1 倍，顶点侧移与建筑物总高的比值减少仅 13%～19%。这是因为增加剪力墙的数量及抗弯刚度时，结构刚度加大，地震作用就会加大，实例分析结果显示，当剪力墙抗弯刚度增加 1 倍时，地震作用将增大 20%。[一]

笔者在从事北京市施工图审查时，曾发现有的框架-剪力墙结构仅在电梯井部位设置剪力墙，其他部位均布置为框架，为了满足层间位移的要求，特意加厚电梯井剪力墙的厚度，剪力墙和连梁的实际配筋也比较大，有一个工程连梁箍筋甚至需要配 φ25@100 才能满足计算要求。从概念设计的角度，框架-剪力墙结构中的剪力墙布置还是要满足《高层建筑混凝土结构技术规程》JGJ 3—2010 第 8.1.7 条关于框架-剪力墙结构中剪力墙布置和第 8.1.8 条关于框架-剪力墙结构中横向剪力墙间距等规定，并要求纵向剪力墙不宜集中布置在房屋的两尽端。

（3）框架-剪力墙结构的剪力墙需在纵向、横向两个方向均设置。我在审图中曾发现有的工程由于平面特殊，横向短、纵向长，仅需在横向布置剪力墙，纵向纯框架就能满足层间位移角、位移比、周期比等计算要求，配筋率也适中，但这种结构形式与规范要求不一致。《高层建筑混凝土结构技术规程》JGJ 3—2010 第 8.1.5 条："框架-剪力墙结构应设计成双向抗侧力体系；抗震设计时，结构两主轴方向均应布置剪力

㊀ 高立人等《高层建筑结构概念设计》，中国计划出版社，2005 年 11 月。

墙。"这主要是为了避免当地震作用的主方向为结构的纵向时，因该方向无剪力墙而可能遭受严重破坏。

（4）剪力墙布置不满足框架-剪力墙结构设置要求时，规范也有相应的要求，不一定要回到纯框架结构。对于多层结构，也可以在框架结构中设置少量剪力墙以限制层间位移，就是按所谓的"少墙框架结构"设计。当纯框架结构层间位移角不满足规范要求时，与其加大柱子截面尺寸，还不如设置一定数量的剪力墙，将框架结构改造成框架与少量剪力墙组成的非典型结构，这时的框架部分的设计要求与纯框架结构一致。《建筑抗震设计规范》GB 50011—2010 第 6.1.3 条指出："设置少量剪力墙的框架结构，在规定的水平力作用下，底层框架部分所承担的地震倾覆力矩大于结构总地震倾覆力矩的 50% 时，其框架的抗震等级应按框架结构确定，剪力墙的抗震等级可与其框架的抗震等级相同。"根据这一规定，通常将底层框架部分所承担的地震倾覆力矩不大于结构总地震倾覆力矩的 50% 作为判别框架-剪力墙结构体系是否成立的主要依据，只要地震倾覆力矩指标满足要求了，结构的最大适用高度、构件的抗震等级和轴压比限值等就可以按规范中的"框架-剪力墙"项查取，但这一指标只是框架-剪力墙结构体系是否成立的必要条件，只有当其他条件（如位移比、剪力墙平面布置等）相应得到满足时才能确定结构为框架-剪力墙结构。规范这一条的前提是"设置少量剪力墙的框架结构"（即少墙框架），对于剪力墙数量比较多时，《全国民用建筑工程设计技术措施——结构（结构体系）（2009 年版）》第 2.6.5 条指出[15]：抗震设计的框架-剪力墙结构，在规定的水平力作用下，框架部分承受的地震倾覆力矩大于结构总地震倾覆力矩的 50% 时，"其框架部分的抗震等级应按框架结构采用，柱轴压比限值宜按框架结构的规定采用；剪力墙部分的抗震等级一般可按框架-剪力墙结构确定，当结构高度较低时，也可随框架。"根据这一要求，剪力墙的抗震等级要比框架高一级，只有当结构高度较低时，才可取与框架同一等级。相对来说，《高层建筑混凝土结构技术规程》JGJ 3—2010 第 8.1.3 条的要求比较明确："抗震设计的框架-剪力墙结构，应根据在规定的水平力作用下结构底层框架部分承受的地震倾覆力矩与结构总地震倾覆力矩的比值，确定相应的设计方法，并应符合下列规定：①框架部分承受的地震倾覆力矩不大于结构总地震倾覆力矩的10%时，按剪力墙结构进行设计，其中的框架部分应按框架-剪力墙结构的框架进行设计；②当框架部分承受的地震倾覆力矩大于结构总地震倾覆力矩的10%但不大于50%时，按框架-剪力墙结构进行设计；③当框架部分承受的地震倾覆力矩大于结构总地震倾覆力矩的50%但不大于80%时，按框架-剪力墙结构进行设计，其最大适用高度可比框架结构适当增加，框架部分的抗震等级和轴压比限值宜按框架结构的规定采用；④当框架部分承受的地震倾覆力矩大于结构总地震倾覆力矩的80%时，按框架-剪力墙结构进行设计，但其最大适用高度宜按框架结构采用，框架部分的抗震等级和轴压比限值应按框架结构的规定采用。"相对来说，《高层建筑混凝土结构技术规程》JGJ 3—2010 的规定最严格，因为除第一种情况外，其他三种情况均要求按框架-剪力墙结构进行设计。这种处理方式，是将三种结构统一起来，人为消灭它们的"差别"和对立，而《建筑抗震设计规范》和《全国民用建筑工程设计技术措施》则承认差别的同一，比较接近实际应用需求。实际工程设计时，在框架结构中设置少量剪力墙的目的往往是出于纯框架层间位移角不满足规范1/550要求，通过设置少量剪力墙来增加抗侧刚度，减小结构层间位移。但如果少墙框架的层间位移角限值由框架的1/550提升到框架-剪力墙结构的1/800，则所增设少量剪力墙可能还是难以满足层间位移1/800的要求，失去设少量剪力墙的作用。《高层建筑混凝土结构技术规程》JGJ 3—2010第8.1.3条条文说明对这一规定做了说明："对于这种少墙框剪结构，由于其抗震性能较差，不主张采用，以避免剪力墙受力过大、过早破坏。当不可避免时，宜采取将此种剪力墙减薄、开竖缝、开结构洞、配置少量单排钢筋等措施，减小剪力墙的作用。"相对来说，对少墙框架的层间位移角限值，《建筑抗震设计规范》GB 50011—2010第6.1.3条条文说明提出的："层间位移角限值需按底层框架部分承担倾覆力矩的大小，在框架结构和框架-剪力墙结构两者的层间位移角限值之间偏于安全内插"的规定比较合理，也与设计增设少量剪力墙的初衷比较一致。由于规范条文的不一致，设计时应注意各规范规定的差异，并根据规范的权限合理应用规范。

　　一般说来，具体概念所谓具体同一性是指那种并不排斥矛盾和差别，而是将矛盾与差别包含于自身之中的同一性。因此，反映对象这种具体同一性的具体概念乃是反映对象包含差别于其自身的概念，即具体概念只存在于其对立面之中。而且具体概念总是存在于同其他概念的联系之中，因而总是表现为由许多概念构成的有机联系的概念体系。而且"具体概念"要通过"既分析又综合的方法"将对象的诸方面或诸因素按其本来的面目统一起来而形成概念。这种概念是"贯穿于一切特殊性之内，并包括一切特殊性于其中"的"普遍性"。[⊖]张世英说："黑格尔逻辑学的全部内容，可以说就是对'具体概念'由抽象到具体、由简单到复杂的矛盾发展过程的描述，那种把概念、真理看成僵死的、凝固不变的观点，是和黑格尔的思想格格不入的。"[⊜]但是，黑格尔的整个概念理论是建立在唯心主义基础之上的，他认为概念是一切事物发展的基础，事物必须和概念相适应而不是概念必须和事物相适应，所以他的上述理论虽然具有许多合理的、正确的内容，但其出发点却是本末倒置的，因而是唯心主义的。马列主义经典作家正是在批判地吸取其合理内核的基础上，建立起的辩证逻辑关于抽象概念和具体概念的理论，是我们分析工程概念的理论基础。

第三节　工程概念是普遍性与特殊性的对立统一

　　概念是对象本质的反映，而对象的本质总是一类事物共同具有的一般属性，因此，把一类事物所具有的共同的一般属性抽象、概括出来，是概

⊖　贺麟《黑格尔哲学演讲集》，第 448 页。

⊜　《论黑格尔的逻辑学》第 3 版，第 280 页。

念的首要任务。从这个意义上说，概念无不具有普遍性的特点，是反映共性的。然而概念也离不开个性，任何普遍性、任何共性，都是从一类事物的各个个体中抽象概括出来并通过这些个体表现出来的。科学概念所抽象和概括出的共性是各个个别事物中的本质和规律，只有这样，共性才能反过来更加深刻地说明各个个别事物的个性，因而概念又无不具有特殊性即个性。任何共性都是对个性进行抽象和概括的结果，并且都要通过个性表现出来，就像亚里士多德在《形而上学》中所说，"不能设想在个别的房屋之外还存在着一般房屋"⊖。任何概念都是共性和个性的对立统一。

在黑格尔看来，概念（指具体概念）是反映普遍性、一般性的。但具体概念中的普遍性，是从特殊性、个别性中抽象出来的包含了特殊性和个别性的普遍性。因此，具体概念是反映对象的特殊性、个别性并包含于对象普遍性之中；而抽象概念则抹杀、排斥了对象的特殊性、个别性。关于共性与个性的关系，列宁作了系统的论述，他说："对立面（个别跟一般相对立）是同一的：个别一定与一般相联而存在。一般只能在个别中存在，只能通过个别而存在。任何个别（不论怎样）都是一般。任何一般都是个别的（一部分，或一方面，或本质）。任何一般只是大致地包括一切个别事物。任何个别都不能完全地包括在一般之中，如此等等。任何个别经过千万次的过渡而与另一类的个别（事物、现象、过程）相联系，如此等等。"◎列宁曾称赞黑格尔关于具体概念所反映的"不只是抽象的普遍，而且是自身体现着特殊的、个体的、个别的东西的丰富性的这种普遍（特殊的东西和个别的东西的全部丰富性!)!!"这一提法是"绝妙的公式"，称赞它"很好!"⊜列宁还指出："一般的含义是矛盾的：它是僵死的，它是不纯粹的、不完全的，等等，而且它也只是认识具体事物的一个阶段，因为我们永远不会完全认识具体事物。一般概念、规律等等的无限总和才提供完全的具体事物。"⑭列宁的这三个论述可概括为：一般只是大致地包括一切个别，个别不能完

⊖ 《列宁全集》第 55 卷，第 307 页。
◎ 《列宁全集》第 55 卷，第 307 页。
⊜ 《列宁全集》第 55 卷，第 83 页。
⑭ 《列宁全集》第 55 卷，第 239 页。

全地包括在一般之中；普遍包含特殊的东西的全部丰富性；一般的无限总和才能反映完全的具体事物。这是哲学史上对普遍性与特殊性的关系的最全面的总结和系统的阐述。其中最不好理解、最不易实现的是其中的第二个论述，普遍要包含特殊的全部丰富性，只有从概念上予以把握才是可能的，这就是概念设计在工程设计活动中的任务和需要达到的目的。普遍性与特殊性的关系在工程中普遍存在，只是我们"日用而不知"罢了。例如，砌体结构在水平地震作用下往往是处于压弯受力状态，当竖向压应力较小时，由于砖墙的抗弯能力较差，较易出现水平受弯裂缝，因而交叉剪切裂缝一般出现在多层建筑的底部，如图1-5、图1-8和图1-13所示，但实际工程也不全是这样。图3-10a为单层建筑，竖向压应力较小，但走廊墙体也出现比较典型的剪切裂缝；图3-10b为三层建筑，底部两层基本完好，而第三层竖向压应力较小，却也出现典型的剪切裂缝。

图3-10　汶川地震中竖向压应力较小部位出现剪切型裂缝

因此，在辩证思维中，我们就必须既要用体现在科学概念中的关于客观事物的共性为指导，高屋建瓴地观察和把握事物的个性；同时又要注意从对个别事物的研究分析中抽象概括出一类事物共同的本质和规律，而不能单纯从概念出发，用概念代替一切。只有把对概念的运用和对个别对象和现象的具体分析结合起来，才能正确地反映客观对象，真正把握对象的本质。

概念设计的概念

概念的普遍性和特殊性的对立统一，归根到底是由客观事物本身都是个别和一般的对立统一这一点所决定的。黑格尔说："概念的普遍性并非单纯是一个与独立自存的特殊事物相对立的共同的东西，而毋宁是不断地在自己特殊化自己，在它的对方里仍明晰不混地保持它自己本身的东西。无论是为了认识或为了实际行为起见，不要把真正的普遍性或共相与仅仅的共同之点混为一谈，实极其重要。……普遍性就其真正的广泛的意义来说就是思想"。⊖就是说普遍性是对事物一般属性的概念的抽象，不是事物的共同点。关于这一点，我们可以从"楚人失弓"的故事中得到说明。中国历史上儒、释、道三家都对"楚人失弓"进行不同的阐释，表达了三家各自不同的境界。

儒家的说法源自《孔子家语》：楚王出游，亡弓，左右请求之。王曰："止，楚王失弓，楚人得之，又何求之！"孔子闻之，惜乎其不大也，不曰人遗弓，人得之而已，何必楚也。⊖

楚王打猎时丢失了一张弓，因为他不让下属去寻找，捡拾到这张弓的人，自然是住在楚国的楚人，楚王不介意让一个臣民得弓，视君王与臣民都是平等的"楚人"，可以借此显示楚王他宽广的胸襟。但孔子却认为楚王的心胸尚不够宽广，他说："失弓的是人，得弓的也是人，何必计较是不是楚国人得弓呢？"这里，楚王将捡拾到他丢失的那张弓的楚国的人（特殊的个人），推广至"楚人"（普遍），是以普遍概括特殊。孔子认为，人的概念的普遍性还可以再扩大，因为能捡拾东西的只有人，能主动意识到丢失东西的也是人，所以他说"人遗弓，人得之"，每个人与天下人一样，都是平等的"人"。由"楚人"推广至"人"，普遍性更宽泛。

道家的说法源自《吕氏春秋》：荆人有遗弓者，而不肯索，曰："荆人遗之，荆人得之，又何索焉？"孔子闻之曰："去其'荆'而可矣。"老聃闻之曰："去其'人'而可矣。"故老聃则至公矣。⊜

老子在孔子说法的基础上提出更宽广的说法："失弓，得弓"，这

⊖ 《小逻辑》，第332页。

⊖ 《孔子家语·好生》。

⊜ 《吕氏春秋·孟春纪·贵公》。

就是把人这个范畴也消除掉了。在老子的心目中，人与天地万物也是一样的，都是造化和自然的平等产物，这就使得普遍性的概念更宽广了。

佛家的说法源自《竹窗随笔》："楚王失弓，左右欲求之。王曰：'楚人失弓，楚人得之，何必求也。'仲尼曰：'惜乎其不广也。胡不曰：人遗弓，人得之，何必楚也。'大矣哉！楚王固沧海之胸襟，而仲尼实乾坤之度量也。虽然，仲尼姑就楚王言之，而未尽其所欲言也。何也？尚不能忘情于弓也。进之则王失弓，王犹故也，无失也；假令王复得弓，王犹故也，无得也。虽然，犹未也，尚不能忘情于我也。又进之，求其所谓我者不可得，安求其所谓弓也、人也、楚也。"⊖

莲池大师虽然嘉许楚王的"沧海之胸襟"和孔子的"乾坤之度量"，但觉得他们的境界还不够高，仍"不能忘情于弓"。楚王失弓或得弓，他本身还是那样，无所谓得与失，"忘情于弓"境界还不够高，因为还"不能忘情于我"。如果连求所谓"我"都不可得，又如何求得"弓、人、楚"呢？这就是佛家要达到的"四大皆空"的境界，这就进入到黑格尔所说的，"普遍性就其真正的广泛的意义来说就是思想"或"得鱼忘筌"的境界了。但从工程概念的角度，概念的普遍性可以体现思想性，但不能泛化为脱离现实意义的思想。黑格尔说："普遍者是一个贫乏的规定，每个人都知道普遍者；但是却不认识普遍者之为本质。思想诚然已达到了感性事物的不可见性（达到了超感性的东西），但没有达到积极的规定性，而只达到了一个没有宾词的绝对者或单纯的否定者，只是达到了今天一般的见解的地步，而没有达到把绝对设想为有积极内容的普遍者。"⊜工程概念作为"超感性的东西"，需要"达到积极的规定性"。

工程设计规范条文都可以看作是普遍性和特殊性的统一。例如，结构体系，《建筑抗震设计规范》GB 50011—2010 第 3.5.2 条要求"结构体系应符合下列各项要求：①应具有明确的计算简图和合理的地震作用

⊖ 莲池大师《竹窗随笔·楚失弓》。

⊜ 《哲学史讲演录》第一卷，第413~414页。

传递途径。②应避免因部分结构或构件破坏而导致整个结构丧失抗震能力或对重力荷载的承载能力。③应具备必要的抗震承载力，良好的变形能力和消耗地震能量的能力。④对可能出现的薄弱部位，应采取措施提高其抗震能力。"第3.5.3条要求"结构体系尚宜符合下列各项要求：①宜有多道抗震防线。②宜具有合理的刚度和承载力分布，避免因局部削弱或突变形成薄弱部位，产生过大的应力集中或塑性变形集中。③结构在两个主轴方向的动力特性宜相近。"这两条规定是抗震结构体系的普遍性规定，实际工程中常用的砌体结构、框架结构、框架-剪力墙结构、剪力墙结构、筒体结构、混合结构等结构形式，《建筑抗震设计规范》GB 50011—2010 和《高层建筑混凝土结构技术规程》JGJ 3—2010还作了更详细的规定并提出详细的设计要求，这些规定和设计要求，相对于《建筑抗震设计规范》GB 50011—2010 第3.5.2条和第3.5.3条来说，是对具体的结构体系的特殊规定和特殊要求；相对于各个具体的实际工程来说，则又是普遍的规定和普遍的要求。任何结构体系都是既具有普遍性（否则就不成为体系），又具有特殊性（每一种体系都有其适应性），是普遍性和特殊性的对立统一，不存在独一无二的结构体系，也没有只是普遍的结构体系（没有普遍适用的体系），正如黑格尔所说，"须知普遍乃是内在于自然的"⊖。再如，《建筑抗震设计规范》GB 50011—2010 第2.1.10条给出的关于抗震措施的定义为"除地震作用计算和抗力计算以外的抗震设计内容，包括抗震构造措施"。根据这一定义，抗震措施是抗震设计的特殊规定，但又是抗震构造措施的普遍要求之一，需要与抗震构造措施和其他的特殊的要求，共同组成完整的"除地震作用计算和抗力计算以外的抗震设计内容"。《建筑抗震设计规范》GB 50011—2010 第2.1.11条给出了关于抗震构造措施的定义是"根据抗震概念设计原则，一般不需计算而对结构和非结构各部分必须采取的各种细部要求"，明确说明抗震构造措施是抗震概念设计的特殊要求、特殊内涵。尽管现行规范对抗震构造、抗震构造措施给出了比较具体

⊖ 《哲学史讲演录》第一卷，第412页。

的规定，但这些规定相对于具体工程来说是一般的规定、一般的要求，而"一般只是大致地包括一切个别，个别不能完全地包括在一般之中"！这就是工程设计的具体挑战和宿命：设计不能完全依靠规范，又离不开规范，而当设计者寄希望于规范时，规范的规定又是不全面的或不完备的。

第四节 工程概念的确定性和灵活性

概念是"自然界在人的认识中的反映形式"[○]，是现实世界的事物和对象在人的思维中的反映。概念，从时间上看，具有时代性；从认识的发展历程上看，具有阶段性、历史性或当下性；从全局和系统的角度上看，具有局部性和部分性；从认识能力和深度上看，具有局限性和相对性。因此，一方面，概念具有确定性，就是说概念作为在一定的历史阶段内对对象的本质和规律的反映形式，总有着自己确定的、相对不变的内容。另一方面，概念又具有灵活性。在不同的历史条件下，概念的内容又总在发展、变化着的，随着认识和实践的深化而不断充实自己的内涵。黑格尔说："每一个哲学在全部过程里是一特殊的发展阶段，有它一定的地位，在这地位上有它的真实意义和价值。必须依照这样的规定去认识它的特殊性格，必须承认它的地位，对于它才有正确合理的处理……因此每一哲学属于它的时代，受它的时代的局限性的限制，即因为它是某一特殊的发展阶段的表现，个人是他的民族，他的世界的产儿……每一哲学都是……精神发展的全部锁链里面的一环。"[○]概念也属于"它的时代，受它的时代的局限性的限制"。而且我们应认识到，"就一切可能来看，我们还差不多处在人类历史的开端，而将来会纠正

[○] 《列宁全集》第55卷，第153页。

[○] 《哲学史讲演录》第一卷，第51~52页。

我们的错误的后代，大概比我们有可能经常以极为轻视的态度纠正其认识错误的前代要多得多。"⊖

一、概念内涵的确定性和相对稳定性

克劳塞维茨说："明确概念是弄清理论观念的中心环节，是十分重要的。"⊜在一定的时期内，概念是人们对概念所反映的对象的正确认识，它有明确的内涵，它的范围有严格而明确的规定，并保持相对稳定。因此，不管对象如何发展，也不管反映对象的概念本身如何发展，在一定的具体条件下，概念总有着自己确定的、相对不变的内容，这就是概念的确定性。黑格尔说："假如以对牢固不灭、不可摧毁、不可消逝的关系来看概念，不如说概念之所以是自在自为之有的东西和永恒的东西，是因为它不是抽象的，而是具体的规定性，不是抽象地自身相关的、规定了的有，而是它本身和它的他物的统一，所以它不能过渡为他物，好像自身在那里变化了似的，其所以如此，正因为它本身就是那个他物，那个规定了的有，并且因此它在这一过渡里只是达到自己本身而已。"⊜这一说法思辨性很强，它是从矛盾双方的关系中界定概念的。就是说概念是具体的规定性，这一具体性就是它自身具有的"自在自为之有的东西和永恒的东西"，以及与他物的对立统一关系中"不能过渡为他物"并且在向对立面转化过程中能"达到自己本身"的规定性。以原因和结果矛盾关系来说，原因与结果是对立的，没有原因就没有结果，但两者不可分离也不曾分离，原因的概念就是由原因自身具体的因素以及在原因"过渡"到结果的时候"达到自己本身"的方面，即返回到原因的因素，构成的"自在自为"的东西和永恒的东西。黑格尔说："如果我们说，事物的本性必须依照它的概念去认识，则概念就是那自立的、独立的对事物的看法。概念就是事物自在自为的本质。它实现它自己，它变化；但却在这种与他物错综缠结中保持它自己。它控制

⊖ 《马克思恩格斯全集》第 20 卷，第 94 页。

⊜ 《战争论》上卷，第 215 页。

⊜ 《逻辑学》下卷，第 478 页。

着各种自然原因之间的关系，这个概念就是目的。"西方哲学的思辨性就是这样，但它的真理也唯在于思辨性中，它使我们的思维逐渐适应从对立面的关系中把握事物的本质，"实现它自己"就像列宁所说，"辩证的东西 = '在对立面的统一中把握对立面'。"

黑格尔还指出："思想既然使现实摆脱无目的的变化的外观并使之澄清为观念，就不应当设想这个现实的真理是僵死的静止，是灰暗的、没有冲动和运动的简单形象，是一个精灵、一个数目或一个抽象的思想；由于概念在观念中所获得的自由，观念在自身中也就具有最尖锐的矛盾；观念的静止就在于稳固和确定，它因此永远产生着这种矛盾，永远克服着这种矛盾，并且在矛盾中达到和自身的一致。"列宁认为："观念也包含着极强烈的矛盾，静止（对于人的思维来说）就在于稳固和确定，人因此永远产生着（思想和客体的这种矛盾）和永远克服着这种矛盾……"这就是说，概念的确定性是概念永恒发展与相对稳固的矛盾（对立关系）中的一个确定方面、确定环节、确定阶段。

概念的确定性和相对稳定性是事物的本质和规律相对稳定性的反映。概念的确定性，无论在概念的形成过程中，还是在对概念的理解和表达的过程中，都是重要的、不可偏废的。

工程概念在不断发展过程中具有确定性，例如抗震设计时，框架结构的"强柱弱梁"的含义是明确的，就是要防止框架柱先于框架梁而破坏，因为梁破坏属于构件破坏，是局部性的，而一旦柱子破坏或框架节点核心区破坏就可能出现楼层坍塌，甚至进而引发全楼倒塌（图3-11和图3-12）。因此，"强柱弱梁"的设计思想就是希望框架结构在地震作用下塑性铰出现在梁端，而不要在柱子端部出现，从而起到很好的耗能增强延性的作用，形成良好的屈服机制。

概念的灵活性总是以在一定的条件下的确定性为前提的，不能因为

㊀ 《哲学史讲演录》第一卷，第412页。
㊁ 《列宁全集》第55卷，第83页。
㊂ 《列宁全集》第55卷，第164~165页。
㊃ 《列宁全集》第55卷，第164~165页。

概念设计的概念

概念具有相对性和灵活性而否定或怀疑概念的确定性。任何科学的概念都是灵活性和确定性的辩证统一。而把概念的灵活性同概念的确定性很好地结合起来，就能够使我们认识和把握具体真理。

图 3-11 汶川地震中部分多层框架结构柱铰震害照片

图 3-12 汶川地震中部分多层框架结构节点核心区震害照片

二、概念的灵活性

概念必须是灵活的。列宁说："就本来的意义说，辩证法是研究对象的本质自身中的矛盾；不但现象是短暂的、运动的、流逝的、只是被约定的界限所划分的，而且事物的本质也是如此。"[一]由于事物的本质是"短暂的、运动的、流逝的"，随着事物本身的发展变化和人们对事物认识的逐步深化，概念的内容和概念揭示的对象的本质和规律在不同的历史条件下总是有所不同的、发展着的、变化的，这是概念的灵活性。

工程概念也是随着事物本身的发展和人们对事物认识的发展而不断发展的，并更深入地揭示工程的本质和工程建设的规律。尽管在 20 世纪 70 年代，新西兰 Park 教授等提出了以"强柱弱梁"为标志的构件耐震设计的基本准则，以期实现框架节点的梁铰屈服机制，但在仅几十年的实际地震中却一再发生柱铰的破坏模式。如 2008 年汶川地震中大量的框架出现柱端先于梁端屈服的破坏模式，这些框架是按《建筑抗震设计规范》GB 50011—2001 设计的。图 3-11 为部分多层框架结构柱铰震害情况。汶川地震后，我国的学术界、工程界纷纷对此问题进行反思和总结，得出了一些有益的结论，《建筑抗震设计规范》GB 50011—2010 修订时据此进行了相应的调整，例如在《建筑抗震设计规范》GB 50011—2010 第 6.2.2 条，提高了框架结构的柱端弯矩调整系数的取值，同时要求一级的框架结构要按梁的实际配筋确定柱端弯矩设计值，而且梁的实际配筋要计入受压钢筋和相关楼板钢筋。规范修订后，"强柱弱梁"的总要求没有变化，只是具体措施作了适当的调整，体现了实现"强柱弱梁"措施的相对性。

概念的灵活性是概念辩证法的集中表现，它的内容极其丰富，是概念之本性或本质之所在。列宁对概念辩证法做了深刻的分析，指出："认识向客体的运动从来只能辩证地进行：为了更准确地前进而后退——为了更好地跃进（认识？）而后退。相合线和相离线：彼此相交的圆圈。

〇　《列宁全集》第 55 卷，第 213 页。

交错点＝人的和人类历史的实践。"[一]对认识向客体运动的辩证发展过程，恩格斯在《反杜林》中也作了很好的说明。他说："关于自然界的所有过程都处于一种系统联系中这一认识，推动科学到处从个别部分和整体去证明这种系统联系。但是，对这种联系作恰如原状的、毫无遗漏的、科学的陈述，对我们所处的世界体系形成确切的思想映象，这无论对我们还是对所有时代来说都是不可能的。如果在人类发展的某一时期，这种包括世界所有联系——无论是物质的或者是精神的和历史的——的最终完成的体系建立起来了，那末，人的认识的领域就从此完结，而且从社会按照这一体系来安排的时候起，未来的历史进展就中断了——这是荒唐的想法，是纯粹的胡说。这样人们就处于矛盾之中：一方面，要毫无遗漏地从所有的联系中去认识世界体系；另一方面，无论是从人们的本性或世界体系的本性来说，这个任务都是永远不能完全解决的。但是，这种矛盾不仅存在于世界和人这两个因素的本性中，而且还是所有智力进步的主要杠杆，它在人类的无限的前进发展中每天地、不断地得到解决，这正像某些数学课题在无穷级数或连分数中得到解答一样。事实上，世界体系的每一个思想映象，总是在客观上被历史状况所限制，在主观上被得出该思想映象的人的肉体状况和精神状况所限制。"[二]由此可见，"认识是思维对客体的永远的、无止境的接近。自然界在人的思想中的反映，要理解为不是'僵死的'，不是'抽象的'，不是没有运动的，不是没有矛盾的，而是处在运动的永恒过程中，处在矛盾的发生和解决的永恒过程中。"[三]在这一过程中，"人的认识不是直线（也就是说，不是沿着直线进行的），而是无限地近似于一串圆圈、近似于螺旋的曲线。这一曲线的任何一个片段、碎片、小段都能被变成（被片面地变成）独立的完整的直线，而这条直线能把人们（如果只见树木不见森林的话）引到泥坑里去，引到僧侣主义那里去（在那里统治阶级的阶级利益就会把它巩固起来）。"[四]人的认识为什么不能直接达到

[一] 《列宁全集》第 55 卷，第 239 页。

[二] 《马克思恩格斯全集》第 20 卷，第 40 页。

[三] 《列宁全集》第 55 卷，第 165 页。

[四] 《列宁全集》第 55 卷，第 311 页。

自己的目的？列宁说："认识……发现在自己面前真实存在着的东西就是不以主观意见（设定）为转移的现存的现实。人的意志、人的实践，本身之所以会妨碍达到自己的目的……就是由于把自己和认识分隔开来，由于不承认外部现实是真实存在着的东西（是客观真理）。"⊖

列宁对人类认识的辩证过程作了科学的概括："从生动的直观到抽象的思维，并从抽象的思维到实践，这就是认识真理、认识客观实在的辩证的途径。"⊜他在研究认识过程时剖析了抽象过程，即概念、范畴、规律的形成过程，并阐明了科学抽象的作用，指出一切科学的抽象"都更深刻、更正确、更完全地反映自然"。他说："观念（应读作：人的认识）是概念和客观性（'一般的东西'）的符合（一致）。"⊜而"概念和事物的一致不是主观的"⊗，所以，"观念是人的认识和追求（欲望）……（暂时的、有限的、局限的）认识和行动的过程使抽象的概念成为完备的客观性"⊛。在这里，恩格斯说我们遇到的矛盾是："一方面，人的思维的性质必然被看作是绝对的，另一方面，人的思维又是在完全有限地思维着的个人中实现的。这个矛盾只有在无限的前进过程中，在至少对我们来说实际上是无止境的人类世代更迭中才能得到解决。从这个意义来说，人的思维是至上的，同样又是不至上的，它的认识能力是无限的，同样又是有限。按它的本性、使命、可能和历史的终极目的来说，是至上的和无限的；按它的个别实现和每次的现实来说，又是不至上的和有限的。"⊘这就是说，"思想和客体的一致是一个过程：思想（＝人）不应当设想真理是僵死的静止，是暗淡的（灰暗的）、没有冲动、没有运动的简单的图画（形象），就象精灵、数目或抽象的思想那样。"⊕有鉴于

⊖　《列宁全集》第 55 卷，第 185 页。

⊜　《列宁全集》第 55 卷，第 142 页。

⊜　《列宁全集》第 55 卷，第 164 页。

⊗　《列宁全集》第 55 卷，第 163 页。

⊛　《列宁全集》第 55 卷，第 165 页。

⊘　《马克思恩格斯全集》第 20 卷，第 95 页。

⊕　《列宁全集》第 55 卷，第 164 页。

此，针对莱伊所说的"实质上一切科学规律告诉我们，现存的东西为什么是这样的以及怎么会是这样的，它是受什么东西制约和由什么东西创造的，因为这些规律分析的就是现存的东西所依赖的关系。只要这种分析很全面（如果一般地能够做到这样），它们就能给我们揭示出绝对的人的真理。"列宁在"绝对的人的真理"下画了三道横线并给出"哈哈！"的批注，直指其谬。⊖

上述经典著作中关于人的认识的暂时性、相对性以及人的认识辩证发展过程的论述，对于理解概念设计内涵的暂时性、相对性和发展性，具有指导意义，我们应从中获得应有的启示，不要指望概念设计能解决工程设计的一切疑难问题，也不要指望概念设计能有非常明确的概念和适用范围。

与概念的灵活性相关的是运用概念的艺术性。恩格斯说运用概念的艺术"不是天生的"，"而是要求有真实的思维"，"正是由于自然科学正在学会掌握二千五百年来的哲学发展所达到的成果，它才可以摆脱任何与它分离的、处在它之外和之上的自然哲学，而同时也可以摆脱它本身的、从英国经验主义沿袭下来的、狭隘的思维方法。"⊖列宁说："辩证法一般地说就是'概念中的纯思维运动'（用不带唯心主义神秘色彩的说法，也就是人的概念不是不动的，而是永恒运动的，相互过渡的，往返流动的；否则，它们就不能反映活生生的生活。对概念的分析、研究，'运用概念的艺术'，始终要求研究概念的运动、它们的联系、它们的相互过渡）。"⊜列宁还分析了黑格尔逻辑学中概念的全面的、普遍的灵活性，指出："概念的全面的、普遍的灵活性，达到了对立面同一的灵活性——这就是实质所在。主观地运用的这种灵活性＝折中主义与诡辩。客观地运用的灵活性，即反映物质过程的全面性及其统一性的灵活性，就是辩证法，就是世界的永恒发展的正确反映。"⑩这就是说，只有

⊖ 《列宁全集》第 55 卷，第 484 页。

⊜ 《马克思恩格斯全集》第 20 卷，第 17 页。

⊜ 《列宁全集》第 55 卷，第 212 ~ 213 页。

⑩ 《列宁全集》第 55 卷，第 91 页。

掌握概念的全面的、普遍的灵活性，以及达到了对立面同一的灵活性，才能克服认识上的片面性，反映活生生的现实，才能把握对象的本质并在运用中充实和发展概念的内涵。有了哲学上对概念灵活性的全面阐述，我们就不难发现，目前概念设计在实际运用中的困境及其症结之所在，即概念设计的内涵本质上是相对的、发展的、灵活的，而我们运用它们时却将其看作是固定的，甚至是包打天下无所不能的。其结果是，什么问题、什么东西都可以往概念设计上靠、都可以装入概念设计这一"篮筐"之中，而不问其是否适用、是否可靠。

三、概念的灵活性与确定性的辩证统一

概念既是确定的，又是灵活的，任何概念都是确定性与灵活性的对立统一。离开了灵活性，确定性就会变成僵化的，一成不变的。列宁说："概念不是不动的，而就其本身，就其本性来讲＝过渡。"[一]否定灵活性，就必然导致形而上学；离开了确定性，灵活性就会变成瞬息万变的，不可捉摸的。这就是说，概念的灵活性不能主观任意地加以运用，不能离开确定性，这是因为任何概念都有其确定的内涵和外延，并需要用确定的语词去加以标示和表达。人们一方面必须在确定的意义上来使用每一个概念，否则，就必然会陷入折中主义和诡辩论的错误。另一方面，离开了灵活性来谈论确定性，就会否认和抹杀概念的发展变化以及人的认识的相对性。因此，只有在确定性和灵活性的对立统一中来运用概念，才能把握对象的本质和发展。

在第一章中我们讨论了多层砌体结构最大高度限值问题。《建筑抗震设计规范》GB 50011—2010 第 7.1.2 条规定，在 8 度 0.2g 地区的多层砌体房屋的层数不应超过 6 层、高度不应超过 18m。有学者根据《工程建设标准编写规定》（建标〔2008〕182 号）的规定，提出实际工程中，房屋总高度按有效数字取整数控制，小数位四舍五入，即按 18.4m 控制。[二]笔者认为采用有效数据来掌握房屋总高度限值，没有理解概念的

［一］《列宁全集》第 55 卷，第 194 页。

［二］《房屋建筑标准强制性条文实施指南丛书：建筑结构设计分册》，第 296 页。

确定性和灵活性的对立统一关系。首先，规范规定多层砌体房屋"总高度不应超过 18m"是有确切含义的，是在大量的震害调查和试验研究的基础上提出的总体概念。震害调查和模型试验研究表明，有三个因素对砌体结构抗震性能影响较大。一是房屋的高宽比和墙肢的高宽比，二是层间位移，三是竖向压应力。规范给出的最大高度限值就是基于这些因素综合考虑震害调查和使用要求提出的。即在 8 度 0.2g 地区按层数不超过 6 层，每层层高按 3m 考虑，则总高度超过 18m 容易出现弯曲型或弯剪型破坏，且层间位移可能偏大，所以必须严格执行。但"总高度不应超过 18m"的约定不是不允许突破的，如果房屋总高度大于 18m 后，房屋整体高宽比满足规范要求、主要承重墙墙肢高宽比不大于 1，则基本可以判定房屋没有产生"出现弯曲型或弯剪型破坏，且位移可能偏大"的突变现象，抗震安全同样也是有保证的；反之，即使房屋总高度不大于 18m，但房屋整体高宽比较大、高宽比不大于 1 的承重墙墙肢较少，则基本可以判定房屋抗震安全仍然是没有保证的。因此，起决定意义的，不是总高度数值，而是当房屋高度接近规范限值时，要根据影响抗震性能的几个主要因素，综合分析来确定，这是概念的灵活性。另外，人为地将总高度限值由 18m 界定为 18.4m，相当于对规范条文进行了二次约定，那么为何不在当初制定规范的时候一次约定到位，变成严格限定的数值？二次约定看似给出了一定程度的放松，其实质还是局限在概念的确定性上，没有根据确定性和灵活性的对立统一关系来运用概念。列宁指出："对于'发展原则'，在 20 世纪（还有 19 世纪末）'大家都同意'。——是的，不过这种表面的、未经深思熟虑的、偶然的、庸俗的'同意'，是一种窒息真理、使真理庸俗化的同意。——如果一切都发展着，那么一切就都相互过渡，因为发展显然不是简单的、普遍的和永恒的生长、增多（或减少）等等。——既然如此，那首先就要更确切地理解进化，把它看作一切事物的产生和消灭、相互过渡。"[⊖]现在，在工程中约定俗成的"大家同意"比较多，但这些"大家同意"，是否

⊖ 《列宁全集》第 55 卷，第 215～216 页。

存在"表面的、未经深思熟虑的、偶然的、庸俗的"同意，因而"是一种窒息真理、使真理庸俗化的同意"？对这些问题需要有清醒的认识。

四、学会运用概念的艺术是克服思想上的片面性、避免思想僵化的必要条件

列宁在《再论工会，目前形势及托洛茨基和布哈林的错误》一文中指出，"辩证逻辑教导我们说，没有抽象的真理，真理总是具体的。"黑格尔甚至说："如果真理是抽象的，那它就是不真实的。健全的人类理性力求具体的东西……哲学最敌视抽象的东西，它引导我们回到具体的东西。"[一]

要理解与掌握具体真理，首先要具体地分析具体情况，在概念的灵活性与确定性的辩证统一中掌握理论的精神实质。黑格尔认为，知性或抽象概念的特点，就在于它的坚定性和确定性。形式逻辑（知性概念）引导人们对一个概念进行理解，主要在"同异分立"方面，是事物与事物相区别、与自身相同一的确定性，让对象确定地反映一定对象，因此这种理解只适用于认识的初级阶段。然而在概念从抽象到具体的过程中，就要过渡到辩证地理解概念的阶段。概念发展到具体概念阶段时，不但保留了这种有限范围内的确定性，而且更进一步要求差异、矛盾与同一相结合的明确性，即按照分析与综合统一的方法，将事物的各个成分按事物的原样统一起来。这样就必须掌握概念的联系、发展等的灵活性，以便深入具体事物的本质，真正理解复杂的现实。

具体地理解概念，才能正确地掌握概念。列宁曾经重述黑格尔的话说："理解就是用概念的形式来表达。"[二]例如，抗震设计要求结构布置力求简单规则，从而形成"规则性"的概念。如果不揭示"规则性"概念的内部矛盾，不去具体地理解其内在含义而只是按照抽象粗浅的理解，似乎规则就是"四平八稳"，房屋只能设计成"火柴盒"似的。那就没有揭示"规则性"这一概念的具体内容与内部矛盾，因而不一定是

[一]《列宁全集》第 55 卷，第 207 页。

[二]《列宁全集》第 55 卷，第 217 页。

正确的。震害表明，简单、对称的建筑抗震性能较好，在地震时较不容易破坏或破坏较轻。而且简单、对称的结构容易估计其地震时的反应，也容易采取抗震构造措施和进行细部处理。《建筑抗震设计规范》GB 50011—2010 第 3.4.1 条条文说明将合理的建筑形体和布置（configuration）看作是抗震设计头等重要的因素，并提倡平、立面简单对称。事实上，规范中的"规则性"作为概念设计的一个重要概念，有多方面的内涵。"规则"包含了对建筑的平、立面外形尺寸，抗侧力构件布置、质量分布，以及承载力分布等诸多因素的综合要求。为提高建筑设计和结构设计的协调性，《建筑抗震设计规范》GB 50011—2010 第 3.4.1 条首先将建筑形体和布置依据抗震概念设计原则划分为规则与不规则两大类。规则的建筑方案体现在体型（平面和立面的形状）简单，抗侧力体系的刚度和承载力上下变化连续、均匀，平面布置基本对称。即在平面、立面、竖向剖面或抗侧力体系上，没有明显的、实质的不连续和突变。《建筑抗震设计规范》GB 50011—2010 第 3.4.2 条要求"建筑设计应重视其平面、立面和竖向剖面的规则性对抗震性能及经济合理性的影响，宜择优选用规则的形体，其抗侧力构件的平面布置宜规则对称、侧向刚度沿竖向宜均匀变化、竖向抗侧力构件的截面尺寸和材料强度宜自下而上逐渐减小、避免侧向刚度和承载力突变"。

但不规则是相对规则而言的，对于不规则的建筑，针对其不规则的具体情况，《建筑抗震设计规范》GB 50011—2010 明确提出不同的要求，强调应避免采用严重不规则的设计方案。《建筑抗震设计规范》GB 50011—2010 在第 3.4.3 条规定了一些定量区分规则与不规则的参考界限，但实际上引起建筑不规则的因素还有很多，特别是复杂的建筑体型，很难一一用若干简化的定量指标来划分不规则程度并规定限制范围，但是，训练有素的建筑设计人员，应该对所设计的建筑的抗震性能有所估计，区分不规则、特别不规则和严重不规则等不规则程度，避免采用抗震性能差的严重不规则的设计方案。特别不规则，指具有较明显的抗震薄弱部位，可能引起不良后果者，其参考界限可参见《超限高层建筑工程抗震设防专项审查技术要点》，通常有三类：①同时具有《建筑抗震设计规范》GB 50011—2010 表 3.4.3 所列六个主要不规则类型的三个或三个以上；②具有本书表 3-3 所列的一项不规则；③具有《建筑抗震设计规范》GB 50011—2010 表 3.4.3 所列两个方面的基本不规则且其中有一项接近本书表 3-3 的不规则指标。对于特别不规则的建筑方案，只要不属于严重不规则，结构设计应采取比《建筑抗震设计规范》GB 50011—2010 第 3.4.4 条等的要求更加有效的措施。严重不规则，指的是形体复杂，多项不规则指标超过《建筑抗震设计规范》GB 50011—2010 第 3.4.4 条上限值或某一项大大超过规定值，具有现有技术和经济条件不能克服的严重的抗震薄弱环节，可能导致地震破坏的严重后果者。

表 3-3 特别不规则的项目举例

序号	不规则类型	简要含义
1	扭转偏大	裙房以上有较多楼层考虑偶然偏心的扭转位移比大于 1.4
2	抗扭刚度弱	扭转周期比大于 0.9，混合结构扭转周期比大于 0.85
3	层刚度偏小	本层侧向刚度小于相邻上层的 50%
4	高位转换	框支墙体的转换构件位置：7 度超过 5 层，8 度超过 3 层
5	存板转换	7~9 度设防的厚板转换结构
6	塔楼偏置	单塔或多塔合质心与大底盘的质心偏心距大于底盘相应边长 20%
7	复杂连接	各部分层数、刚度、布置不同的错层或连体两端塔楼显著不规则的结构
8	多重复杂	同时具有转换层、加强层、错层、连体和多塔类型中的 2 种以上

根据表 3-3，如果建筑物的立面外形像火柴盒似的"四平八稳"，但楼板局部开有大洞口或抗侧力构件楼层布置不均匀、不连续，也可能出现扭转偏大、抗扭刚度弱、层刚度偏小等不规则情况。因此，判别结构

是否不规则不能只看形式，还要看内容，是内容与形式的同一。

　　因此，掌握了概念的灵活性与确定性的辩证统一关系，就能使我们把握具体真理，帮助我们识破诡辩，正确地认识客观现实。列宁认为："思想对运动的描述，总是粗陋化、僵化。"[一]这就是说任何概念的形成过程都要不可避免地出现一个粗糙化与僵化的阶段，而且"这就是辩证法的实质。对立面的统一、同一这个公式正是表现这个实质"[二]。由此产生的概念就是概念发展的初级阶段即"知性概念"或"抽象概念"。列宁在谈到辩证逻辑同形式逻辑的区别时，又指出："辩证逻辑则要求我们更进一步。要真正地认识事物，就必须把握、研究它的一切方面、一切联系和'中介'。我们决不会完全地做到这一点，但是，全面性的要求可以使我们防止错误和防止僵化。"[三]列宁在这里不但告诉我们要防止错误、防止僵化，而且告诉我们必须掌握概念的辩证法才能防止错误、防止僵化。因此，"理论的认识应当提供在必然性中、在全面关系中、在自在自为的矛盾运动中的客体。但是，只有当概念成为在实践意义上的'自为存在'的时候，人的概念才能'最终地'抓住、把握、通晓认识的这个客观真理。也就是说，人的和人类的实践是认识的客观性的验证、标准。"[四]

[一]《列宁全集》第55卷，第219页。

[二]《列宁全集》第55卷，第219页。

[三]《列宁选集》第四卷，人民出版社，1972年版，第453页。

[四]《列宁全集》第55卷，第181页。

第四章 工程概念与工程建设理论

> 任何理论最好不过的命运是，指明通往一个更加广包的理论的途径，而它则作为一个极限情形在后一个理论中继续存在下去。
>
> ——阿尔伯特·爱因斯坦

工程概念是有相应的理论背景的。工程理论是模型（包括半经验半理论模型）意义上对工程问题的合理简化和理想化模拟，它所能反映的是工程问题的一部分，不是也不可能是其全部，工程是复杂而千变万化的。一般来说，科学理论就其日益接近、日益正确地反映着对象来讲，科学理论具有绝对性（即真理的绝对性）的一面；就其不能完全接近客观对象，不能绝对正确地符合客观对象来讲，科学理论又具有相对性（即真理的相对性）的一面，科学理论所反映对象的属性是无限丰富的，但在一定的历史时期中，我们在理论中所反映的对象的本质属性却总是有限的。因此，科学理论总不能完全地反映对象的无限丰富多样的本质属性，总不能把对象所具有的属性全部地揭示出来，我们往往只能揭示对象无限丰富多样的本质属性中很有限的一部分，这就是真理的相对性。

理论与实践的矛盾是工程设计所面临的基本矛盾。依现有的科学技术，没有一个工程计算理论能够完全解决工程实际问题，也没有一个计算理论能完全准确模拟一个工程的实际状况并精确计算一个工程的实际受力状态。即便如此，这不等于说工程计算理论不重要，更不能说工程计算是可有可无的，在现阶段我们不得不承认，理论分析计算是现代工程设计重要的和不可或缺的手段，也是工程设计的必要环节和解决工程技术问题的可靠途径，这是我们分析研究概念设计的前提和对计算设计的基本认识。鉴于现代工程的建设规模和建设技术的复杂程度，以及现代工程自身具有的系统性、综合集成性，从事工程建设工作的个人的经验和能力都不可能也不足以解决工程建设所遇到的各类问题，必须依靠现代工程理论，经过系统地、反复地理论计算分析，才可能解决工程问题并将工程设计出来。我们必须承认解决工程问题离不开力学计算分析，没有力学计算，现代工程的设计和建造均无从谈起。尽管目前的计算结果可能与实际基本一致，也可能相差很大，但只有经过计算，才能将工程技术问题充分揭示出来（行与不行，好与坏，都只有经计算才能分辨和体现出来），才能为工程技术问题的解决指明方向。现阶段工程设计残酷的现实是，工程计算不能解决全部的工程问题，但所有工程问题的解决终将离不开理论和计算，借用马克思的话就是：工程问题"不能从理论计算中解决，但又不得不从理论计算中解决，它必须既在理论计算中又不在理论计算中解决"。这主要是因为我们现在所采用的力学手段是确定的，而工程问题具有不确定性和模糊性且没有唯一解答的，这就是说仅靠理论本身是不能完全解决问题的。章学诚在《原道》中说："《易》曰：'形而上者谓之道，形而下者谓之器。'道不离器，犹影不离形。后世服夫子之教者自六经，以谓六经载道之书，而不知六经皆器也。"工程设计计算理论亦只是解决工程问题的"器"的一种和一个方面、一个环节。从这一意义上说，工程设计的艺术性就在于我们能够和必须采用简化的、"粗略的"、不准确的、"大致的"理论计算结果，解决大量复杂的工程问题，并确保在工程合理使用年限内满足工程使用和安全要求，这隐含着工程设计需要运用概念解决工程问题。工程设计目前所采用的这种解决问题的方式，一方面是出于"权宜之计"，因为在现有的技术条件下我们没能也没办法对工程问题进行准确模拟和精确计算，只能采取近似的、不完全的方法进行模拟和计算分析；另一方面，从本质上说，任何理论本身只是且只能是对现实问题的逐渐逼近、最多只能是无限接近，正如恩格斯所指出的："一个事物的概念和它的现实，就像两条渐近线一样，一齐向前延伸，彼此不断接近，但是永远不会相交。两者的这种差别正好是这样一种差别，这种差别使得概念并不无条件地直接就是现实，而现实也不直接就是它自己的概念。由于概念都有概念的基本特性，因而它并不是直接地、明显地符合于它必须从中才能抽象出来的现实，因此，毕竟不能把它和虚构相提并论。"⊖恩格斯所说的概念对现实的反映"并不是直接地、明显地符合于它必须从中才能抽象出来的现实"，也同样适用于计算理论对现实问题的模拟和简化。这就是说，一个理论、一个概念与其所反映的对象之间具有非常复杂的辩证的关系。科学理论、科学概念可以日益接近、日益正确地反映客观现实，但它却永远不能达到与现实完全的、绝对的符合。莱伊说："谬误不是真理的绝对对立。正如许多哲学家所认为的，谬误并没有肯定的性质，它倒是否定的和局部的，在某种意义上说，它是最小的真理。如果我们依靠经验把谬误从它所意味着的主观的方面揭露出来，我们就逐渐地接近真理了。完全的真理一经达到，就是绝对的东西和极限，因为它是客观的、必然的和普遍的东西。不过，几乎在一切场合下，这个界限都离我们很远。它对我们说来几乎是一个数学上的极限，我们越来越接近它，却永远不可能达到它。而同时，科学史告诉我们：真理在发展的变易中；真理尚未形成，但是它正在形成。可能它永远也不会形成，但是它将日益形成起来。"⊜因此，"真理是过程"，科学理论、科学概念和它所反映的对象总是处在一个日益接近但又不能完全接近的矛盾运动过程中。就以工程来说，我们至今也不能说已经把工程的本质属性、工程与人、工程与环境等的关系揭露无遗了。这种情况正是理论、概念与其所反映的对象之间的矛盾的具体表现，而正是这一矛盾的存在和不断解决推动着理论和概念的不断发展，这就是说概念必须在"一切概念的更换、相互依赖中，在它们的对立面的同一中，在一个概念向另一个概念的转化中，在概念的永恒的更换、运动中"来研究。必须强调的是，工程概念的相互依赖和转化离不开工程理论，每一工程建设理论都蕴含着工程概念，如钢筋混凝土梁抗弯计算公式，是与钢筋混凝土的概念，如配筋构造、受力特点、适筋梁、少筋梁、超筋梁的界限等，相一致的，

⊖《马克思恩格斯全集》第39卷，第408页。
⊜《列宁全集》第55卷，第506页。

但概念既来自试验，如适筋梁、少筋梁、超筋梁等就是实验结果的总结和提升，也来自实际工程，如规范规定梁的腰筋设置要求就是在大量的工程实际调查基础上提出来的，并经过理论分析后概括出来的。没有理论分析支撑的概念是不完整、不系统的。但现阶段由于一体化计算软件的出现，理论中隐含的概念常不为设计者所理解（了解）和掌握，计算中出现的一些内在矛盾（不协调）也不一定在输出的计算结果中直接显示或表现出来，因而实际上存在理论与概念之间的脱节问题，为此，需要研究计算理论与概念的各自地位以及在工程设计活动中的关系。从本质上说，工程理论与工程概念在工程中既是共生与共显的关系，又是互构、互补、互彰的关系。

第一节　工程概念与工程建设理论的关系

工程设计是问题求解的过程，问题的求解不等于仅是计算这么简单。J. F. Blumrich 在《Design Science》中说[17]："设计是为先前不曾解决的问题确定合理的解析框架，并提供解决的方案，或者是以不同的方式为先前解决过的问题提供新的解决方案。"工程问题的求解与科学问题的求解的根本不同就在于工程设计中的问题求解具有非唯一性，因为设计面对的往往是一些"不确定性定义"（ill-defined）或具有"不确定性结构"（ill-structured）的问题。确定性定义或具有确定性结构的问题，通常具有清晰的目标、唯一正确的答案以及明确的规则或解题步骤，比如解一元二次方程、求解结构力学问题、求解弹性力学方程等。而不确定性定义或具有不确定性结构的问题则具有如下的一些特点[17]：

（1）对问题本身缺乏唯一的、无可争议的表述。如工程安全问题、工程的经济性问题、工程对社会和生态环境的影响问题等。

（2）对问题的任何一种表述都包含不一致性。如工程安全，是绝对的还是相对的？如是相对的，又是相对哪些因素？很难有一致性的表述。具有不确定性结构的问题通常包含内在的冲突因素，其中的许多冲突因素需要在设计的过程中加以解决，而在解决问题的过程中又可能产生新的冲突因素。

（3）对问题的表述依赖于求解问题的路径。例如工程设计中常需要针对具体的工程项目提出一种或几种可选的方案。就建筑工程来说，首先是建筑方案，再根据建筑方案确定结构方案，结构方案中最主要的是结构选型，只有结构类型确定了，求解才有可比性。不同的结构选型，其结构的力学性能、经济性等是不同的。这就是结构问题求解的路径依赖，不同的方案、不同的结构形式和结构布置，就有不同的求解结果。所以，《混凝土结构设计规范》GB 50010—2010 第 3.1.1 条，混凝土结构方案设计"包括结构选型、构件布置及传力途径"，第 3.2.1 条混凝土结构的设计方案应"选用合理的结构体系、构件形式和布置"，强调的结构选型、结构体系和结构布置、传力途径等，其实质都与求解问题的路径有关。

（4）问题没有唯一的解答。对同一个问题存在着不同的有效解决方案，不存在唯一的、客观的判断对错的标准和程序，但不同的方案在不同方面可以有优劣之分，如有的侧重于经济性，有的侧重于技术的先进性，有的便于施工，有的便于使用和美观。

因此，影响工程问题的因素往往具有关联性而不一定都具有确定性的因果关系。对于工程建设来说，工程是有原理的或者说是依据一定的原理建造起来的。任何一个工程的设计和建造都有其自然科学原理的根据，是一定的科学理论的体现，特别是复杂的、大型工程，就离不开力学的理论指导和工程建设技术的综合应用。乔治·戴特（George E. Dieter）在《工程设计》一书中用四个"C"来概括工程设计的基本特点[17]：①创造性（creativity）。工程设计需要创造出工程建设之前不存在的甚至不存在于人们观念中的新东西。②复杂性（complexity）。工程设计总是涉及具有多变量、多参数、多目标和多重约束条件的复杂问题。③选择性（choice）。工程设计者在各个层次、各个阶段上都必须在许多不同

概念设计的概念

的解决方案中做出选择。④妥协性（compromise）。工程设计者常常需要在多个相互冲突的目标及约束条件之间进行权衡和折中。工程设计的这些基本特点决定了工程理论与工程概念如鸟之两翼、车之两轮，缺一不可。从工程理论自身来说，工程理论模型，一般都具有数学形式，可以进行定量研究。由于工程问题所涉及的变量和参量，不仅数量大而且其中的一些因素是难以测量或难以定量化的，所以往往难以提炼出定量的数学模型，因而在建立工程理论模型时，其中含有明显的或相当数量的经验成分，实际上就是形成了一种理论加经验、或数学加经验的模型，即半经验半理论模型。半经验半理论模型在工程建设理论的建立和工程建设活动中大量地使用着，在工程设计活动中，人们对于期望制造的人工客体，必须先通过模型进行大量试验和演算，不断地修正才能做出优化的设计和施工方案。半经验半理论模型是人们常常在经验基础上或是经验与理论相结合的基础上，对某些因素做出量的估计，并据以提出概念和假设。这些理论虽然也可能运用某种数学结构，也能进行推理和演算，但是所得到的结果其实只能理解为半定性半定量的，并不能作为严格意义上的定量分析的依据，只能提供出定性的参考性推论。工程理论的半经验半理论性质决定了工程概念与工程计算理论是一体两面、"对生互补"和"交织一体"的关系，即理论本身的建立就是概念性的，而理论则是概念的数理化表现和表达。在工程设计活动中，工程理念、工程概念贯穿设计活动的始终，但在设计过程中，工程理念、工程概念不是一蹴而就的，而是不断充实和完善的。设计的初始阶段的工程理念、工程概念往往是意象性的、抽象的、粗略的，随着设计工作的逐渐开展，理论计算揭示出初始方案的缺陷、不合理和矛盾之处，经不断调整设计，理念、概念的内涵逐渐得以落实并具体化、可实施化。因此，设计工作某种意义上就是不断丰富和充实设计概念、工程建设理念的过程。工程概念与计算在工程中的矛盾运动是与生俱来的良性互动关系，并在这种互动中共生共长，互补互促。在这种矛盾运动中，工程概念所具有的解决工程计算理论存在的不足和缺陷的作用主要体现在以下三个方面。

一、概念弥补理论计算的不足、纠正理论计算的缺陷或缺失

在目前的结构设计实践中，计算是不可缺少的环节。一方面，对计算结果需进行分析。《建筑抗震设计规范》GB 50011—2010 第 3.6.6 条："利用计算机进行结构抗震分析，应符合下列要求：①计算模型的建立、必要的简化计算与处理，应符合结构的实际工作状况，计算中应考虑楼梯构件的影响。②计算软件的技术条件应符合本规范及有关标准的规定，并应阐明其特殊处理的内容和依据。③复杂结构在多遇地震作用下的内力和变形分析时，应采用不少于两个合适的不同力学模型，并对其计算结果进行分析比较。④所有计算机计算结果，应经分析判断确认其合理、有效后方可用于工程设计。"该条条文说明指出，"本条规定主要依据《建筑工程设计文件编制深度规定》，要求使用计算机进行结构抗震分析时，应对软件的功能有切实的了解，计算模型的选取必须符合结构的实际工作情况，计算软件的技术条件应符合本规范及有关标准的规定，设计时对所有计算结果应进行判别，确认其合理有效后方可在设计中应用。""复杂结构指计算的力学模型十分复杂、难以找到完全符合实际工作状态的理想模型，只能依据各个软件自身的特点在力学模型上分别作某些程度不同的简化后才能运用该软件进行计算的结构。例如，多塔类结构，其计算模型可以是底部一个塔通过水平刚臂分成上部若干个不落地分塔的分叉结构，也可以用多个落地塔通过底部的低塔连成整个结构，还可以将底部按高塔分区分别归入相应的高塔中再按多个高塔进行联合计算，等等。因此本规范对这类复杂结构要求用多个相对恰当、合适的力学模型而不是截然不同不合理的模型进行比较计算。复杂结构应是计算模型复杂的结构，不同的力学模型还应属于不同的计算机程序。"另一方面，目前结构设计所进行的计算是选择性的，不是结构上的所有作用都要计算和都能计算的，有的结构作用是不用计算或不便于计算也难以计算的，常见的有：温度和收缩作用大部分工程是不用计算的，丙类建筑的地基沉降变形也是不用计算的，结构在使用阶段构件刚度与承载力的逐渐退化对结构安全的影响，一般也是不用计算可能也不

会计算的。这些实际作用为什么结构设计时不用计算？由于没有进行计算带来的问题是什么？怎样解决这些问题？都需要从概念来把握，从概念上予以解决。现举例说明如下。

1. 框架填充墙震害及对策

虽然目前的一体化计算软件功能比较强大，但结构计算时框架填充墙一般是不把它作为构件直接进入模型计算的，其质量作为荷载、其刚度贡献则是采用比较粗略的周期折减来考虑，其强度则是几乎完全不考虑。图 4-1 为国外所做的一个典型算例[6]，该算例选取 20 层的纯框架结构旅馆，在四层以上有砖砌隔墙，四层以下空旷，图中示出有填充墙和无填充墙两种情况下各层框架承担的地震剪力。其中，未砌隔墙的纯框架，自振周期 $T_1 = 1.96\mathrm{s}$，基底剪力为 $Q_0 = 21000\mathrm{kN}$；四层以上有砖砌隔墙的框架，$T_1 = 1.2\mathrm{s}$，$Q_0 = 31000\mathrm{kN}$。由图 4-1 示出的各层框架承担的地震剪力可以看出，设置填充墙的框架四层以上砖墙承受大部分地震剪力，四层以下由于隔墙引来了较大地震力但没有砖隔墙因此增加了主体框架的负担而且沿竖向也造成刚度突变[6]。

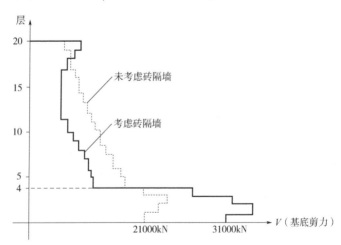

图 4-1　填充墙对框架结构承担的地震剪力影响

这一算例表明，填充墙对框架结构的影响是很大的。20 世纪 80年代初期，意大利北部发生的一次地震中，有一栋五层框架结构旅馆，底层空旷，上部四层填充墙为黏土空心砖。震后整个底层破坏，房屋上部四层落下，变成一栋四层房屋。原因是该旅馆上部四层为客房，空心砖隔墙较密，底部是旅馆大堂及餐厅等，隔墙很少，因此形成上下刚度突变，犹如一栋"鸡腿"建筑，所以在地震时遭到严重破坏。

结构设计时，通常没有将填充墙作为构件来计算分析，而仅从构造角度提出一些设计要求，其自身的强度和稳定性，在地震中是没有保证的，其提供的刚度减小了主体结构的自振周期，增大了结构的地震作用，也没能准确计算，只是近似估算而已。因此，《建筑抗震设计规范》GB 50011—2010 第 3.7.4 条要求"框架结构的围护墙和隔墙，应估计其设置对结构抗震的不利影响，避免不合理设置而导致主体结构的破坏"。由于填充墙的砌块和砂浆抗拉强度都不高，其界面的粘结强度也较低，加之施工质量难以保证，使得砌体墙在地震作用下很容易首先开裂，严重时还会出现错位甚至倒塌。框架填充墙在地震作用下的破坏，其对主体结构有的是有利的，如填充墙成了主体结构的第一道防线，而且其提供的刚度减少了层间位移；有的是不利的，如由于填充墙设置不当而出现短柱破坏，或由于布置不均衡，造成结构出现严重的扭转效应或上下楼层刚度突变等。根据这些情况，《高层建筑混凝土结构技术规程》JGJ 3—2010 第 6.1.3 条对填充墙的设置提出了具体的要求："抗震设计时，框架结构如采用砌体填充墙，其布置应符合下列规定：①避免形成上、下层刚度变化过大。②避免形成短柱。③减少因抗侧刚度偏心而造成的结构扭转。"该条条文说明指出："框架结构如采用砌体填充墙，当布置不当时，常能造成结构竖向刚度变化过大；或形成短柱；或形成较大的刚度偏心。本条目的是提醒结构工程师注意防止砌体（尤其是砖砌体）填充墙对结构设计的不利影响。"汶川地震中，大量的框架结构、框架-剪力墙结构的填充墙出现不同程度的破坏，轻则填充墙损毁严重，重则整栋建筑倒塌，图4-2是其中的一些典型的破坏形态。

图 4-2   汶川地震中部分框架结构填充墙破坏照片

　　填充墙设置不合理时，还有可能造成框架柱上端冲剪破坏。目前，我国仍有相当数量的框架结构采用砖砌体作为隔墙或围护墙，由于砖砌体填充墙的刚度较大，填充墙分担了较多的水平地震剪力，如果后砌填充墙的顶面与框架梁底面接触不紧密，大部分地震剪力要通过楼层柱的上端途经填充墙的端面传至墙体，这就给柱上端带来很大的附加剪力，造成柱上端的冲剪破坏，如图4-3所示。实际地震震害调查发现，单侧布置填充墙或两侧填充墙布置不均匀的楼层柱，上端的震害（主要为冲剪破坏）比较常见，而下端至今尚未发现由于填充墙引起的震害。这是因为每层填充墙在砌筑时，底面与其下部的框架梁顶面结合紧密，填充墙所分担的地震剪力可通过结合面传至下部框架梁，因而对楼层柱下端产生的附加剪力很小，一般不致引起震害。对于单侧布置填充墙的框架柱，上端可能冲剪破坏时，结构分析时应考虑填充墙刚度对地震剪力分配的影响，合理确定柱各部位所受的剪力和弯矩并进行截面承载能力验算。考虑填充墙对框架柱产生的附加内力的具体计算方法，可参考底层框架-抗震墙房屋中采用砖砌体作为抗震墙时的设计要求，直接采用《建筑抗震设计规范》GB 50011—2010 第 7.2.9 条第 1 款提出的底框的框柱附加内力的计算规定，并且框架柱上端除考虑上述附加内力进行设计外，尚应加密箍筋，增设 45°方向抗冲剪钢筋，一般而言，不宜少于 $2\phi20$；而对于角柱，沿纵横两个方向均应配置斜向配筋。当然最有效的方法还是避免采用刚度大的实心砖砌筑填充墙。《高层建筑混凝土结构

图 4-3　汶川地震中部分框架结构因填充墙错动而产生冲剪破坏照片

技术规程》JGJ 3—2010 第 3.1.7 条要求"高层建筑的填充墙、隔墙等非结构构件宜采用各类轻质材料"。该条条文说明指出："高层建筑层数较多，减轻填充墙的自重是减轻结构总重量的有效措施；而且轻质隔墙容易实现与主体结构的连接构造，减轻或防止随主体结构发生破坏。除传统的加气混凝土制品、空心砌块外，室内隔墙还可以采用玻璃、铝板、不锈钢板等轻质复合墙板材料。"

此外，在汶川地震中，虽然大部分框架结构、框架-剪力墙结构的填充墙损毁后对主体结构并没有造成严重的影响，有的甚至成了框架结构的第一道防线，使得框架柱、梁免遭更大的损伤。笔者曾调查了几幢框架结构，首层填充墙破坏很严重，甚至局部坍塌，但框架主体未破坏，如图 4-4 所示。鉴于填充墙自身的破坏也对房屋的用户的人身安全和财产安全，以及震后的正常使用产生严重影响，在很多情况下也是不可接受的破坏和损失。为了减轻填充墙在地震中的损毁程度，《建筑抗震设计规范》GB 50011—2010 第 13.3.4 条对钢筋混凝土结构中的砌体填充墙的布置、与主体结构的连接、砌体材料、特殊部位的加强措施等提出了详细的要求："①填充墙在平面和竖向的布置，宜均匀对称，宜避免形成薄弱层或短柱。②砌体的砂浆强度等级不应低于 M5；实心块体的强度等级不宜低于 MU2.5，空心块体的强度等级不宜低于 MU3.5；墙顶应与框架梁密切结合。③填充墙应沿框架柱全高每隔 500～600mm 设 2Φ6 拉筋，拉筋伸入墙内的长度，6、7 度时宜沿墙全长贯通，8、9 度时应全长贯通。④墙长大于 5m 时，墙顶与梁宜有拉结；墙长超过 8m 或层高 2 倍时，宜设置钢筋混凝土构造柱；墙高超过 4m 时，墙体半高宜设置与柱连接且沿墙全长贯通的钢筋混凝土水平系梁。⑤楼梯间和人流通道的填充墙，尚应采用钢丝网砂浆面层加强。"应该说，这些措施和要求都是很有针对性的。但实际效果可能不尽如人意。鉴于填充墙涉及砌块、砂浆两种材料、施工的高离散性，及其与主体连接界面的复杂力学行为，《建筑抗震设计规范》GB 50011—2010 第 3.7.3 条和第 3.7.4 条的条文说明建议，填充墙与框架主体之间采用柔性连接或彼此脱开，可只考虑填充墙的重量而不计其刚度和强度的影响。

a)

b)

c)

图 4-4 多层框架结构填充墙破坏而框架主体完好实例

a）什邡某综合楼首层框架填充墙破坏而主体完好照片

b）什邡办公楼首层框架填充墙及构造柱破坏而主体完好照片

c）绵竹某食堂框架填充墙破坏而主体完好照片

综上所述，框架结构填充墙设计的概念就是：填充墙对框架结构的影响及其计算简化、填充墙的布置要求、填充墙的材料及与主体的连接构造等设计措施，以及采取这些措施后在强震作用下的实际效果的基本估计等，这些概念均来自震害调查和相应的分析研究。这些概念也是不断发展的，对于那些对填充墙要求高的建筑，可采用性能化设计方法，见《建筑抗震设计规范》GB 50011—2010 第 3.10 节和《高层建筑混凝土结构技术规程》JGJ 3—2010 第 3.11 节。

框架结构填充墙在地震中的震害表明，目前结构设计工作中，不进行计算的构件往往是不好算或很难计算的构件，而这些不计算的构件，设计更复杂、规范规定更详细，而实际效果也往往更差，设计时一定要引起重视。认为填充墙是可以随便拆除和随意设置的是一个认知上的误区，我们应改变填充墙可以随意布置的观念。

2. 楼梯间抗震设计

对于框架结构，楼梯构件与主体结构整浇时，梯段板起到斜支撑的作用，由于支撑效应使楼梯板承受较大的轴向力，楼梯段地震时处于交替的拉弯和压弯受力状态，当楼梯段的拉应力达到或超过混凝土材料的极限抗拉强度时，就会发生受拉破坏，而楼梯间的平台梁，则由于上下梯段的剪刀作用，产生剪切、扭转破坏；同时，对于整体结构而言，楼梯作为斜撑对结构刚度、承载力、规则性的影响也比较大，若楼梯布置不当会造成结构平面不规则，理论上应参与抗震整体计算，但 2008 年汶川地震前国内一般均把楼梯梯段作为非抗侧力构件来处理，没将楼梯作为一个构件参与框架结构整体计算，只是设计楼梯构件自身时，采用连续梁计算楼梯在自重和使用活荷载作用下的内力和变形，并进行相应的配筋设计。这种设计方法是有缺陷的。在发生强烈地震时，楼梯间是重要的紧急逃生竖向通道，楼梯间（包括楼梯板）的破坏会延误人员撤离及救援工作，从而造成严重伤亡。汶川地震中楼梯的破坏尤其明显，框架结构中的楼梯及周边构件破坏严重，如图 4-5 所示。为此，需要改进把楼梯梯段作为非抗侧力构件来处理的设计方法，把楼梯作为结构构件进行设计，从计算到构造采取综合抗震对策，确保其结构应有足够的抗倒塌能力，力求将楼梯间建成突发事件的应急疏散安全通道。

针对汶川地震中楼梯构件破坏比较普遍的情况，《建筑抗震设计规

图4-5　汶川地震框架结构楼梯梯段板破坏照片

范》GB 50011—2010 第3.6.6条第1款要求："计算中应考虑楼梯构件的影响。"并在第6.1.15条规定了楼梯间的抗震设计要求："楼梯间应符合下列要求：①宜采用现浇钢筋混凝土楼梯。②对于框架结构，楼梯间的布置不应导致结构平面特别不规则；楼梯构件与主体结构整浇时，应计入楼梯构件对地震作用及其效应的影响，应进行楼梯构件的抗震承载力验算；宜采取构造措施，减少楼梯构件对主体结构刚度的影响。③楼梯间两侧填充墙与柱之间应加强拉结。"该条的条文说明指出"对于楼梯间设置刚度足够大的抗震墙的结构，楼梯构件对结构刚度的影响较小，也可不参与整体抗震计算"，也就是说对于框架-剪力墙结构楼梯间设置了部分剪力墙的或剪力墙结构的楼梯，楼梯构件对结构刚度的影响较小。对于纯框架结构，大量的算例表明，框架整体计算考虑楼梯与不考虑楼梯结果相差较大，为此国内进行了相应的试验研究。

《建筑结构》2014年3月上发表了两篇论文，介绍了中国建筑科学研究院工程抗震研究所做的试验研究。肖疆、尹保江、程邵革等，按照

概念设计的概念

传统方法设计，制作了1/3缩尺的单层框架结构楼梯间模型，并对其进行了低周反复荷载试验。试验结果表明，楼梯在整个弹塑性变形中提供了明显的支承力，其抗侧刚度不可忽略，且在楼梯间开裂后其耗能性能变化不大。试验结果反映的楼梯间实际震害规律主要有以下几个方面：

（1）上、下楼梯板承受往复拉力和压力使混凝土开裂；在上、下梯段的作用下，平台梁承受空间的弯、剪、扭作用，梁端出现交叉斜裂缝和水平裂缝，跨中出现竖向裂缝，最终梁端混凝土剥落，纵筋弯曲、箍筋扭曲；同时平台梁与梯柱节点出现斜裂缝，平台梁的裂缝向平台板扩展，由于平台梁和框架柱的约束作用，平台板与梯柱交接处角部断裂、与平台梁及框架柱交接处折断，说明休息平台受拉、弯、剪、扭的复杂应力作用；梯柱在推拉反复作用下，除上述平台梁梯柱节点斜裂缝外，还出现上、下端部弯剪斜裂缝；框架柱上、下端部出现水平和斜向裂缝，说明框架柱受弯破坏。

（2）在水平地震作用下，楼梯构件首先破坏，且最终破坏情况比较严重；框架柱出现较多裂缝，但破坏程度较轻。根据刚度分配的原则，表明楼梯构件的抗侧刚度较大，楼梯在整个弹塑性变形中提供了明显的支承力，其抗侧刚度不可忽略。⊖

尹保江、肖疆、程邵革等，采用滑动支座对钢筋混凝土框架楼梯模型进行改进，通过模型低周反复荷载试验及有限元分析验证改进措施的有效性。试验结果表明：

（1）采取设置滑动措施后楼梯构件在地震作用下表现良好，而框架柱的破坏较楼梯构件严重得多，说明采取使楼梯可滑动的构造措施可以避免楼梯构件在地震作用下形成"K"形支撑，消除了楼梯的不利影响，保证了疏散通道的安全畅通。

（2）与层间休息平台板相连的框架柱破坏更为严重，有明显的剪切裂缝。说明由于休息平台板的存在，使框架柱产生附加地震力，并形成短柱破坏。因此建议以后的楼梯设计和施工过程中，除楼梯采用滑动连

⊖ 肖疆，尹保江，程邵革，等，RC框架结构楼梯震害的试验研究及有限元分析《建筑结构》2014年第5期。

接之外，相邻框架柱的设计应采取加强措施，或者在框架柱上设置牛腿承托平台板，平台板与框架柱之间设置变形缝，以减轻框架柱的破坏。

（3）两跑楼梯的滑动支座构造措施同样适用于三跑楼梯、单跑和折线形楼梯、剪刀楼梯等。

（4）日本采用钢楼梯代替混凝土楼梯，并用滑动支座与主体结构连接的做法，改善了框架结构楼梯的抗震性能，构造措施简单有效，值得推广。⊖

《建筑结构学报》2014 年第 3 期上发表了北京工业大学赵均、侯鹏程等人，对混凝土框架楼梯设置滑动支座的结构模型振动台试验研究，试验结论主要有：

（1）梯段板下端设置滑动支座的混凝土框架楼梯间结构模型具有很好的抗震性能，直至 9 度罕遇地震输入时仍未发生严重破坏。模型的最终破坏主要集中在楼梯间的框架部分，而楼梯构件本身未发生先于框架梁柱的明显破坏。

（2）聚四氟乙烯板的滑动支座效果明显，在水平地震波输入下，较早启动，滑动灵敏，性能可靠。

（3）随着输入加速度的增大，模型结构自振特性明显变化，至共振破坏时，频率衰减了 59.29%，阻尼比增大了 108%。

（4）试验过程中，梯段板下端出现竖向往复翘起振动，是由水平地震波输入引起的梯段板竖向加速度的明显反应。建议在梯段板设计时采取相应的构造措施。

上述两家研究机构所做的试验，与《建筑抗震设计规范》GB 50011—2010 第 6.1.15 条条文说明 "当采取措施，如梯板滑动支承于平台板，楼梯构件对结构刚度等的影响较小，是否参与整体抗震计算差别不大" 的结论基本一致，表明框架结构楼梯梯板采用滑动支承于平台板是比较适宜的方法，国家标准图集 11G102-2 给出了这一做法，如图 4-6 所示。梯段板采用活动支座的做法只是解决了楼梯的梯板具有的斜撑作

⊖　尹保江，肖疆，程邵革，等，新建 RC 框架结构楼梯改进措施的试验研究及有限元分析，《建筑结构》2014 年第 5 期。

概念设计的概念

用对框架的不利影响和楼梯构件自身在地震作用下的安全问题,其他方面的影响还需要进一步考虑。

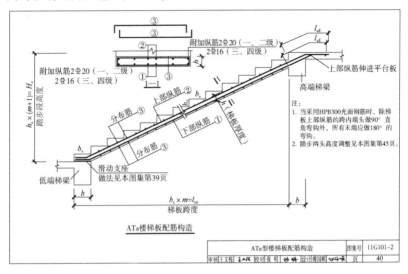

图4-6 框架结构楼梯梯段板采用活动支座的做法

关于楼梯的抗震概念设计,《高层建筑混凝土结构技术规程》JGJ 3—2010第6.1.4条也提出相应的要求:"抗震设计时,框架结构的楼梯间应符合下列规定:①楼梯间的布置应尽量减少其造成的结构平面不规则;②宜采用现浇钢筋混凝土楼梯,楼体结构应有足够的抗倒塌能力;③宜采取措施减少楼梯对主体结构的影响;④当钢筋混凝土楼梯与主体结构整体连接时,应考虑楼梯对地震作用及其效应的影响,并应对楼梯构件进行抗震承载力验算。"这些要求还比较笼统,相比之下,上海市建筑业管理办公室出台的《关于本市建设工程钢筋混凝土结构楼梯间抗震设计的指导意见》(沪建建管〔2012〕16号)是比较全面的,现摘录如下。

(1)楼梯间的布置应当有利于人员疏散,尽量减少其造成的结构平面特别不规则。楼梯间与主体结构之间应当有足够可靠传递水平地震剪力的构件,四角宜设竖向抗侧力构件。

(2)对钢筋混凝土结构体系,宜在其楼梯间周边设置抗震墙,其中沿梯板方向的墙肢总长不宜小于楼梯间相应边长的50%，角部墙肢截面宜采用"L"形。

（3）设置抗震墙可能导致结构平面特别不规则的框架结构，楼梯间也可根据国家相关技术规范要求，将梯板设计为滑动支撑于平台梁（板）上，减小楼梯构件对结构刚度的影响。

（4）对符合上述第二或第三条规定的钢筋混凝土结构，其整体内力分析的计算模型可不考虑楼梯构件的影响。

（5）对不符合上述第二或第三条规定的钢筋混凝土结构，其整体内力分析的计算模型应考虑楼梯构件的影响，并宜与不计楼梯构件影响的计算模型进行比较，按最不利内力进行配筋。

（6）楼梯间的框架梁、柱（包括楼梯梁、柱）的抗震等级应比其他部位同类构件提高一级（楼梯构件参与整体内力分析时，地震内力可不调整），并宜适当加大截面尺寸和配筋率。

（7）楼梯构件宜符合下列要求：

1）梯柱截面不宜小于 $250mm \times 250mm$ 或 $200mm \times 300mm$；柱截面纵向钢筋：抗震等级一、二级时不宜少于 $4\phi16$，三、四级时不宜少于 $4\phi14$；箍筋应全高加密，间距不大于 $100mm$，箍筋直径不小于 $10mm$。

2）梯梁高度不宜小于 $1/10$ 梁跨度；纵筋配置方式宜按双向受弯和受扭构件考虑，沿截面周边布置的间距不宜大于 $200mm$；箍筋应全长加密。

3）梯板厚度不宜小于 $1/25$ 计算板跨，配筋宜双层双向，每层钢筋不宜小于 $\phi10@150$，并具有足够的抗震锚固长度。

（8）楼梯间采用砌体填充墙时，除应符合《建筑抗震设计规范》GB 50011—2010 第13.3.4条要求外，尚应设置间距不大于层高且不大于4m 的钢筋混凝土构造柱。

（9）钢筋混凝土结构楼梯间抗震设计除应符合上述要求外，尚应符合国家和上海市现行有关规范、规程、标准的规定。

3. 既有建筑鉴定结果与实际使用性能不一致的问题

目前工程界存在一个尴尬的现象：既有建筑一旦进行正规鉴定和检测，必定存在与规范要求不相符的问题和方面，鉴定出的问题，不同的建筑之间只有多与少之别，而几乎没有有与无之分。问题是这些被鉴定为有问题的建筑只要不是遭受地震等特殊和意外的作用或者存在先天不足（如设计缺陷、施工质量问题，不适应现有的使用需求等），大多数是能正常使用的。为什么会出现这种现象？章学诚在《原道》中说："《易》曰：'一阴一阳之谓道'，是未有人而道已具也。'继之者善，成之者性'，是天著于人，而理附于气。故可形其形而名其名者，皆道之故，而非道也。道者，万事万物之所以然，而非万事万物之当然也。人可得而见者，则其当然而已矣。"以此而论，人们对既有建筑进行的检测、鉴定所得出的结论，不是"所以然"而只是人可得而见的"当然"甚至不排除只是"想当然"而已。从概念上说，既有建筑在使用过程中，一方面构件承载力退化，其退化的程度是能够检测和计算出来的；另一方面，结构在各类使用荷载和环境的作用下，随着构件裂缝的开启与闭合、材料性能退化、构件之间连接的逐渐削弱等，在结构中形成一个自平衡、自调节和自适应的过程或环节，其结果是一些构件中的应力水平的逐渐下降（如温度应力随结构构件开裂和刚度的退化而降低、部分消散）和结构内力重分布、结构或构件出现残余变形等，这些方面又是计算不出来的，而且其中的某些部分往往是有利的。当然，还有一个因素是理论计算考虑的是荷载和其他作用的"一次性"施加的，而实际上结构上的荷载和作用往往是分批次逐渐和反复作用到结构物上的，这种分批次的作用也使得结构能实现自调节、自平衡和自适应。《高层建筑混凝土结构技术规程》JGJ 3—2010 第5.1.9条条文说明："高层建筑结构是逐层施工完成的，其竖向刚度和竖向荷载（如自重和施工荷载）也是逐层形成的。这种情况与结构刚度一次形成、竖向荷载一次施加的计算方法存在较大差异。因此对于层数较多的高层建筑，其重力荷载作用效应分析时，柱、墙轴向变形宜考虑施工过程的影响。施工过程的模拟可根据需要采用适当的方法考虑，如结构竖向刚度和竖向荷载逐层形成、逐层计算的方法等。"与高层建筑柱、墙轴向变形考虑施工过程模拟相比，建筑使用阶段结构和构件随荷载和其他作用而产生自调节、自平衡、自适应的过程更难以模拟，这是目前鉴定技术和手段的缺陷，因而鉴定报告给出的结果可能只是大致的判断。目前基于承载力极限状态和正常使用极限状态设计建造的房屋，是可以"带裂缝工作"的，大部分是允许"带病工作"的，但对"裂"和"病"的程度的掌握是门艺术。从本质上说，出现工程鉴定结果、鉴定结论与实际使用情况不一致的根源是还原论和机械决定论，即用检验新建建筑的标准的思维方式经简化处理后来分析既有建筑，没能考虑既有建筑的各种复杂因素和作用的过程性、随机性以及与作用的过程性相应的功能变化和调节的过程性。

　　还原论和机械决定论对结构设计思想和观念的影响较大。以牛顿力学为代表的经典力学中，在牛顿或哈密顿运动方程意义上，因果关系是确定论的。法国数学家皮埃尔-西蒙·拉普拉斯在他的概率论导论中说："我们可以把宇宙现在的状态视为其过去的果以及未来的因。如果一个智能知道某一刻所有自然运动的力和所有自然构成的对象的位置，假如他也能够对这些数据进行分析，那宇宙里最大的物体到最小的粒子的运动都会包含在一条简单公式中。"按照这种假定，宇宙中全部未来的事件都严格地取决于全部过去的事件，事件出现的不确定性或偶然性消失了，这其实是一种还原论。还原论是说把物质的高级运动形式（如生命运动）归结为低级运动形式（如机械运动）、用低级运动形式的规律代替高级运动形式的规律的形而上学方法。还原论认为，各种现象都可被还原成一组基本的要素，各基本要素彼此独立，不因外在因素而改变其本质。通过对这些基本要素的研究，可推知整体现象的性质。还原论是机械决定论的基础。在机械论时代，亚当·斯密用类似于牛顿的万有引力的"看不见的"力来解释市场机制。莱布尼茨则认为：如果我们把大脑想象为一台如碾磨机那样的大机器，我们可以进入其中的内部机制，我们将发现的只不过是如同嵌齿轮那样的一个个机器元件，而不可能找到什么精神，更不用说什么人的灵魂。托马斯·霍布斯则把国家描述成一台机器（"利维坦"），其公民就是机器中的嵌齿轮。然而，正如马克思《资本论》第一版序言中所指出："物理学家是在自然过程表现得最确实、最少受干扰的地方考察自然过程的，或者，如有可能，是在保证过程以其纯粹形态进行的条件下从事实验的。"[1]18 世纪，康德揭示了活系统的自组织不可能用牛顿物理学的机械系统来解释。他在一段著名的话中说，能够解释青草叶片的牛顿还没有出现。即使是在力学领域，亨利·彭加勒认识到，天体力学并非是一台可以透彻计算的机械钟，甚至在局限于保守性和确定论情况下亦如此。所有的行星、恒星和天体之间的因果相互作用，在其相互影响可以导致混沌轨迹的意义上，都是非线性的，如三体问题。在彭加勒的发现之后，大约过了 60 年，A. N. 科尔莫哥洛夫（1954）、V. I. 阿诺德（1963）和 J. K. 莫泽证明了所谓的卡姆（KAM）定理：经典力学的相空间轨迹既非完全规则的亦非完全无规则的，但是它们十分敏感地依赖于对起始条件的选择。卡姆定理说明了三维以上非线性系统的运动轨道出现混沌现象具有普遍性。以卡姆定理为代表的混沌理论揭示了决定论和随机论之间、牛顿力学和统计力学之间没有不可逾越的界线，对于突破牛顿力学决定论的思想框架具有重要意义。随着科学技术的不断发展，人们认识到，对于一个群体事物来说，能够用牛顿定律进行决定性描述的，只有总体上的规律，而群体中的个体行为是不能按照机械决定论来进行描述的，它只能给出个体行为的概率。恩格斯在《自然辩证法》中对机械决定论批评道："按照这种观点，在自然界中占统治地位的，只是简单的直接的必然性。这一个豌豆荚中有五粒豌豆，而不是四粒或六粒……凌晨四点钟一只跳蚤咬了我一口，而不是三点钟或五点钟，而且是咬在右边肩膀上，而不是咬在右边小腿上——这一切都是由一种不可更动的因果连锁、由一种坚定不移的必然性所引起的事实，而且甚至太阳系由之产生的那个气团早就构造得使这些事情只能这样子发生，而不能按另外的样子发生。承认有这一类的必然性，我们也还是没有摆脱掉神学的自然观。"[2]工程使用环境的复杂性、使用功能的多样性和多变性、作用的多样性和随机性，以及结构和构件在外界作用下的非弹性变形，决定了工程全寿命期的损伤和残余承载力是难以计算的，也是不能"还原"的，这应是概念设计

---

[1] 《马克思恩格斯全集》第 23 卷，第 8 页。
[2] 《马克思恩格斯全集》第 20 卷，第 561 页。

所必须建立起的基本概念。

二、概念是运用计算理论的技巧和艺术的综合体现

德国诗人海涅说："思想走在行动之前，就像闪电走在雷鸣之前一样。"人类社会的每一次重大变革，人类文明的每一步重大前行，都离不开先进思想的引领和驱动。从这个意义上讲，人的力量就是思想的力量。思想的作用和思想的力量之大在于它能指导人们改造客观世界的行动。

工程建设是运用理论进行创造性工作的活动，工程计算理论的运用是门艺术，也具有很强的技术性。人们是在工程概念的指导下运用工程理论解决工程问题的，没有工程概念指导的工程理论运用是不可想象的。首先，工程理论本身的意义、理论的适用性、理论的特点等只有经由工程概念揭示出来；其次，运用工程理论的过程就是工程概念发挥内在作用的环节和"关节点"。关于这两个方面，现举几个实例说明规范规定的计算方法和计算参数取值的适用情况，说明相应"概念"的形成及作用。

实例1：《高层建筑混凝土结构技术规程》JGJ 3—2010 第4.3.2 条第2款"质量与刚度分布明显不对称、不均匀的结构，应计算双向水平地震作用下的扭转影响；其他情况，应计算单向水平地震作用下的扭转影响"。《建筑抗震设计规范》GB 50011—2010 第5.1.1 条第3款"质量和刚度分布明显不对称的结构，应计入双向水平地震作用下的扭转影响；其他情况，应允许采用调整地震作用效应的方法计入扭转影响。"该条条文说明指出，"不对称不均匀的结构是'不规则结构'的一种，同一建筑单元同一平面内质量、刚度分布不对称，或虽在本层平面内对称，但沿高度分布不对称的结构。需考虑扭转影响的结构，具有明显的不规则性。扭转计算应同时'考虑双向水平地震作用下的扭转影响'"但该条没有给出"质量和刚度分布明显不对称的结构"的判定标准。这就要同时参照《建筑抗震设计规范》GB 50011—2010 第3.4.3 条和第3.4.4 条，以及《高层建筑混凝土结构技术规程》JGJ 3—2010 第3.4.5

条，综合给出具体的判别标准。反映结构扭转规则性的指标一个是位移比，另一个是周期比。

对于结构扭转不规则，按刚性楼盖计算，当最大层间位移与其平均值的比值 $\xi = 1.2$ 时，相当于一端位移为 1.0 时，另一端为 1.5；当比值 $\xi = 1.5$ 时，相当于一端位移为 1.0 时，另一端为 3.0。由扭转变形指标分析可知，不计附加偶然偏心影响，位移比 $\xi > 1.2$ 的时候，结构质量和刚度分布已处于明显不对称状态。《建筑抗震设计规范》GB 50011—2010（2016 年版）第 3.4.3 条将在具有偶然偏心的规定水平力作用下，楼层两端抗侧力构件弹性水平位移（或层间位移）的最大值与平均值的比值 $\xi > 1.2$ 作为判定结构是否为扭转不规则的界限。当位移比 $\xi > 1.2$ 时，属于扭转不规则结构，应计入双向地震作用影响。由于《建筑抗震设计规范》GB 50011—2010 第 3.4.3 条没有明确位移比 ξ 计算是否要考虑偶然偏心，一般认为是不考虑的，也就是没有对扭转规则性给予具体的量化，《强条实施指南》[34]提出，实际计算分析时，当不满足下列要求时可确定为"质量和刚度分布明显不对称的结构"：对 B 级高度高层建筑、混合结构高层建筑及复杂高层建筑结构（包括带转换层的结构、带加强层的结构、错层结构、连体结构、多塔楼结构等），楼层扭转位移比不小于 1.3；其他结构，楼层扭转位移比不小于 1.4。现在新修订的《建筑抗震设计规范》GB 50011—2010（2016 年版）第 3.4.3 条明确位移比是"在具有偶然偏心的规定水平力作用下"的位移比，且判断是否为扭转不规则位移比限值仍为 1.2，要求严格多了。

由于地震动是一种随机矢量，在地震动测量和结构分析中，都需要将它分解为沿 3 个相互正交的平移分量 u_i（$i = x, y, z$）和绕 3 个相互垂直轴的转动分量 θ_i（$i = x, y, z$）。3 个平移分量已在很多次地震中取得了大量的实际时程记录。至于地震动的转动分量，日本柴田碧等设计了专门仪器，自 1972 年以来取得了近 100 个地震动转角的实际记录，发现最大地震动角速度与水平加速度的平方大约成正比。由于关于地震动的转动分量，目前尚未达到实用化程度。目前常采用计算周期比的方法来控制地震动的转动分量的影响。理论分析表明，当结构扭转为主的

第一自振周期 T_t 与平动为主的第一自振周期 T_1 之比比较大时，结构的扭转效应将受到激励而急剧增加。为了限制结构的抗扭刚度不能太弱，《高层建筑混凝土结构技术规程》JGJ 3—2010 第 3.4.5 条，将 A 级高度高层建筑的周期比 $T_t/T_1 > 0.9$ 或 B 级高度高层建筑、钢筋混凝土混合结构及复杂高层建筑 $T_t/T_1 > 0.85$ 时作为界定扭转特别不规则的控制指标。《建筑抗震设计规范》GB 50011—2010 第 3.4.1 条条文说明表 1 中将混合结构 $T_t/T_1 > 0.85$、一般建筑 $T_t/T_1 > 0.9$ 界定为扭转特别不规则的建筑。

实际计算时，由于位移比 ξ 是对结构整体工作特性的判断，应采用刚性楼盖假定、考虑偶然偏心。若采用弹性楼盖假定，由于局部振荡变形，将可能使此扭转变形指标放大或缩小，不能对结构整体扭转特性做出正确的判断；周期比 T_t/T_1 反映的是结构固有的振动特性，因此计算周期比时，可不强制采用刚性楼盖假定，不考虑偶然偏心。

需要特别指出的是：①虽然目前的一体化软件将位移比与楼层层间位移角在同一个文件中输出，但两者是不同范畴的概念，不可混为一谈。②双向地震作用与考虑偶然偏心的影响不是二选一：只有对 B 级高度高层建筑、混合结构高层建筑及复杂高层建筑结构位移比大于 1.5 时，其他结构位移比大于 1.4 时，计算承载力时需计及双向地震作用，层间位移角是否需要考虑双向地震作用，目前还有争议。《全国民用建筑工程设计技术措施　结构（混凝土结构）（2009 年版）》第 2.3.2 条规定："对于质量与刚度分布明显不对称、不均匀结构，及不考虑偶然偏心影响时位移比≥1.3 时，应补充计算双向水平地震作用下的扭转影响，但双向水平地震和偶然偏心不需要同时组合，即验算构件承载力时应取考虑偶然偏心单向地震作用与不考虑偶然偏心双向地震作用二者中的较大值，但验算最大弹性位移角限值时可不考虑双向水平地震作用下的扭转影响。"[15]③设计者有时对位移比、周期比超限视而不见，甚至出现设计计算人员人为编辑位移比计算结果，将超过规范允许值直接修改为在规范允许范围之内的现象。④目前周期比的影响没有引起重视，施工图审查时大都不作审查要求。此外，周期比的计算也有不反映实际结构受力状况的方面，主要是框架填充墙的设置影响因素没得到充分考虑，目前的框架整体计算由于没有将填充墙作为构件进行计算，仅考虑其对刚度的影响而乘以周期折减系数，其实在不同部位设置填充墙，周期比是不一样的，从而造成计算结果失真。

马克思在《〈政治经济学批判〉导言》中以"人口"为例说明事物的具体性和多样性，并阐述了从表象中的具体到抽象的规定（第一条道路），再由抽象的规定到具体的再现（第二条道路）的认识辩证发展过程。他说："当我们从政治经济学方面观察某一国家的时候……如果我从人口着手，那末这是整体的一个混沌的表象，经过更切近的规定之后，我就会在分析中达到越来越简单的概念；从表象中的具体达到越来越稀薄的抽象，直到我达到一些最简单的规定。于是行程又得从那里回过头来，直到我最后又回到人口，但是这回人口已不是一个整体的混沌表象，而是一个具有许多规定和关系的丰富的总体了。……在第一条道路上，完整的表象蒸发为抽象的规定；在第二条道路上，抽象的规定在思维行程中导致具体的再现。因而黑格尔陷入幻觉，把实在理解为自我综合、自我深化和自我运动的思维的结果，其实，从抽象上升到具体的方法，只是思维用来掌握具体并把它当作一个精神上的具体再现出来的方式。但决不是具体本身的产生过程。"⊖运用计算理论于工程实际属于马克思所说的"第二条道路"，即"抽象的规定在思维行程中导致具体的再现"。在这条路上，计算方法的适应性尤为重要。

实例二：目前抗震设计计算常见的有三种计算方法：底部剪力法、振型分解反应谱法和时程分析法，这三种方法有其各自的适用范围。《建筑抗震设计规范》GB 50011—2010 第 5.1.2 条："各类建筑结构的抗震计算，应采用下列方法：①高度不超过 40m、以剪切变形为主且质量和刚度沿高度分布比较均匀的结构，以及近似于单质点体系的结构，可采用底部剪力法等简化方法。②除①款外的建筑结构，宜采用振型分解反应谱法。③特别不规则的建筑、甲类建筑和《建筑抗震设计规范》

⊖ 《马克思恩格斯全集》第 12 卷，第 750～751 页。

GB 50011—2010 表 5.1.2-1 所列高度范围的高层建筑，应采用时程分析法进行多遇地震下的补充计算；当取三组加速度时程曲线输入时，计算结果宜取时程法的包络值和振型分解反应谱法的较大值；当取七组及七组以上的时程曲线时，计算结果可取时程法的平均值和振型分解反应谱法的较大值。"三种方法的适用范围，该条条文说明给出了补充的说明，条文和条文说明构成运用这三种计算方法的"概念"："不同的结构采用不同的分析方法在各国抗震规范中均有体现，底部剪力法和振型分解反应谱法仍是基本方法，时程分析法作为补充计算方法，对特别不规则（参照《建筑抗震设计规范》GB 50011—2010 表 3.4.3 的规定）、特别重要的和较高的高层建筑才要求采用。所谓'补充'，主要指对计算结果的底部剪力、楼层剪力和层间位移进行比较，当时程分析法大于振型分解反应谱法时，相关部位的构件内力和配筋作相应的调整。进行时程分析时，鉴于不同地震波输入进行时程分析的结果不同，本条规定一般可以根据小样本容量下的计算结果来估计地震作用效应值。"

实例三：作用在楼面上的活荷载，不可能以标准值的大小同时布满在所有的楼面上，因此在设计梁、墙、柱和基础时，还要考虑实际荷载沿楼面分布的变异情况，也即在确定梁、墙、柱和基础的荷载标准值时，还应按楼面活荷载标准值乘以折减系数。折减系数的确定实际上是比较复杂的，采用简化的概率统计模型来解决这个问题还不够成熟。目前除美国规范是按结构部位的影响面积来考虑外，其他国家均按传统方法，通过从属面积来考虑荷载折减系数。对于支撑单向板的梁，其从属面积为梁两侧各延伸二分之一的梁间距范围内的面积；对于支撑双向板的梁，其从属面积由板面的剪力零线（即45°线）围成。对于支撑梁的柱，其从属面积为所支撑梁的从属面积的总和；对于多层房屋，柱的从属面积为其上部所有柱从属面积的总和。停车库及车道的楼面活荷载是根据荷载最不利布置下的等效均布荷载确定，因此《建筑结构荷载设计规范》GB 50009—2012 第 5.1.2 条给出的折减系数，实际上也是根据次梁、主梁或柱上的等效均布荷载与楼面等效均布荷载的比值确定。根据《建筑结构荷载规范》GB 50009—2012 第 5.1.2 条，设计楼面梁时，该规范表 5.1.1 中楼面活荷载标准值的折减系数的取值，对于《建筑结构荷载规范》GB 50009—2012 表 5.1.1 中"第 1（1）项当楼面梁从属面积超过 25m² 时，应取 0.9；第 1（2）~7 项当楼面梁从属面积超过 50m² 时，应取 0.9；第 8 项对单向板楼盖的次梁和槽形板的纵肋应取 0.8，对单向板楼盖的主梁应取 0.6，对双向板楼盖的梁应取 0.8；第 9~13 项应采用与所属房屋类别相同的折减系数"。设计墙、柱和基础时，对于《建筑结构荷载规范》GB 50009—2012 表 5.1.1 中"第 1（1）项应按《建筑结构荷载规范》GB 50009—2012 表 5.1.2 规定采用；第 1（2）~7 项应采用与其楼面梁相同的折减系数；第 8 项的客车，对单向板楼盖应取 0.5，对双向板楼盖和无梁楼盖应取 0.8；第 9~13 项应采用与所属房屋类别相同的折减系数。"还要注意的是，柱、墙、基础设计时，活荷载的折减系数可以取楼面梁折减系数和按楼层数折减的较小值，但不能重复折减。柱、墙、基础设计时，活荷载折减的楼层数应是设计构件截面承受竖向荷载的实际楼层数，尤其应注意楼层数量有变化的建筑或者带裙房的建筑。

《建筑结构荷载规范》GB 50009—2012 第 5.1.2 条给出活荷载折减系数的适应范围与房屋的使用功能及性质有关，实际选用的计算软件可能不具备与规范的分类——对应的识别功能，设计计算时应重点检查计算机软件的技术条件和输入参数，确保活荷载折减系数不小于第 5.1.2 条规定的值。在施工图审图中发现活荷载折减系数的取值与规范要求不一致的情况时有发生，主要是设计者过于依赖一体化软件，而软件内定的折减系数仅适用于其中的一类使用情况，应予注意。

实例 4：关于结构薄弱层和薄弱部位的判别，以及怎样通过结构布置的调整满足规范要求。图 4-7 所示为北京某工程，抗震设防烈度为 8 度（0.2g），首层和地下室合建为一个礼堂，比较空旷，其上部为博物馆，使用活荷载 6.0~8.0kN/m²，转换层采用钢结构桁架结构，转换层上部为钢结构框架，两侧为钢筋混凝土框架剪力墙，设计单位提交给施工图审查单位的设计图，将转换层钢结构桁架结构支撑在钢筋混凝土柱子上，两榀桁架之间的柱间设置钢筋混凝土剪力墙。根据计算书，转换层与其下层（礼堂）楼层承载力之比为 0.33，不满足《建筑抗震设计规范》GB 50011—2010 第 3.4.4 条"楼层承载力突变时，薄弱层抗侧力结构的受剪承载力不应小于相邻上一楼层的 65%"的要求，施工图审查时，要求设计单位调整设计方案。设计单位根据审图要求，作了两大调整：一是根据计算结果反复修改、调整转换桁架构件尺寸；二是适当调整柱网尺寸并将转换层桁架改为支承在剪力墙上（图 4-7）。调整后，转换层与其下层楼层承载力之比为 0.61，与规范要求的 0.65 很接近，再采用性能化设计方法，将支撑桁架的剪力墙按中震弹性设计。

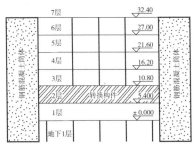

图 4-7 某转换层结构示意图和实体照片

三、概念是合规律性与合目的性的统一

工程建设是一复杂系统，它的制约因素不仅多种多样，而且诸因素之间既相互牵制，又相互促进。在工程建设活动中，概念是合规律性与合目的性、真理性与价值性的统一，也是历史自觉、现实评判与未来预期的统一。工程建设既要遵循客观规律，又要为着既定的建设目标服

概念设计的概念

务，是工具理性与价值理性的统一。工程如何才能建成与怎样才能建好，同样重要。人们应以什么样的态度、什么样的精神进行工程建设，是工程建设不得不面对的几大现实问题。

在人类社会的进步过程中，工程曾经推进了社会文明进步，并不断改善着人类的物质生活水平。当人类文明尚处于蒙昧状态下，人们的工程活动只能被动地适应自然、依靠自然，向大自然进行一些极为有限的原始索取。随着文明的进步、生产力的发展，人们与自然界的关系由被动适应、原始性索取逐步转变为主动索取、无度索取甚至想征服自然。一方面由于人口急剧膨胀、规模空前，造成居住条件的稀缺和贫富差距，人们寄希望于工程，希冀物质文明的进步将会解决当今困扰人类的诸多难题。然而剧烈的工程活动和其他人类活动造成向自然界的废弃物、有害物的排放越来越多、越来越快，其结果造成了环境污染和生态系统的失衡，资源、能源短缺，也不可避免地带来巨大的生态、社会风险，反过来又影响了人类自身的生存和发展。"当代社会实践不仅突出表现在人类对自然开发的深度和广度发生了深刻变化，而且表现为各种全球问题的形成，特别是人口膨胀、粮食短缺、资源枯竭、环境污染以及世界性经济危机等尤为突出，共同构成了一个巨大的矛盾丛。从哲学视角观之，这些全球问题具有双重的意蕴：一方面，表明当代人类作为一个整体在利用和改造自然方面已经发展到了全球控制的程度，这是人猿相揖别以来一直企盼而只有在当代才得以实现的目标；另一方面，又意味着人与自然的对立和冲突已升级到全球水平，并成为人与自然关系上的当代问题而受到人类关注的主要之点。这种双重意蕴都源于当代技术的二重性——人类借助于当代技术取得了巨大的成就，又招致了当代技术误用所造成的恶果。"○另一方面对于温室气体增加、臭氧层空洞出现，环境污染造成的生态破坏与物种消亡等极大威胁着人类生存的问题，与无节制的工程活动和工程界生态文明观念缺失有直接的关系。

近代以来，人类开发和利用自然资源的能力虽然得到了空前的提

○ 刘则渊等主编，《工程·技术·哲学（中国技术哲学研究年鉴 2008/2009 年卷）》，第 94 页。

高，但是接踵而来的环境污染也给人类社会造成了巨大的破坏，甚至是灾难，严重威胁到人类自身的生存与发展。当前，人类的自然家园、社会家园和精神家园，都不同程度遭到严重的破坏。身处这种被严重破坏的三大家园中，人类遭受了环境恶化、大气层污染、海洋污染、生物灭绝、生态失衡、全球变暖、森林削减、草原毁坏、耕地缩减、能源危机、资源走向枯竭，以及现代病、城市病等种种灾难与祸害，这些灾难与祸害形成了一种人类现代综合病症。人类现代综合征是多方面因素形成的，但在很多方面都与工程和工程建设直接相关。恩格斯在《自然辩证法》一书中深刻地论述了这个道理。他指出："我们不要过分陶醉于我们人类对自然界的胜利。对于每一次这样的胜利，自然界都对我们进行报复。每一次胜利，起初确实取得了我们预期的结果，但是往后和再往后却发生完全不同的、出乎预料的影响，常常把最初的结果又消除了。"⊖恩格斯举了很多具体例子来说明这个道理，并从中总结出一条宝贵经验："我们统治自然界，决不象征服者统治异民族一样，决不象站在自然界以外的人一样，——相反地，我们连同我们的肉、血和头脑都是属于自然界，存在于自然界的；我们对自然界的整个统治，是在于我们比其他一切动物强，能够认识和正确运用自然规律。"⊜这条经验对于生态环境日益恶化、人与自然关系日益紧张的当今世界的工程建设来说，显得更加弥足珍贵。

　　世界是我们人类和自然界共处的世界，人类是自然界的一部分，人类必须依靠自然才能存在与发展，人与自然是相互依存的生命共同体，自然界和人类是一个相互依存、相互影响、不可分割的、综合的、系统的整体。正如马克思所说，人靠自然界而存在生活，自然因人类而更加丰富多彩。

　　全球的共同发展是建立在生态环境容量和资源承载力的约束基础上的。环境是人类生存的必要条件，没有绿色发展就没有人类共同的幸福生活，破坏绿色发展就是破坏大自然的有序发展、永续发展，就不可能

　　⊖　《马克思恩格斯全集》第 20 卷，第 519 页。

　　⊜　《马克思恩格斯全集》第 20 卷，第 519 页。

构建人与自然和谐相处的生命链，不可能实现人类的美好生活。

我们要建设的现代化是人与自然和谐共生的现代化。人与自然是生命共同体，人类必须尊重自然、顺应自然、保护自然。面对全球性的环境污染，没有哪个国家能独善其身。每一个国家对自然资源、自然环境都负有合理使用或节俭的责任与义务，整个国际社会都应该携手同行，共谋全球生态文明建设之路，一起构建生态文明新体系、共谋全球环境治理新路径，同心协力建设一个清洁美丽的、适合人类生存的多彩世界，众志成城建设并保护"碧海蓝天""青山绿水"的美好家园。早在1844 年，马克思就深刻地提出了"在人类社会的产生过程中形成的自然界是人的现实的自然界；因此，通过工业——尽管以异化的形式——形成的自然界，是真正的、人类学的自然界"，"科学……只有从自然界出发，才是现实的科学。全部历史是为了使'人'成为感性意识的对象和使'人作为人'的需要成为（自然的、感性的）需要而作准备的发展史。历史本身是自然史的即自然界成为人这一过程的一个现实部分。自然科学往后将包括关于人的科学，正像关于人的科学包括自然科学一样"[⊖]。在"人-自然"这个有机整体中，人是自然这个大系统中所生成的一个子系统，自然界是人类不能须臾离开的生存环境，因而决不能自毁生我养我的自然环境，否则就必然会受到严厉的惩罚。

1. 计算技术的快速进步催生了新奇特建筑的出现

近年来随着计算技术的快速进步，以及我国建筑设计的繁荣，一些地方不讲投资效益建设行政中心、豪华办公楼等"形象工程"。不少地方因为片面追求特色，使得一幢幢不讲究工程、不讲究结构、不讲究文化的"标志性"建筑拔地而起。这些"巨型结构的游戏"全然抛却建筑适用、经济的基本原则，追求"前所未有"的形式。

针对当年我国工程建设领域片面追求"新、奇、特"的状况，《建筑结构学报》2004 年第 6 期发表了多位院士和结构专家共同署名的题为《强调科学发展观，重申我国基本建设方针，建立科学的建筑方案评审

⊖ 《马克思恩格斯全集》第 42 卷，第 128 页。

指标体系——〈建筑结构学报〉编委会专家的倡议》的文章，指出："在我国建设事业快速发展的同时，我们必须充分正视一些地方和一些工程项目中严重存在的非理性和有悖于科学发展观的种种倾向。……作为业内人士，我们对近期有关专家针对一些地方和一些项目'崇洋奢华'倾向所提出的批评意见感同身受，非常赞赏。而作为工程结构专业的技术人员，我们又不想过多加以评论，仅从专业角度分析其中的四个原因：第一个原因是某些建筑方案设计者结构设计概念淡薄。……第二个原因是某些业主特别是一些政府项目业主片面追求'新、奇、特'思想作祟。……第三个原因是少数中标建筑师的固执。……第四个原因是某些项目结构工程师设计经验不足。……鉴于上述原因，从专业的角度，我们认为：①建筑方案要与经济基础相适应。我国总体来说还是一个发展中国家，财力有限，要办的事情很多，以人为本、经济适用、兼顾美观仍然是建筑方案设计的基本要求。②建筑方案设计要与自然环境相适应……在地震区域不考虑抗震的建筑方案是不合理和不完善的方案。③建筑方案设计要以节能环保、可持续发展思想为指导。……作为专业人员，我们一直在深入思考造成非理性倾向的深层次原因。我们认为，其根本原因就是在于主导思想违背了科学发展观，因此在方案决策体制上有必要重新强调我国基本建设的指导方针。鉴于此，与会专家一致强烈呼吁，应充分正视一些地方和一些项目非理性倾向的危害，坚持科学发展观，重新强调我国基本建设的指导方针，建立科学的建筑方案评价指标体系，促进我国建设事业健康、协调和可持续发展。"这是结构工程界对"新、奇、特"建筑的产生比较理性的思考和分析。

"新、奇、特"建筑的出现和盛行是"科学技术异化"的一种表现，也凸显技术运用的重要性。"科学技术异化"，最直白、最直观的界定，是指科学技术的发展破坏了"科学技术至真本性"，使得科学技术脱离了其本性。人们通常认为，科学技术是中性的工具，即它是价值中立的。随着科学技术的发展，科学技术中性论受到了挑战，科学技术不仅仅是一种中性的工具和手段，它负载着特定社会中人的价值。就科学技术的自然属性而言，它是人类认识世界和改造世界的知识体系，它的基本内容是客观的，是不依赖于人的价值观念为转移的，就此而言它是中性的。但就科学技术的社会属性而言，它不仅是一种知识体系，还是人类的一种有目的的活动、一种社会建制，它必然要受到社会经济、政治、意识形态等诸多因素的影响，它不应该是也不可能是中性的。"新、奇、特"建筑之所以能够建成，得益于现代计算技术，而现代计算技术的发展却促成了建筑造型艺术向畸形的方向发展，成为一种典型的、受技术奴役的"异化"现象。

我国"适用、经济，在可能的条件下注意美观"的建设方针，已经指导着我们进行了几十年的建筑设计。无论在一穷二白的基础上建设社会主义的过程中，还是在改革开放奔小康的建设大潮中，这一方针客观地把握了建设的本质要素，表达出人们对于建筑的基本需求，体现了建筑创作的基本原则。继续强调适用、经济的建设方针不是摒弃发展，更不是束缚创新。建筑创新是摆在任何时代建筑师面前的课题，提倡建筑创新是推动建筑设计行业不断发展进取的原动力，没有创新就没有发展，也就无法适应变化的时代和多样的需求。问题的关键不是是否需要创新，而是如何创新，怎样才是好的创新，说到底是如何定位创新的价值观、创作观的问题。

另一方面，近年来各地城镇化进程中，相当一部分新建城区脱离所在地域条件和文化传统，盲目求高、求洋，造成"千城一面"的状况。罗杰·斯克鲁登在《建筑美学》中说："建筑更为明显的特征就是它的地域性。"不同的民族有不同的建筑形式；不同的地域（同一种民族或不同民族）有不同的建筑形式和风格。每个民族或地域，在不同的历史时期都有不同的建筑形态；时代不同，建筑也有不同的潮流特征。工程的原理本是相同或相通的，是可以相互借鉴的，理应打破国家或地域之界限，做到博采众长，但是借"他山之石"是为了"攻自己之玉"，因此绝不能简单地照搬、"拷贝"。复印和抄袭不是工程设计，因为没有了工程思维，不与周边环境、当地文化协调、和谐，就失去了工程创造性的应有之义。

出现工程与环境不协调，甚至破坏环境，以及造成工程不能传承文化，不具有地域性、创造性特点的原因是多方面的，其关键的因素是观念落后和工程决策、设计和管理人员缺乏应有的工程哲学思辨能力。在工程建设活动中，工程的实际需求是具体的、全面的，不是"抽象"的、孤立的。工程的时空性、技术性、经济性、功能性、艺术性、民族性、地域性、历史性、时代性、文化性等基本属性是有机的统一，工程也应与环境相适应，不应割裂二者的联系。

　　安居乐业是百姓生活理想的集中表达。居室乃安身之所，也是人们用心之地，人们往往一生心血倾尽于此，传之后世。消费时代盛行的奢靡之风，耗费资源污染环境，使地球难以支撑，形成自然规律否定人类文明的险境，于是环保主义、生态伦理、简单生存方式回归等成为一些思想先锋行为前卫的"保守主义"者的呼吁。明末清初文学家、戏剧家、戏剧理论家、美学家李渔主张"土木之事，最忌奢靡，匪特庶民之家，当崇简朴，即王公大人，亦当以此为尚"。李渔的居室设计突出了文人风格，他倡导"雅素而新奇"的居室风格，将中国文人雅兴、文人生活元素集合展示，形成鲜明的文人画般的居室个性风格。他自我评价其居室设计布置别开生面，因地制宜，不拘成见，别出心裁。"使经其地入其室者，如读笠翁之书，虽乏高才，颇饶别致，岂非圣明之世，文物之邦，一点缀太平之具哉？"

　　中国社会科学院荣誉学部委员、日本研究所研究员冯昭奎在《日本学刊》2015年第1期发表的《中日关系的辩证解析》指出："十年前，美国五角大楼预计，随着全球人口在2050年向100亿大关逼近，战争将在2020年定义人类生活。这是'所有国家安全问题的根源'。'到2020年，毫无疑问将会有大事发生。随着地球的负载能力减弱，一种古老的模式将重新出现：世界将爆发对食品、水与能源进行争夺的全面战争，战争将定义人类的生活。'然而，越来越多是人们开始质疑战争是否是解决世界问题的最好手段，因为战争将加速消耗资源并破坏已经脆弱不堪的自然环境，当今日本右翼势力推行战争擦边球政策的最大危险就是只想着右翼的政治理念和当下执政者的政治利益而缺乏'为当代人和子孙后代着想'的人类良知。这个'人类良知'就是：在地球环境已经不堪忍受产业革命以来人类活动所造成的沉重负荷的情况下，不要再雪上加霜，把一个打得稀烂的地球留给后代。"2020 年新冠肺炎病毒疫情对世界形势的冲击、对人们日常生活和工作的影响，确已到了"定义人类生活"的程度。工程建设也应为地球减负贡献智慧。1981 年的国际建筑师协会第 14 届世界建筑师大会发表的《华沙宣言》明确指出："建筑学是创造人类生活环境的综合艺术和科学。建筑师的责任是要把已有的和新建的、自然的和人造的因素结合起来，并通过设计符合人类尺度的空间来提高城市面貌的质量。建筑师应保护和发展社会遗产，为社会创造新的形式，并保持文化发展的连续性。"在当代，这种新的观念已越来越深入人心。

因此，建筑工程的建设，应当在充分满足功能和讲究经济效益的前提下，注意形象设计，做到"适用、经济、美观"相结合。不能离开功能、适用、经济去片面追求城市形象，否则，就会堕入形式主义，造成浪费。特别是对于政府投资的大型公共建筑，更应该强调"适用、经济、美观"的建筑方针，为社会树立典范，做出贡献。

2. 短命建筑的出现与结构设计者主观能动性的发挥

目前，我国正处于一个工程建设快速发展的时期，城市面貌日新月异，而与亮丽景观相伴的，却是一些高楼大厦出人意料的"短命"。根据近年来的新闻报道，正处在建筑寿命"青壮年"的建筑非正常"死亡"，除了一些引人关注的地标性建筑以外，还有大量普通住宅。从新中国成立以来的实际情况看，许多建筑物的使用寿命到不了 50 年就作为"旧房"甚至"危房"来拆除了。建筑"短命"的诱因，除了城市规划短视、混乱，与未来城市发展步伐不协调外，工程的可改造性差，不适应使用功能改变的需要，不得不拆除重建。也有的工程是因工程质量，不得不拆除。

"短命建筑"不仅造成社会经济负担和环境污染，而且与建设"节约型社会"和"科学发展观"精神相悖。我国是一个资源紧缺的国家。我国人均水资源占有量仅相当于世界人均水资源占有量的 1/4；我国矿产资源人均占有量只有世界平均水平的一半，其中主要矿产资源还不足一半，除煤炭和少数有色金属外，矿产资源的富集度也比较低，我国国土面积占世界的 7.2%，而石油储量仅占世界的 2.3%。地质学家经过几十年的勘测证实，因为巨大的人口基数和飞速的经济发展，中国已成为"资源弱国"。50 年后中国除了煤炭外，几乎所有的矿产资源都将出现严重短缺，其中 50% 左右的资源面临枯竭⊖。然而，据《中国日报》2010 年 4 月 6 日报道：每年中国消耗全球一半的钢铁和水泥用于建筑业，产生了巨大建筑废物。"我国建筑垃圾的数量已占到城市垃圾总量的 30% ~40%。据对砖混结构、全现浇结构和框架结构等建筑的施工材料损耗的粗略统计，在每万平方米建筑的施工过程中，仅建筑垃圾就会产生 500 ~600 吨；而每万平方米拆除的旧建筑，将产生 7000 ~12000 吨建筑垃圾而中国每年拆毁的老建筑占建筑总量的 40%。"资源不足将成为制约中国经济快速发展的最大困难，也将成为损坏我们美好生活的最大隐患。建设节约型社会是全面建设小康社会的战略选择，更是一场关系到人与自然和谐相处的"社会革命"！

　　建筑"短命症"的危害极大。建筑"短命症"流行，不仅造成经济负担、资源浪费、环境压力，还会导致一些权属纠纷。有学者曾算过一笔"建筑短命"浪费账：2005 年全国城镇住宅建筑面积达 99.58 亿 m^2，以平均每平方米建筑安装造价 1000 元计算，如其使用寿命由平均 30 年增加为 50 年，则可节约 6.67 万亿元，可用来建造 100 万元一所的希望小学 667 万所。大量尚处于使用年限内的建筑被拆除，还会造成资源耗费，并因产生大量粉尘和废弃物，增加环境负荷。中国工程院院士陈肇元担忧地表示，"短命建筑"的后果相当严重，不仅造成社会资源的极大浪费，更对人类生存环境构成威胁。如不采取措施，今天建成的工程二三十年后甚至在更短的时间内又将翻修或拆除重建，就会陷入永无休止的"大建、大修、大拆与重建"的怪圈之中。他直言，"短命建筑"与建设"节约型社会"的精神严重背离。尽管现时内地建设规模还未达至高峰，但烧制水泥用的优质矿料已感短缺，配制混凝土的砂石在许多

　　⊖　吕云荷《中国矿产资源供需状况及对外直接投资分析》，《时代经贸》，2013 年第
　　　　11 期。

地方已十分紧张。一些地区开采砂石已经严重毁损河床、破坏植被,沿海地区如宁波、舟山等地因滥用海砂已给一些工程带来了重大隐患。对于商品房来说,商品房的产权是 70 年,比其平均使用寿命周期要长 20 年,建筑"短命"所造成的"权证在、物业亡"的脱节现象,将引发一连串的社会问题。

减少"短命建筑"的出现,结构设计应有所作为。西汉刘向《说苑·权谋》:"知命者预见存亡祸福之原,早知盛衰废兴之始,防事之未萌,避难于无形。"结构设计是工程安全和使用适应性、功能变更的灵活性的基本保障和基础性工作,"防事之未萌"就是要在工程全寿命期内,将经济、适用、安全作综合考虑,采取针对性的措施加强工程的"韧性"和"整体稳固性(鲁棒性)",减少工程安全的"脆性"和"娇娇之气"。这方面可做的工作也是很多的。如:①构件选型和结构布置时,选用延性好的材料和构件,尽量少用简支结构,多采用超静定结构,增加重要构件及关键传力部位的冗余约束及备用传力途径(斜撑、拉杆)等;设置竖直方向和水平方向通长的纵向钢筋并应采取有效的连接、锚固措施,将整个结构连成一个整体,提高结构整体稳定性;在关键传力部位设置缓冲装置(防撞墙、裙房等)或泄能通道(开敞式布置或轻质墙体、屋盖等);布置分割缝以控制结构应力,以及其他防连续倒塌的设计技术等。②尽量减少抗侧力构件的数量,多布置大空间和可灵活改造的房间。③采用提高结构构件的耐久性的措施,如适当加严混凝土材料的控制、提高混凝土强度等级和保护层厚度,建立定期检测、维修制度;设计可更换的混凝土构件并按规定更换;构件表面的防护层,按规定维护或更换;结构出现可见的耐久性缺陷时,及时进行处理等。④积极研究并推广结构加固改造技术,为工程加固改造、改善和提高工程的使用性能及安全需求提供技术支撑。⑤强化设计人员在施工期间的施工质量控制服务保障,除了搞好技术交底外,积极参与隐蔽工程的检查验收,对施工中常见病的防治做好技术帮扶等。

 《我国建筑平均寿命仅 30 年 短命建筑浪费惊人》,《新华网》,2007 年 01 月 14 日。

第二节　工程概念与工程理论模型的关系

　　模型方法已成为现代科学的核心方法。科学模型是对实际客体的一种合理而正确的简化、优化和理想化。构建模型，把模型用作认识客体和制造产品的手段，是人类在认识自然和塑造人工自然的实践过程中的一大创造。模型本身体现为对客体的已有认识的总结，是科学认识的一种阶段性成果。因此，建立模型是对已有的经验、知识进行去伪存真、去粗取精的思维加工过程。然而，模型又不仅是已有认识的总结，作为科学工作者的创造，它又加进了人们的新的猜测和假设，含有新的概念和思想。

　　在工程设计中，模型对实践的指导作用尤为直接和明显，对于人们期望制造的人工客体，必须首先制作模型，或者使设计方案模型化，然后通过模型进行大量试验和演算，不断地修正才能做出优化的设计和施工方案。有了模型这一手段，人们就能以科学模型所提供的优化条件作为追求目标，使人们找到在实践中怎样改善实际客体或环境条件，以争取达到最佳或较佳效果的方向和途径。但模型方法和科学抽象是有局限的。约·狄慈根说："由于人的认识不是绝对物，而仅仅是一个创作真理，即创作真实的、真正的、正确的、出色的图像的艺术家，不言而喻，图像不能穷尽对象，画家落后于他的模特儿。关于真理和认识，几千年来流行的逻辑是这样说的：真理就是我们的认识同它的对象的一致。从来没有什么话比这更没有意义的了。图像怎么能够和它的模特儿'一致'呢？只是近似地一致。哪幅图像不是同它的对象近似呢？每一幅肖像都或多或少是相象的。但是，说完全相象、十分相象，却是一种荒唐的想法。可见，我们只能相对地认识自然界和它的各个部分；因为每一个部分，虽然只是自然界的一个相对的部分，然而却具有绝对物的本性，具有认识所不可穷尽的自在的自然整体的本性。那么，我们究竟

概念设计的概念

怎样知道在自然现象背后，在相对真理背后，存在着普遍的、无限的、绝对的、对人没有完全开放的自然呢？我们的视觉是有限的，我们的听觉、触觉等，以及我们的认识都是有限的，但是我们知道这一切事物都是无限的东西中的有限部分。这种知识是从哪儿来的呢？它是天赋的，是同意识一起为我们所秉赋的。"[一]模型也不可能与它的认识客体完全一致。

现代科学的理论模型，一般希望它具有数学形式，从而进行定量研究。但在很多情况下，特别是十分复杂的对象系统，其中所涉及的变量和参量，不仅数量大而且其中有许多因素是难以测量、难以定量化的，因而不能提炼出定量的数学模型。于是人们就常常在经验基础上或是经验与理论相结合的基础上，对某些因素做出量的估计，并据以提出概念和假设。这时虽然也可能运用某种数学结构或推导出相应的数学计算公式，也能进行推理和演算，但是所得到的结果其实只能理解为半定性半定量的，并不能作为严格的定量分析的依据，只能提供出定性的参考性推论。半经验半理论模型，在工程中大量地使用着，尤其对复杂工程系统的研究，只能运用这种模型进行定量分析与定性分析相结合的综合研究方法才是最有效的。

模型对实体的近似性和"近似地一致"，以及半经验半理论模型所导致的对工程问题的定量分析与定性分析相结合的情况表明，概念与模型也是一体两面的关系：第一，人们很难找到一个能完全模拟实际工程的模型，要么通过一个近似的模型来反映工程的实际情况，要么通过多个模型，从不同的侧面来描述、反映和表征工程实际问题。第二，模型的半经验半理论性质，使得建模离不开经验，判断模型的准确性和有效性也离不开经验和分析判断。这些因素均表明工程概念与工程模型密切相关，模型是工具，概念是运用这一工具的能动因素和主观意愿，无论是建立模型、分析模型的结果和意义，还是判断模型计算结果的准确性、有效性，均离不开概念，展现概念的能动意义，而且模型可以将概

<hr />

一　《列宁全集》第55卷，第417页。

念所包含深刻内涵揭示出来或使概念在某些意义上展现出概念丰富的内涵。工程概念要与工程模型对应起来，现举例说明如下。

一、结构设计依据的多重性和模糊性

结构设计有依据吗？当然有。结构设计有完备的规范体系、成熟的计算理论、经受工程实践检验的计算程序、充足的试验成果、大量的工程经验总结，还有成熟的设计思想。但实际工程中，依据同一理论、同一规范体系，针对某一特定的建筑物，不同计算程序的计算结果是不一样的，不同的设计单位或同一设计单位的不同设计者，甚至同一设计者在不同的年龄段，所设计的作品却是不同的，有时相差还很大，其差别常超出计算精度范围。其次，对常规结构的理论计算模型的选取也不统一，不同的计算理论，如弹性和塑性理论，虽都是规范允许采用的，但其计算结果相差较大，有时由于这类计算模型的差别，结构受力合理性和经济效益之间的差别也较大。《混凝土结构设计规范》GB 50010—2010 第 5.2.1 条条文说明："结构分析时都应结合工程的实际情况和采用的力学模型，对承重结构进行适当简化，使其既能较正确反映结构的真实受力状态，又能够适应所选用分析软件的力学模型和运算能力，从根本上保证所分析结果的可靠性。"但要确定"能较正确反映结构的真实受力状态"的力学模型不是很容易的，现就以最常见的钢筋混凝土板、梁的计算为例作一说明。

1. 现浇钢筋混凝土双向板塑性理论与弹性理论的计算结果比较

依据《混凝土结构设计规范》GB 50010—2010 第 5.1.5 条和工程设计惯例，钢筋混凝土双向板在竖向荷载作用下的内力分析可采用弹性理论计算方法和塑性理论计算方法。《混凝土结构设计规范》GB 50010—2010 第 5.6.3 条："承受均布荷载的周边支承的双向矩形板，可采用塑性铰线法……等塑性极限分析方法进行承载能力极限状态的分析与设计。"为分析对比双向板按塑性方法（塑性铰线法）与弹性方法结果之间的差别，以图 4-8 所示典型板为例，将按塑性理论、弹性理论计算的弯矩系数 ξ（$M=\xi qL_1^2$）列于表 4-1[20]。

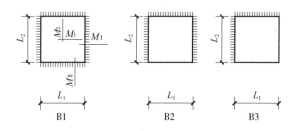

图 4-8　三种支座条件的双向板

表 4-1　三种支座条件下的双向板弹性理论和塑性理论的弯矩系数 ξ

$\dfrac{L_2}{L_1}$		跨中 M_1		跨中 M_2		支座 M_{I}		支座 M_{II}	
		弹性	塑性	弹性	塑性	弹性	塑性	弹性	塑性
1.0	B1	0.021	0.017	0.021	0.017	0.051	0.024	0.051	0.024
	B2	0.026	0.020	0.021	0.020	0.060	0.028	0.055	0.028
	B3	0.028	0.025	0.028	0.025	0.068	0.035	0.068	0.035
1.50	B1	0.035	0.031	0.017	0.014	0.075	0.043	0.057	0.019
	B2	0.027	0.033	0.046	0.015	0.076	0.046	0.095	0.021
	B3	0.048	0.044	0.027	0.019	0.102	0.062	0.077	0.027
1.80	B1	0.040	0.036	0.014	0.011	0.081	0.050	0.057	0.016
	B2	0.025	0.038	0.055	0.012	0.077	0.053	0.107	0.016
	B3	0.055	0.051	0.026	0.016	0.112	0.071	0.078	0.022

注：表中，塑性计算时，取固支边支座弯矩与跨中弯矩的比值 $\beta = 1.4$；弹性方法计算时取泊桑比 $\upsilon = 0.20$。

　　可见，除 B2 支座条件的 M_1 外，无论是跨中还是支座，塑性方法的弯矩系数均小于的相应弹性方法的弯矩系数，苏联的试验结果[4]（表 4-2）佐证了这一结论。这是双向板塑性理论（塑性铰线理论）与单向板塑性理论（连续梁弯矩调幅法）的明显区别，也就是说，双向板不能像单向板那样，采用调幅法将支座负弯矩调幅至跨中的方法来考虑板的弹塑性性能。

表4-2 周边固定板的极限荷载的理论计算值与试验值[4]

平板尺寸			极限荷载 q_u/kN		塑性理论 q_u^t 试验值 q_u^t	弹性理论 q_u^c 试验值 q_u^t
板厚	边长 L_1	边长 L_2	试验值 q_u^t	塑性理论值 q_u^c		
121mm	2.0m	2.0m	434.0	395.0	0.910	0.664
80mm	2.0m	2.0m	270.2	248.0	0.918	0.670
122mm	2.0m	2.0m	426.2	378.0	0.883	0.644
81mm	2.0m	2.0m	275.3	237.0	0.860	0.628
122mm	2.0m	2.0m	416.2	385.0	0.926	0.675
81mm	2.0m	2.0m	263.8	235.0	0.890	0.650
121mm	3.0m	2.0m	462.2	381.0	0.825	0.507
121mm	4.0m	2.0m	531.5	428.0	0.805	0.520

既然塑性理论的跨中和支座弯矩系数均小于相应的弹性理论的弯矩系数，而且两种计算方法之间的差值较大，表明它们是两种不同的计算模型且两种模型之间不存在明显的对应关系。那么，塑性理论可靠吗？大量的工程实践表明，采用塑性理论设计的双向板能得到相当满意的结果。首先，虽然按塑性铰线理论求得的解是其极限荷载的一个上限解，从理论上说是给出了板强度的过高估计，是偏于不安全的。而实际上，按塑性理论设计的板，其极限强度是有保证的，这主要是因为板的塑性铰线理论忽略了两个重要因素[3]：

（1）计算板的抵抗弯矩时，忽略了钢筋应变硬化的有利影响。由于板的配筋率较低，钢筋应变硬化将有效地增加板的抵抗弯矩，提高板的强度。

（2）塑性铰线理论假定竖向荷载仅由板的弯曲作用承受，试验证明并非如此。实际上板的一部分荷载由弯曲作用承受，另一部分荷载由板平面内的诸力承受（即薄膜作用）。板弯曲得越大，薄膜及穹顶作用也越显著。设计中要精确考虑薄膜作用是比较困难的，但薄膜作用的存在，使得按塑性铰线理论求得的值并不是真正的"上限值"。表4-2所列的苏联的试验结果表明[4]，板的实际破坏荷载都超过按塑性铰线理论求得的理论值。1955年，A. J. Ockleston发表了南非一幢三层钢筋混凝土原型结构的破坏性试验结果，指出由于薄膜效应的存在，实测破坏荷载比按塑性铰线理论求得的理论值高 3 ~ 4 倍[29]，说明塑性铰线理论计算结果是有一定安全储备的经验性结果，而非纯塑性理论上限解。

其次，塑性铰线理论在正常使用极限状态方面的可靠性也是有保证的。湖南大学的试验研究和理论分析均表明[7]：对于板厚不超过 200mm、混凝土等级不低于 C20、纵筋配筋率大于最小配筋率 ρ_{min}、受力钢筋直径为 12mm 以下，合理构造、正常设计、正常施工、正常使用的混凝土板，在满足正截面承载力极限状态要求的前提下，竖向荷载作用下板最大裂缝宽度通常均不超过 0.2mm，因而可不进行竖向荷载作用下最大裂缝宽度的验算。湖南大学的试验结果还表明，板的裂缝宽度和中点挠度大约在相近的竖向荷载级别达到正常使用极限状态，直观的感觉是只要裂缝宽度不超过限值，变形基本上也可满足要求。

此外，美国 ACI 和英国 CP110 规范都不主张采用纯弹性理论方法设计，而采用建立在试验基础上的经验系数法（如弯矩系数法[5]等）。但目前国内工程界对板的塑性铰线理论的应用还是有顾虑的，从施工图审查的实际情况看，目前国内只有传统的大设计院的结构设计采用塑性理论计算方法，大部分设计单位都是采用弹性理论计算方法，一些人总认为，塑性铰线理论是根据板在极限荷载下出现"塑性铰线"后的理论分析结果，当心板在正常使用极限状态下也可能出现裂缝过宽的情况。其实从上述的分析可知，塑性铰线理论中假设的"塑性铰线"只是一种模型假定，实际工程中在正常使用荷载状态下很少会出现真正的"塑性铰线"。笔者只见到过 20 世纪 50 年代建造的某办公楼，由于板厚只有 60mm 左右，板的变形较大，出现了较为典型的塑性铰线，其他的项目均没有出现典型的塑性铰线，也就是说模型方法与其模拟的实体之间是有差异的，只有在模型意义上才能正确理解这一计算方法的含义。《混凝土结构设计规范》GB 50010—2010 第 5.6.3 条明确将这一计算方法列入，说明这一方法的应用是有规范依据的。这一方法是否可靠、是否能用，还涉及双向板在正常使用荷载作用下的裂缝宽度验算问题。因为板的裂缝宽度验算与弯矩或者说钢筋应力计算直接相关。依据表 4-1，在同样的荷载作用下，几何条件、边界条件均相同的情况下，采用弹性理论计算和塑性理论计算，板的弯矩是不一样的，而且差别还比较大。例如，对于四边固支的 $3m \times 4.5m$ 的双向板，均布荷载 $q = 5kN/m^2$，由表4-1，弹性理论计算的跨中 $M_1 = 1.575kN \cdot m/m$；跨中 $M_2 = 0.765kN \cdot m/m$；支座 $M_I = 3.375kN \cdot m/m$；支座 $M_{II} = 2.565kN \cdot m/m$。塑性理论计算的跨中 $M_1 = 1.395kN \cdot m/m$；跨中 $M_2 = 0.630kN \cdot m/m$；支座 $M_I = 1.935kN \cdot m/m$；支座 $M_{II} = 0.855kN \cdot m/m$。根据这两种理论的计算结果，验算板裂缝宽度的弯矩采用哪一种方法的计算结果为准？举一个极端的例子，如果设计时采用弹性理论计算弯矩并按这一结果进行正截面验算、配筋、出图，但没有进一步验算板的裂缝宽度。第三方审查时，要求进一步验算板的裂缝宽度，按弹性理论计算的弯矩值验算不满足最大裂缝宽度要求，属于设计不满足规范要求的情况；但是，如果按塑性理论计算的弯矩值验算，能够满足最大裂缝宽度要求，则是否可以说也满足规范要求了呢？因为塑性理论计算方法也是规范推荐的计算方法。这就涉及理论计算方法的一致性问题。笔者个人认为这一问题其实根本就不是问题，因为双向板在正常使用荷载作用下的裂缝宽度验算是没有必要的，其理由是《混凝土结构设计规范》GB 50010—2010 第7.1.2条给出的裂缝宽度验算公式，是根据简支梁、单向板和连续梁的试验结果，基于粘结滑移-无滑移综合理论上的半经验半理论模式拟合出来的，主要基于平均裂缝间距来计算裂缝宽度，严格来说只适合于单向板，将其推广到双向受力构件是很勉强的（但目前国内主流计算软件都默认采用这一方法计算），更不适合于基础底板和地下室外墙的裂缝宽度验算，因为他们的受力状态与简支梁和连续梁差别很大。即便是单向受力构件，受力裂缝的出现与实际也不吻合。按规范公式计算，某些部位本该是要出现受力裂缝的，但在实际工程构件上不一定出现，即使在实际工程构件上出现由荷载产生的裂缝，其宽度有时却比计算值小一个数量级。基础底板的荷载分布、边界条件存在很大的人为假定因素，内力计算结果本身就是很粗略和近似的，而且基础底板还有一个明显的特征就是大量的实测数据表明，基础底板的钢筋实际应力很低。北京市建筑设计研究院编《建筑结构专业技术措施》（2006 年版）第 3.8.17 条指出，20 世纪 50 年代至 80 年代，北京市建筑设计研究院等单位对基础构件的钢筋应力进行了大量的量测，发现钢筋实测应力一般为 20～30MPa，最大值 70MPa，远小于计算值；《高层建筑筏形基础与箱形基础技术规范》JGJ 6—2011 第 6.3.7 条条文说明指出，国内大量测试表明，箱形基础的顶板、底板钢筋实测应力一般只有 20～30MPa，最高也不过 50MPa。基础构件钢筋实测应力较低的原因较多，其中的一个因素是基底与土之间的摩擦力的有利影响。而根据《混凝土结构设计规范》GB 50010—2010 第 7.1.2 条的计算公式，钢筋应力如不大于 70MPa 的话，裂缝宽度是一般都是可以满足规范限值的，所以按基础板的某一计算假定模型（常见的是倒楼盖模型）计算出来的弯矩来验算基础板的裂缝宽度，是非常勉强的，其结果与实际情况不具有对应性，不是对构件实际受力和裂缝开展情况的模拟。《全国民用建筑工程设计技术措施　结构（混凝土结构）(2009 年版)》提出"厚度≥1m 的厚板基础，无需验算裂缝宽度"[15]的建议。对于地下室外墙来说，它属于压弯构件，与通常意义的双向板有着本质区别，工程设计时习惯上将其按双向进行内力分析、配筋，这种方法本身就是不合适的，只是一种近似计算，再进一步用这种粗略的内力计算结果进行裂缝宽度验算，更不具有实际意义。

以上分析表明，《混凝土结构设计规范》GB 50010—2010 第 7.1.2 条给出的裂缝宽度验算公式不适用于基础底板、地下室外墙和双向板的裂缝宽度验算。就以双向板来说，近年来国内做了一些试验研究，例如东南大学 2010 年结合 9 块配有 HRB400 级钢筋的双向板的试验结果，提出的基于粘结滑移-无滑移综合理论上的半经验半理论的双向板跨中正交裂缝宽度计算公式为：

$$w_{max} = 2.5 \Psi \frac{\sigma_{sk}}{E_s} s \qquad (4\text{-}1)$$

$$\Psi = 1.1 - 0.65 \frac{f_{tk}}{\rho_{te} \sigma_{sk}} \qquad (4\text{-}2)$$

$$\sigma_s = \frac{M_k}{0.9 h_0 A_s} \qquad (4\text{-}3)$$

式中　s——与裂缝方向平行的钢筋间距；

　　　ρ_{te}——以有效受拉混凝土面积计算且考虑钢筋粘结性能差异后的有效纵向受拉钢筋配筋率；

其余符号的意义同《混凝土结构设计规范》GB 50010—2010 第7.1.2 条给出的裂缝宽度验算公式。[○]

该文献还同时给出了板顶角部斜向裂缝宽度计算公式，从略。由于推导式（4-1）的试件组数只有 9 组，其拟合出的计算公式的某些参数可能还不一定可靠，但由于这一公式所选用的模型和参数与《混凝土结构设计规范》GB 50010—2010 裂缝宽度验算公式完全一致，具有一定的可比性。只要比较式（4-1）和《混凝土结构设计规范》GB 50010—2010 第7.1.2 条的计算公式，就可以知道两者的差别还是很大的。这就是说，采用《混凝土结构设计规范》GB 50010—2010 第7.1.2 条的计算公式来验算双向板的裂缝宽度是不适宜的，其计算结果不反应实际情况。由此可以推定，受力状态与单向板不同的地下室外墙的裂缝宽度计算，也不宜直接引用第7.1.2 条的计算公式。

由此可见，板的内力计算方法看似成熟，在应用层面其实还有很多问题，有的还有争议，这时概念的重要性就体现出来了。

由此可知，"真理不是现成的，它是日积月累地形成的。这是必须再三重复的结论。由于科学工作，我们的精神日益适应自己的对象而且日益深入地洞察自己的对象。那些看来是我们在研究数学科学后才能提出来的论断，在这里几乎都是必然地至少是非常自然地出现的。科学的进步每时每刻都在使我们同事物之间取得更紧密和更深刻的一致。这样我们对事物就了解得既清楚些又多一些……"[○]。

2. 关于双向板与单向板的分界

对于四边支承现浇钢筋混凝土板，《混凝土结构设计规范》GB 50010—2010 第9.1.1 条规定："①当长边与短边长度之比不大于 2.0

○　张伟伟、邱洪兴，《混凝土双向板裂缝宽度计算方法的试验研究》，东南大学硕士学位论文，2010 年。

○　《列宁全集》第 55 卷，第 488 页。

时，应按双向板计算；②当长边与短边长度之比大于 2.0，但小于 3.0 时，宜按双向板计算；③当长边与短边长度之比不小于 3.0 时，宜按沿短边方向受力的单向板计算，并应沿长边方向布置构造钢筋。"该条条文说明指出："分析结果表明，四边支承板长短边长度的比值大于或等于 3.0 时，板可按沿短边方向受力的单向板计算；此时，沿长边方向配置《混凝土结构设计规范》GB 50010—2010 第 9.1.7 条规定的分布钢筋已经足够。当长短边长度比在 2~3 之间时，板虽仍可按沿短边方向受力的单向板计算，但沿长边方向按分布钢筋配筋尚不足以承担该方向弯矩，应适当增大配筋量。当长短边长度比小于 2 时，应按双向板计算和配筋。"根据这一说法，当 $2 < L_2/L_1 < 3$ 时，究竟是属于双向板还是单向板？这就需作进一步分析。

关于双向板与单向板的分界线，根据弹性理论，对四边支承板，当两个方向计算跨度之比 $L_2/L_1 = 2$ 时，在长跨 L_2 方向分配到的荷载小于 6%，但分配到 L_2 方向板带跨中弯矩分配率却 > 20%。例如，对于承受均布荷载四边简支板，若记跨中最大挠度 $f = \alpha \dfrac{qL_1^4}{B_c}$、最大弯矩 $M_{1max} = \beta_1 qL_1^2$、$M_{2max} = \beta_2 qL_1^2$，将其系数 α、β_1、β_2 列于表 4-3。

由表 4-3，当 $L_2/L_1 = 2$ 时，对于混凝土结构，泊桑比 $\nu = 0.2$，四边简支板 $M_1 = 0.100 qL_1^2$，$M_2 = 0.0368qL_1^2$，$M_2/(M_1 + M_2) = 26.9\%$；对于四边固支板，$\nu = 0.2$ 时，由《结构设计手册 (90JG)》[20] 查表得 $M_1 = 0.04076qL_1^2$，$M_2 = 0.0118qL_1^2$，$M_2/(M_1 + M_2) = 22.45\%$，表明 $L_2/L_1 = 2$ 时，仍具有双向板的传力性质。而当 $L_2/L_1 = 3$ 时，由表 4-3，其最大挠度与 $L_2/L_1 = \infty$ 时的结果相差 6.4%、最大弯矩与 $L_2/L_1 = \infty$ 时的结果相差在 10% 左右。因此，以 $L_2/L_1 = 3$ 作为双向板与单向板的分界线更合适。由于目前国内结构设计手册中均没有给出 $2 \leqslant L_2/L_1 \leqslant 3$ 时的塑性理论计算参数，笔者根据《建筑结构静力计算手册》的公式[8]，给出了塑性理论计算参数，适合于 $1 \leqslant L_2/L_1 \leqslant 3$，详见《品味钢筋混凝土——设计常遇的混凝土结构机制机理分析》附录。

值得一提的是，表 4-3 中，当 $L_2/L_1 = \infty$ 时，$M_{1max} = \dfrac{1}{8} qL_1^2$、$M_{2max} =$

$\frac{v}{8}qL_1^2$ ，与单向板的内力平衡条件并不一致，说明理论本身并不自洽。

表 4-3 均布荷载的四边简支矩形板的常数[22]

L_2/L_1		1.0	1.5	1.8	2.0	3.0	4.0	∞
α		0.0443	0.0843	0.1017	0.1106	0.1336	0.1400	0.1422
β_1	$v=0.3$	0.0479	0.0812	0.0948	0.1017	0.1189	0.1235	0.1250
	$v=0.2$	0.0442	0.0784	0.0927	0.1000	0.1184	0.1234	0.1250
	$v=0.0$	0.0368	0.0727	0.0884	0.0965	0.1173	0.1231	0.1250
β_2	$v=0.3$	0.0479	0.0500	0.0479	0.0464	0.0404	0.0384	0.0375
	$v=0.2$	0.0442	0.0427	0.0391	0.0368	0.0287	0.0261	0.0250
	$v=0.0$	0.0368	0.0282	0.0214	0.0175	0.0052	0.0015	0.0000

注：表中泊桑比 $v=0.2$、$v=0.0$ 结果系笔者根据 $v=0.3$ 结果换算得出的。

可见，单向板和双向板的分界线是相对的，对于四边支承板，纯粹的、完全由一个方向传力的单向板是不存在的。由于目前国内的弹性理论或塑性理论计算手册均没有给出 $2<L_2/L_1<3$ 时的计算参数，所以绝大多数的设计均将 $2<L_2/L_1<3$ 时按单向板设计。《混凝土结构设计规范》GB 50010—2002 实施前，工程实践中通常根据《简明建筑结构设计手册》[10]，在垂直受力方向单位长度上分布钢筋一般为 $\phi6@250$ 或 $\phi6@200$，也有按 $\phi6@300$ 配的，根据这一构造设计的工程，并没有文献报道出现不满足承载力和正常使用两种极限状态的情况，所以从工程设计的角度来说，$2<L_2/L_1<3$ 时按单向板来设计也是完全没问题的，《混凝土结构设计规范》GB 50010—2002 和现行规范《混凝土结构设计规范》GB 50010—2010 均要求此时"宜按双向板计算"，说明计算方法并不唯一，且两种方法都能满足工程需要。也就是说 $2<L_2/L_1<3$ 时，究竟是按单向板还是按双向板来设计，完全取决于配筋方式：如果按双向板方式来配筋则它是双向板，如果按单向板方式来配筋则它便是单向板。在这里，设计者所选择的配筋方式成了划分单向板和双向板的依据。再进一步说，美国 ACI 规范指出[5]，板的体系可用满足平衡和几何协调条件的任何方法设计，只要该法使截面的承载力至少等于所要求的

承载力并满足位移控制等适应性要求。也就是说，即使是 $L_2/L_1 < 2$ 的通常公认的双向板，其实也可以按单向板来设计。《混凝土结构设计规范》GB 50010—2010 第 5.6.3 条："承受均布荷载的周边支承的双向矩形板，可采用……条带法等塑性极限分析方法进行承载能力极限状态的分析与设计。"双向板也可以按单向板来设计的理论依据是双向板计算理论中的条带法[15]（Strip Method，图 4-9）的一个特例，即边缘板带的配筋采用中间板带的配筋，其结果是边缘板带的配筋比条带法理论计算所需配筋有富余，其极限强度自然是有保证的。根据塑性理论下限定理，条带法求得的解是其极限荷载的一个下限解，从理论上说是给出了板极限强度的较低估计，是偏于安全的。所以将双向板按单向板设计，板的极限强度理论上是完全没问题的。梁的正截面设计中，如梁的截面高度受到限制时可采用双筋梁，即可利用受压钢筋来提高梁的正截面承载能力，以免因混凝土受压区高度大于界限受压区高度而使梁在极限荷载作用下产生脆性破坏，其力学原理就是通过在受压区配置受压钢筋与部分受拉钢筋配组成一对力偶来平衡部分外弯矩，其理论依据也是塑性理论中的下限定理。同样将双向板的另一方向的受力钢筋集中配在一个方向，其理论依据也是塑性理论中的下限定理。

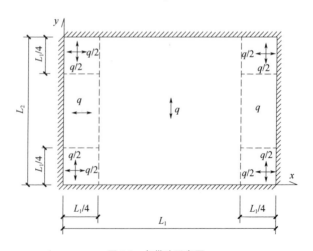

图 4-9　条带法示意图

　　还有一个概念可以提出来探讨，就是按单向板设计的横向分布钢筋的配置问题。《混凝土结构设计规范》GB 50010—2002 第 10.1.8 条及《混凝土结构设计规范》GB 50010—2010 第 9.1.7 条均要求："当按单向板设计时，应在垂直于受力的方向布置分布钢筋，单位宽度上的配筋不宜小于单位宽度上的受力钢筋的 15%，且配筋率不宜小于 0.15%。"其条文说明明确这是"考虑到现浇板中存在温度-收缩应力，根据工程经验提出了板应在垂直于受力方向上配置横向分布钢筋的要求。"根据这一规定，当 $2 < L_2/L_1 < 3$ 时，按双向板设计可能比按单向板设计更经济些，因为单向板受力方向配足钢筋后，垂直于受力方向上配置横向分布钢筋还要满足规范的这一要求。这一条关于单向板在垂直于受力方向上配置横向分布钢筋的要求，与其他条文的衔接上还是有一点问题的。《混凝土结构设计规范》GB 50010—2010 第 8.5.1 条是纵向受力钢筋的最小配筋率，现在要求构造配筋的配筋率不宜小于 0.15% 与第 8.5.1 条中 400MPa 级钢筋的配筋率相同，即以受力钢筋的配筋率要求配置构造钢筋。从抵御温度、收缩应力的角度说，第 9.1.8 条要求的配筋率是 0.10%，两者也不协调。另外，硬性规定横向分布钢筋不宜小于单位宽度上的受力钢筋的 15% 也没有道理，既然单向板受力方向的纵筋已配足了，横向分布钢筋就是构造配筋，这一构造钢筋不是按承载要求配置的，与受力无关，也就与受力方向的配筋无直接联系，两者没必要建立相对应关系。况且，在《混凝土结构设计规范》GB 50010—2002 实施前，大量的单向板设计均没有考虑横向分布钢筋的配筋要求，一般是根据《简明建筑结构设计手册》[10] 配置 $\phi6@200 \sim \phi6@250$，也有 $\phi6@300$，这在很多情况下配筋率是达不到 0.15% 的，也不一定满足不小于受力钢筋的 15% 的要求。据笔者了解这些工程也没出现多大问题，当然由于没有开展有针对性的实地调查，不能说一定没有问题，但至少笔者没有得到使用单位反馈意见，反映这类工程有问题。规范的这一规定是否有必要值得商榷。由于板属于量多面广的构件，规范的这一规定可能会引起用钢量的增加。"在黑格尔的辩证法中，正如在他的体系的其他一切部门中一样，一切真实的联系都是颠倒的。但是，如马克思所说

的，'辩证法在黑格尔手中神秘化了，但这决不妨碍我们说，他第一个全面地有意识地叙述了辩证法的一般运动形式。在他那里，辩证法是倒立着的。必须把它倒过来，以便发现神秘外壳中的合理内核。'但是，在自然科学本身中，我们也常常遇到这样一些理论，在这些理论中真实的关系被颠倒了，映象被当作了原形，因而必须把这些理论同样地倒过来。这样的理论常常在一个长时期中占统治地位。"[一]被千百万实际工程所证实没问题的，即使按某一理论分析证明有缺陷，也应以实际工程经验总结为依据，"映象"不能当作原形，尤其是板的弹性理论或塑性理论均是依据克希霍夫假设或塑性铰线理论建立起来的，理论与实际情况有出入。

关于板的这些问题笔者以前曾作过类似的分析讨论，但规范的修编、实际工程设计和检测检验，笔者提出的一些建议均没有得到相应的体现和重视，而这些问题不仅是理论问题还是工程应用问题，而且涉及工程设计方法的适用性问题。近期接连接到有几个工程咨询均涉及这一问题，其中有一个工程双向板出现类似于图 5-15a 和 b 所示的裂缝，与图 5-15d 所示双向板受力裂缝形态完全不一致，表明构件裂缝的出现不是使用荷载作用下配筋不足引起的，但某权威检测机构出具的鉴定报告中，却要求设计单位按《混凝土结构设计规范》GB 50010—2010 第 7.1.2 条对双向板裂缝宽度进行验算，并以此判别设计是否满足规范要求，这明显是概念不清。在此，对这类问题有感而发，旧事重提，旨在澄清概念。

二、钢筋混凝土连续梁简化计算模型及相关问题的讨论

主次梁体系是工业与民用建筑中最常见的结构体系之一。传统的内力简化计算方法是忽略主梁、次梁之间的相互作用，将主梁和次梁均简化为一维问题各自独立计算：次梁按连续梁，主梁依据支承条件按连续梁或框架结构进行内力计算，而且主梁与次梁的划分比较粗放，只要求主梁高度大于次梁高度 50mm 以上即可。这其实是从布置受力钢筋的角度进行划分

[一] 《马克思恩格斯全集》第 20 卷，第 388 页。

的：主梁高度大于次梁高度 50mm 意味着主梁底层钢筋布置在最底层，次梁底部最下层钢筋在主梁底层钢筋的上部，意即通过受力钢筋的支承关系确定主梁对次梁的支承关系。但事实上主次梁体系为一不等断面的平面交叉梁系，是一呈空间受力状态的超静定结构，主梁与次梁之间的相对关系主要的不在于主梁底筋与次梁底筋的相对支承关系，而在于主梁与次梁断面尺寸的相对关系（实质是线刚度的相对关系），两者的断面尺寸变化时，主梁、次梁的内力和变形以及相对关系也随着改变。

如图 4-10 所示，周边简支的 15.6m×9m 的平面区格，横向 9m 跨布置主梁，纵向设置两根次梁，混凝土为 C20，板面荷载 $q = 6.5\text{kN/m}^2$，为了便于与连续梁计算结果作比较，双向板传给次梁的梯形荷载近似地按均布荷载考虑，板传给主梁的荷载仍按三角形荷载考虑。表 4-4 给出了主梁、次梁断面尺寸变化时，按平面交叉梁系的有限元计算程序算出的次梁内力，计算时不考虑扭转变形的影响。

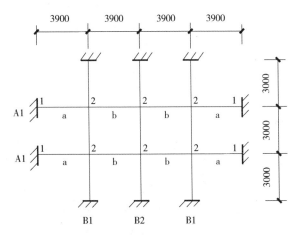

图 4-10　平面交叉梁的梁格布置

表 4-4　主梁、次梁断面尺寸变化时的次梁内力计算结果

主梁断面/	次梁断面/	次梁弯矩/（kN·m）				次梁剪力/kN			
（mm×mm）	（mm×mm）	M_a	M_b	M_2	M_3	Q_1	$Q_{2左}$	$Q_{2右}$	$Q_{3左}$
300×900	200×400	39.66	20.88	−20.63	−37.44	45.90	56.48	46.88	55.50

（续）

主梁断面/	次梁断面/	次梁弯矩/（kN·m）				次梁剪力/kN			
（mm×mm）	（mm×mm）	M_a	M_b	M_2	M_3	Q_1	$Q_{2左}$	$Q_{2右}$	$Q_{3左}$
300×900	200×300	35.24	16.71	−31.69	−34.70	43.06	59.31	50.41	51.96
300×900	200×260	33.05	15.78	−35.15	−33.11	42.17	60.20	51.71	50.66
250×750	100×150	31.46	14.53	−41.12	−29.64	40.64	61.73	54.13	48.24
250×750	250×650	91.10	105.8	+70.34	+39.12	69.22	33.15	43.18	59.19
300×900	300×800	95.66	113.0	+76.77	+47.46	70.87	31.50	43.67	58.70
300×900	150×200	31.92	14.73	−39.97	−30.38	40.94	61.44	53.65	48.73
3000×9000	200×400	30.83	14.23	−42.71	−28.66	40.24	62.14	54.79	47.59
按连续梁计算[20]		30.74	14.37	−42.72	−28.35	40.23	62.14	54.87	47.50

由表4-4可见，将主梁、次梁体系简化为一维问题来分析是有条件的。当主梁、次梁的断面尺寸相差不大时，将主梁、次梁体系简化为一维问题（连续梁）来分析与按不等断面的平面交叉梁系的有限元计算结果之间的差异相当大，其支座弯矩甚至由负弯矩变为正弯矩，其变化幅度已大于《钢筋混凝土连续梁和框架考虑内力重分布设计规程》（CECS51：91）和《混凝土结构设计规范》GB 50010—2010 第5.4.3条规定的调整幅度一般不宜超过25%的限值。从理论的准确性来说，有限元结果更精确，但问题是大量的实际工程却都是按连续梁的计算结果进行截面设计的，这些工程已正常使用了几十年，至今仍未听说某一工程由于采用连续梁计算出现问题而需加固，说明按连续梁计算次梁内力的方法也是可靠的。出现两种计算结果虽相差较大但都是可靠的现象，说明结构塑性内力重分布现象是普遍存在的，结构实际受力状况与弹性理论计算结果有出入。大量的工程实践表明，当支座负弯矩的调幅值超过25%时，实际工程中也没问题，其主要原因有：

（1）规范规定的弯矩最大允许调整幅度是根据"安全调幅区"理论[9]确定的，是有相应的条件的，实际工程中往往存在一些有利的因素。根据"安全调幅区"理论，影响梁的最大允许调幅值的主要因素有：梁的跨高比 L/h_0、支座形式、混凝土强度和钢筋的型号等[9]。这些因素中，梁的跨高比 L/h_0 对允许调幅值影响较大，如图 4-11 所示。图中曲线 a 相应于：200 号混凝土 C18、Ⅰ级钢、$\xi = 0.275$；曲线 b 相应于：200 号混凝土 C18、Ⅱ级钢、$\xi = 0.275$；曲线 c 相应于：500 号混凝土（C48）、Ⅱ级钢、$\xi = 0.275$。支座负弯矩的调幅值不宜超过 25% 的结论是在 $L/h_0 \leqslant 20$ 的前提下推出的，而实际工程中框架梁和主梁的跨高比 L/h_0 通常为 8 ~ 15，所以当主筋为Ⅰ级钢时，由图 4-11 可知其允许调幅值一般可达 45% ~ 60%，当主筋为Ⅱ级钢时，其允许调幅值一般可达 20% ~ 50%，加之由于梁板共同工作，梁的刚度有较大的增加，其允许调幅值也随之增大。这些有利因素与现今的一些工程习惯相关联，不应将其无条件地延伸。

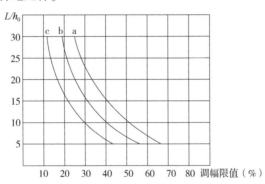

图 4-11 梁的跨高比 L/h_0 对允许调幅值的影响

（2）根据塑性理论的下限定理，只要满足 $M_支 + M_中 \geqslant$ 简支弯矩 $M_简$，并配置相应的构造钢筋，即满足了平衡条件和屈服条件，梁的极限强度仍是有保证的，它与弯矩调整幅度的大小无关。

（3）钢筋混凝土结构中，材料的实际强度尤其是延性好的钢筋的屈服强度往往大于设计强度，因而结构的实际强度、刚度和抗裂性能都有一定的储备。

（4）实际的活荷载分布与理论计算模式不一致。如连续梁内力计算时，求跨中最大弯矩时的活荷载布置（隔跨满布）与求支座最大弯矩时的活荷载布置（相邻跨满布活载）是不同的，设计时取各自最不利的活荷载布置下的内力进行截面设计，而结构实际的最不利活荷载分布情况只能是两者之一，不可能两者同时出现。

必须强调的是，塑性内力重分布仅针对受弯构件的弯矩作用而言的，必须是剪切、扭转和挠度满足要求的前提下，才可能出现比较充分的弯矩调幅，如果构件过早出现剪切、扭转破坏，或挠度过大，则弯矩调幅将出现复杂的情况。现举一个高立人、方鄂华、钱稼茹编著的《高层建筑结构概念设计》中的例子来说明。

某酒店顶部第 13 层朝南会议室的 10.5m 宽的阳台顶棚出现漏水。业主将顶棚拆去后发现支承阳台外弧梁右端的悬臂梁上出现宽达 1.4mm 的螺旋式受扭斜裂缝，阳台外弧梁跨中截面的底部有下宽上窄的弯曲受拉裂缝。经查原设计存档资料，该工程是 1992 年用 TBSA 程序设计的，并于 1993 年竣工投入使用。

该阳台外弧梁跨度 $L = 10.5$m，截面为 250mm × 600mm，梁左端正交支承在一道 2.7m 宽、厚度 250mm 的剪力墙上，而梁右端支承在跨度为 1.4m 的悬臂梁上，截面尺寸是 400mm × 600mm，如图 4-12 所示。

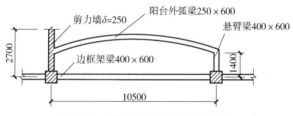

图 4-12　某酒店顶部阳台结构布置图

工程设计按 TBSA 程序建模时，外弧梁与剪力墙刚接。高立人认为，按实际受力分析，由于剪力墙平面外的刚度很小，该工程只是其平面内刚度的百分之一左右，对梁端弯曲变形的约束能力很低，所以梁端所承受的负弯矩很小。按概念近似分析，不会大于相应固端弯矩的 35% ~ 40%，在均布荷载作用下，其最大梁端负弯矩也只有 $qL^2/35 ~ qL^2/30$。TBSA 程序按薄壁杆件的基本理论假定，将梁作为刚臂与薄壁杆件的剪心相连，则无形中将梁端的计算负弯矩及其相应配筋提高，比实际受力加大了近 2.5~3.0 倍。原设计阳台外弧梁的负弯矩钢筋完全按 TBSA 程序计算结果配置，并整根梁贯通，而且在悬臂梁中都未设置抗扭腰筋。这势必导致悬臂梁严重扭曲开裂和卸载，而使外弧梁的竖向弯曲变形加大，跨中截面开裂。由于阳台的楼板是按单向板设计的，随着阳台外弧梁的开裂和挠度增大，内力重分配，使边框架梁的受力增加，势必也会导致框架梁的开裂。到现场检查时，发现在边框架梁的跨中截面已出现弯曲受拉裂缝，同时还有受扭斜裂缝。[○]

　　对这一工程，笔者认为阳台外弧梁与悬臂梁等高且在墙和柱子两端支座处均接近于铰接，事实上构成一个两段不等梁宽的曲梁，曲梁的实际梁跨度 11.9m，梁高度只有 600mm，为跨度的 1/19.8，又因曲梁在柱子和剪力墙支承处均接近于简支支座条件，挠度偏大，而且曲梁所承受的扭矩是平衡扭矩，设计时未配置抗扭腰筋，致使出现严重扭曲开裂，扭曲开裂后梁的刚度减少又加剧了梁的变形，加之在靠墙侧支座按接近固定支座计算，计算负弯矩偏大（大于实际的负弯矩），支座负筋偏多，造成跨中配筋偏少而出现下宽上窄的弯曲受拉裂缝也就是正常的了。理论上跨中弯矩也是可以往支座负弯矩调整的，因为均布荷载作用下的简支梁的跨中弯矩为 $qL^2/8$，而将简支梁在梁跨中点处切开，两端设计成固定支座，变成悬臂梁（悬臂长度 $L/2$），其支座负弯矩也是 $qL^2/8$，但这需要两个条件：一是支座约束要接近于固支，简支支座不可能承受负弯矩；二是梁的变形要满足悬臂梁的变形控制条件。所以，支座负筋配置过多往往是没用的（如果约束条件较弱的话），但跨中受弯纵筋超配往往能起到安全储备的作用。其实，这一工程最简单的做法就是阳台外侧不设梁，做悬臂板，板厚 150（根部）~100mm（外侧），受力明确，也经济，实际配筋与原设计差不多，模板用量肯定比原设计少，综合来说是经济的。

　　结构塑性内力重分布现象在实际工程中是普遍存在的，只不过我们没有有意识地强调而已，我们甚至可以说没有一个工程的计算结果与实际受力状况是完全一致的。《混凝土结构设计》^[30]对考虑梁板结构相互

<hr>

　　○　高立人，方鄂华，钱稼茹编著的《高层建筑结构概念设计》，中国计划出版社，2005 年 11 月版，第 23~24 页。

作用时楼板内力进行系统分析，表明只有当支承楼板的梁相对抗弯刚度较大时，传统的楼板简化方法与有限元精确考虑梁板共同工作的计算结果接近，而当梁相对抗弯刚度较小时，传统的楼板简化方法的跨中弯矩偏小，支座中点负弯矩偏大而靠近板角区的负弯矩偏小，即其计算结果更接近于无梁楼盖。在实际工程中处于这类情况的实例是较多的，而按楼板简化方法计算结果设计的这类工程，均能正常使用，说明传统的楼板简化方法也是可靠的。再如基础梁板，理论计算时一般常假定地基反力为直线分布，而实测结果表明，地基反力分布是相当复杂的，按直线分布的实际工程几乎不存在，《高层建筑筏形基础与箱形基础技术规范》JGJ 6—2011 附录 E 给出的几种地基反力系数，没有一种与倒楼盖计算假定的反力直线分布相一致。因此，作用于基础梁板上的实际内力与理论计算结果之间不一致是普遍的现象，正是因为结构塑性内力重分布的普遍性，帮助设计人员解决了这一理论与实际不一致的难题。但必须明确指出，结构塑性内力重分布遵循塑性理论的下限定理，即必须满足总平衡条件和屈服条件，这一点非常关键。就是说，虽然弯矩可以调幅，但总体平衡必须满足，如基础底板计算时，虽然倒楼盖法的地基反力分布与实际不符，但实际上目前大部分工程还是根据《高层建筑筏形基础与箱形基础技术规范》JGJ 6—2011 第 6.2.10 条规定的条件，基底反力采用直线分布假定，并按倒楼盖法计算基础底板内力，其最根本的一条，就是根据倒楼盖法的反力分布，底板以上的总荷载是与实际情况一致的，满足总体平衡条件。其次，《高层建筑筏形基础与箱形基础技术规范》JGJ 6—2011 第 6.2.12 条等提出的底板和基础梁至少有 1/3 的钢筋贯通全跨，保证了基础梁板的配筋不至于因弯矩自动调幅而出现配筋不足的情况。当然，对基础梁板来说，基础梁板与地基、基础梁板与底板上部结构的共同工作也是底板潜在的有利因素。

结构内力重分布的普遍性，首先是由于建筑的多样性以及建筑物所受到的外界作用的多样性、复杂性和不确定性，决定了结构设计目标的广泛性、内容的多重性和复杂性，造成判别结构设计结果的标准的多样性和层次性。其次，结构工程师几乎天天在计算结构的受力、结构的变形、结构的强度、刚度和稳定性，然而，结构工程师算来算去，只算主要的、我们会算的，那些次要的、我们目前还不会算的，就不计算了。这些没有计算的部分实际也是作用于结构上的，它们与进入计算的各类作用叠加，可能出现一些内力和应力峰值，出现构件受力的薄弱环节、薄弱部位，也是结构内力重分布削减了这些"峰值"可能造成的缺陷。对多种荷载和作用，采用包络设计，与实际作用不是一一对应的，也是结构内力重分布解决了不利因素叠加可能产生的缺陷。从这一意义上说，工程设计经验很重要，不能指望通过完善或完备的计算来解决工程实际问题，无论我们怎么计算，均普遍存在算不准、算不全、算不清的问题，对于有大量工程经验的部分，经验公式、粗放式、包络式的计算往往适得其所，而追求计算的准确和完美，有时反而适得其反或使设计者不知如何是好，这就是我们目前面临的困境。

可见，结构工程的理论计算往往都是经验性的结果。在《结构设计笔记》中，笔者将理论计算结果与实际受力不一致的现象称之为结构计算结果的名义效应。赖欣巴赫说："物理世界并不止一种几何描述，而是存在着一系列等价的描述；这些描述的每一个都是真的，它们之间的明显差异涉及的不是它们的内容，而只是表述它们的语言。"[一]结构计算结果的名义效应现象是普遍的，也是永远不可能消除的，因为凡计算必简化，简化必然是对现实、现状的一种近似。黑格尔说："造成困难的永远是思维，因为思维把一个对象在实际里紧密联系着的诸环节彼此区分开来。思维引起了由于人吃了善恶知识之树的果子而来的堕落罪恶，但它又能医治这不幸。这是一种克服思维的困难；但造成这困难的，也只有思维。"[二]列宁在一旁批道："对！"还解释说："如果不把不间断的东西割断，不使活生生的东西简单化、粗陋化，不加以划分，不使之僵化，那么我们就不能想象、表达、测量、描述运动。思想对运动的描述，总是粗陋化、僵化。"[三]列宁在这里说明了任何概念的形成过程都要不可避免地出现一个粗陋化与僵化的阶段。

[一]　赖欣巴赫《科学哲学的兴起》，商务印书馆，1991 年，第 105 页。

[二]　《哲学史讲演录》第 1 卷，第 320～321 页。

[三]　《列宁全集》第 55 卷，第 219 页。

概念设计的概念

　　综上所述，结构设计的依据看似非常严密而又有体系，而实际上结构设计的依据作为科学的体系，还有许多不足。正如当今最完善的计算机操作系统也有缺陷，因而计算机病毒层出不穷一样，作为结构设计依据的结构设计规范和设计理论也是有缺陷和缺失的，甚至还互相矛盾。不同的计算模型、不同的计算程序、不同版本的设计规范，以及理论与实践之间都存在不同程度的差异性。马克思批评"庸俗经济学所做的事情，实际上不过是对于局限在资产阶级生产关系中的生产当事人的观念，教条式地加以解释、系统化和辩护。因此，毫不奇怪，庸俗经济学对于各种经济关系的异化的表现形式感到很自在，而且各种经济关系的内部联系越是隐蔽，这些关系对庸俗经济学来说就越显得是不言自明的（虽然对普通人来说，这些关系是很熟悉的）"。我们不应对工程计算结果的"异化"的表现形式"感到很自在"，也不应"教条式地加以解释、系统化和辩护"，而应该找到其中隐蔽的"内部联系"。马克思还特别强调分析研究的方法，他说："分析经济形式，既不能用显微镜，也不能用化学试剂。二者都必须用抽象力来代替。而对资产阶级社会说来，劳动产品的商品形式，或者商品的价值形式，就是经济的细胞形式。在浅薄的人看来，分析这种形式好象是斤斤于一些琐事。这的确是琐事，但这是显微镜下的解剖所要做的那种琐事。"⊖我们从事结构计算分析也要从"显微镜下的解剖所要做的那种琐事"中解放出来，注重细节但不被细节束缚住，发挥应有的"抽象力"，发现其中的本质规律，摈弃机械决定论的不利影响。

　　黑格尔说："某些范畴是很正确地自某一原则推出的，但是这些范畴是否已经很明白地发挥出来，乃完全是另一问题。但把一个哲学所内在包含的内容发挥出来却是至关重要的。"⊜以上以主次梁体系的简化计算方法与有限元计算结果的不一致、钢筋混凝土双向板塑性理论与弹性理论计算结果的整体偏差、双向板与单向板的不同分界对计算结果的影响等几个问题为例，分析计算理论之间的差异性，其目的不仅仅在于阐述差异性本身，而且在于讨论对这类差异的态度。黑格尔说："每一哲

⊖　《马克思恩格斯全集》第 23 卷，第 8 页。

⊜　《哲学史讲演录》第 1 卷，第 50 页。

256

学曾经是，而且仍是必然的……因此没有任何哲学是完全被推翻了的。那被推翻了的并不是这个哲学的原则，而只不过是这个原则的绝对性、究竟至上性。"⊖我们分析计算理论之间的差异性不是为了否定理论计算的价值和作用，而是否定某一种计算结果曾经享有的"绝对性、究竟至上性"，强调计算结果的相对意义。波普尔说："真理往往很难达成一致，并且一旦发现，也很容易得而复失。错误信念可能有令人惊奇的生命力，它无视经验，也无需任何阴谋的帮助可能延续千万年。科学史尤其是医学史，可提供许多范例。"⊜对于计算理论之间的差异性，笔者认为在设计阶段的审核、审定，施工图审查或方案评审时，应倡导"二者兼取"的包容态度，否则如果各自偏于一隅，因为理论与实践的不一致，而否定设计理论的可靠性，或者因有限元等理论的发展，使得主次梁、梁板等弹性支承条件可有一比较精确的计算方法，而完全否定以前被实践证明了的简化计算方法，而要求采用有限元块体单元等所谓的精确计算方法来计算梁板内力等烦琐的做法，对广大设计者来说是一种悲哀。黑格尔说："驳斥哲学体系并不是意味着抛弃它，而是继续发展它，不是用另一个、片面的对立物去代替它，而是把它包含在某种更高的东西之中。"⊜因此，我们既要崇尚理论研究，也应尊重从实践中总结出的经验，设计规范的修订在采纳理论研究成果的同时也应延续以往可靠的工程经验，继承中有发展。黑格尔说，"真理不是由空洞的普遍所构成的"⊗，"真正讲来，真理应是客观的"⊕。他把真理规定为"思想的内容与其自身的符合"⊗，"真理就是思维与对象的一致"⊕。他明确提出"真

　　⊖　《哲学史讲演录》第 1 卷，第 43 ~ 44 页。

　　⊜　卡尔·波普尔著，《猜想与反驳——科学知识的增长》，上海译文出版社，1986
　　　　年 8 月，第 10 页。

　　⊜　《哲学笔记》第 2 版，第 139 页。

　　⊗　《哲学史讲演录》第一卷，第 29 页。

　　⊕　《小逻辑》，第 77 页。

　　⊗　《小逻辑》，第 86 页。

　　⊕　《逻辑学》上卷，第 25 页。

理是过程"⊖的思想，并指出"把主观性和客观性当作一种固定的和抽象的对立，是错误的。二者完全是辩证的"⊜。黑格尔说："人们最初把真理了解为：我知道某物是如何存在的。不过这只是与意识相联系的真理，或者只是形式的真理，只是'不错'罢了。按照较深的意义来说，真理就在于客观性和概念的同一。"⊜要知道我们所采用的计算方法只是还"不错"而已，追求缩小设计理论与设计理论所反映的现实之间差异的路还很长，还有很多问题值得进一步探讨。2010 年，《易筑论坛》一篇"讨论一下配筋率对截面刚度和内力计算的影响"的讨论帖，引用了笔者在《品味钢筋混凝土——设计常遇的混凝土结构机制机理分析》中的一段："目前钢筋混凝土结构设计方法的最大缺陷是采用弹性理论进行内力和变形分析，但构件设计时往往采用基于大量试验数据的经验公式，虽然这些经验公式能够反映钢筋混凝土构件的非弹性性能，对构件常规设计来说也是行之有效且简便易行的，但它未能准确反映整体结构的真实受力状况，也造成了在实际工程设计中重构件而轻体系的现象比较普遍。正是因为这些缺陷的存在，分析结构配筋的作用才显得更有实际意义，才更显示出配筋策略的重要性。"论坛发起者说："下面一段话说得很实在，我觉得对结构技术人员很有启发性：'一般而言，构件内配置一定数量的钢筋后可提高构件的承载力、改变结构破坏模式、改善结构构件的受力性能、通过内力重分布改变结构的传力途径、使构造设计与试验条件和计算条件相一致、分散温度和收缩应力、限制裂缝的发展等作用。'㉕"

　　2005 年笔者写作《品味钢筋混凝土——设计常遇的混凝土结构机制机理分析》对钢筋对于结构刚度的影响已有比较深刻的认识，因为笔者 1998 年专门研究了钢骨混凝土梁的裂缝和刚度计算问题，并推导出相应的计算公式，其中钢骨混凝土梁的刚度计算公式是基于叠加原理推导出来的，即钢骨混凝土梁抗弯刚度为钢骨部分弹性抗弯刚度与钢筋混

⊖　《列宁全集》第 55 卷，第 170 页。

⊜　《列宁全集》第 55 卷，第 154 页。

⊜　《小逻辑》，第 399 页。

㉕　《品味钢筋混凝土——设计常遇的混凝土结构机制机理分析》，第 1 页。

凝土部分弹塑性抗弯刚度之和。[注]根据这一原理，配筋对钢筋混凝土梁的刚度贡献也可以按叠加原理来定性分析：弹性阶段的刚度为钢筋提供的弹性刚度与素混凝土的弹性刚度之和，弹塑性阶段的刚度就比较复杂，主要是混凝土开裂后，钢筋对梁的刚度的贡献不仅是钢筋自身提供的弹性刚度，还有配筋对梁性能的改善作用所提供的刚度，因为配筋不仅减小了裂缝宽度和裂缝的数量，而且还改善或改变了构件的破坏形态，因而配筋对梁性能的改善作用所提供的刚度是不断变化的且变化因素较多。正因为这样，当时笔者就回避了配筋对构件刚度影响这一作用，只提"提高构件的承载力、改变结构破坏模式、改善结构构件的受力性能、通过内力重分布改变结构的传力途径、使构造设计与试验条件和计算条件相一致、分散温度和收缩应力、限制裂缝的发展等作用"这几个方面。

《易筑论坛》讨论帖的楼主正是抓住了笔者论述中的这一漏缺发起讨论，共有285人次参与讨论，足见这一问题的敏感性。纵观这285人次参与讨论意见，笔者觉得均没有切入"配筋率对截面刚度和内力计算的影响"的核心问题，即怎样考虑配筋对刚度和内力计算的动态变化影响。

潘立在《建筑结构》2010年第10期上发表了《混凝土梁板楼盖中次梁设计方法研究》一文，提出"楼盖的主梁、次梁、楼板结构相连，现浇为整体，不但自身有相对较高的承载能力和弯曲刚度，对结构的整体性与侧向刚度也有较大贡献。"对此，张博和程懋堃在《建筑结构》2011年第9期上发表了《对〈混凝土梁板楼盖中次梁设计方法研究〉的一些看法》，提出了不同的观点："结构的抗侧刚度取决于框架梁、柱的刚度，与次梁关系不大。在整体计算中，通常对楼板采取刚性楼板假定，假设楼板平面内刚度无穷大，有无次梁对结构整体的抗侧刚度并无太大影响。如果在整体计算中，采用弹性楼板假定，也就是考虑楼板平面内的弹性变形，加入次梁，势必减小楼板的厚度，从而减小弹性楼板的平面内刚度。在楼板平面内方向，楼板对刚度的贡献要大于次梁的刚度贡献，因此，加入了次梁抗侧刚度不能提高。"钢筋混凝土梁板楼盖

属于比较成熟的结构构件体系，《建筑结构》的这一讨论对说明结构设计的概念有一定的典型意义。

笔者认为：

（1）楼盖结构布置加入次梁并减小了楼板的厚度后，楼板的平面内刚度是增加还是减少，不宜一概而论。这主要是实际工程设计时楼板厚度的选取，要满足两个条件：①最小楼板厚度。理论上为80mm，实际上考虑到板裂缝控制，目前实际工程很少有小于100mm，屋面板有的规范还要求不小于120mm。②楼板跨度与厚度比值的经验数值。楼板跨厚比经验数值一般双向板为短跨的1/40～1/45，单向板板厚为跨度的1/30～1/35。在某些情况下，楼盖增设次梁后，楼板的跨度减小了，按照楼板跨厚比计算，板厚可以适当减小，但不能小于最小厚度100mm或120mm，此时跨厚比不起控制作用，楼板厚度基本没有减小，板的刚度也没有多大变化，这种情况下，次梁的刚度贡献还是不能忽略的。

（2）楼板平面内刚度无穷大假定是有一定的条件和目的的，《高层建筑混凝土结构技术规程》JGJ 3—2010第5.1.5条条文说明指出："高层建筑的楼屋面绝大多数为现浇钢筋混凝土楼板和有现浇面层的预制装配式楼板，进行高层建筑内力与位移计算时，可视其为水平放置的深梁，具有很大的面内刚度，可近似认为楼板在其自身平面内为无限刚性。采用这一假设后，结构分析的自由度数目大大减少，可能减小由于庞大自由度系统而带来的计算误差，使计算过程和计算结果的分析大为简化。计算分析和工程实践证明，刚性楼板假定对绝大多数高层建筑的分析具有足够的工程精度。"采用刚性楼板假定进行结构计算时，设计上应采取必要措施保证楼面的整体刚度和整体性，一般来说宜符合《高层建筑混凝土结构技术规程》JGJ 3—2010第4.3.3条的规定；"宜采用现浇钢筋混凝土楼板和有现浇面层的装配整体式楼板；局部削弱的楼面，可采取楼板局部加厚、设置边梁、加大楼板配筋等措施。"实际上，楼板平面内刚度不可能是无穷大，对于"楼板有效宽度较窄的环形楼面或其他有大开洞楼面、有狭长外伸段楼面、局部变窄产生薄弱连接的楼面、连体结构的狭长连接体楼面等场合，楼板面内刚度有较大削弱且不均匀，楼板的面内变形会使楼层内抗侧刚度较小的构件的位移和受力加大（相对刚性楼板假定而言），计算时应考虑楼板面内变形的影响。根据楼面结构的实际情况，楼板面内变形可全楼考虑、仅部分楼层考虑或仅部分楼层的部分区域考虑。考虑楼板的实际刚度可以采用将楼板等效为剪弯水平梁的简化方法，也可采用有限单元法进行计算"。所以，理论上按弹性楼板假定计算更符合实际受力情况。几年前，笔者曾经用国内常用的某一程序计算框架结构，分别采用刚性楼板和弹性楼板两种模型计算，计算结果差别比较大。但过了一两年后，程序版本升级后，则刚性楼板和弹性楼板两种假定的计算相差很小，几乎可以忽略不计。笔者怀疑程序升级时，可能内定了一些参数，人为调整或改变了计算结果。《高层建筑混凝土结构技术规程》JGJ 3—2010 第5.1.5 条条文说明还要求"当需要考虑楼板面内变形而计算中采用楼板面内无限刚性假定时，应对所得的计算结果进行适当调整。具体的调整方法和调整幅度与结构体系、构件平面布置、楼板削弱情况等密切相关，不便在条文中具体化。一般可对楼板削弱部位的抗侧刚度相对较小的结构构件，适当增大计算内力，加强配筋和构造措施。"

　　与上述讨论的楼盖结构布置问题相关联的还有一个比较普遍的观念，即认为板的经济跨度为 3～4m，板跨大于4m 的，要增设次梁，将板跨限定在3m 左右。某多层建筑，顶层为 43.2m×19.5m 大房间，设计单位提交给施工图审查机构的施工图中的屋面结构布置如图 4-13a 所示，其屋面楼盖沿横向布置次梁，跨度 19.5m，截面尺寸 300mm×1000mm；板跨 1.8m，板厚按屋面板的要求取 120mm，其引用的规范是《高层建筑混凝土结构技术规程》JGJ 3—2010 第3.6.3 条"一般楼层现浇楼板厚度不应小于80mm，当板内预埋暗管时不宜小于100mm；顶层楼板厚度不宜小于120mm，宜双层双向配筋"及条文说明"一般楼层的现浇楼板厚度在 100～140mm 范围内，不应小于80mm，楼板太薄不仅容易因上部钢筋位置变动而开裂，同时也不便于敷设各类管线……顶层楼板应加厚并采用现浇，以抵抗温度应力的不利影响，并可使建筑物顶部约束加强，提高抗风、抗震能力"。这种布置方式，设计院的理由是，根据他们的经验，板跨大于 3.3m 就不经济，需要布置次梁。笔者认为这一观点是不符合实际的。为作经济比较，现按图 4-13a 和图 4-13b 所示两种结构布置比较其经济性。

图 4-13a 方案：不考虑周边梁，7200mm×19500mm 跨设 3 根 300mm×1000mm 的次梁，1 根 300mm×1000mm 的框架梁，扣除 120mm 厚楼板后的肋梁截面 300mm×880mm，则 $300×880×19500×4÷(7200×19500)$mm = 146.7mm，即肋梁的混凝土量相当于 146.7mm 厚的板的混凝土量，加上 120mm 厚楼板，相当于 266.7mm 厚的整板。

图 4-13b 方案：7200mm×19500mm 跨设 2 根 300mm×500mm 的次梁（7.2m 跨），1 根 400mm×1000mm（19.5m 跨）的框架梁，板厚分别为 150mm 和 180mm，平均值为 156.5mm，扣除 156.5mm 厚楼板后的次梁截面 300mm×343.4mm，框架梁 400mm×843.4mm，则（$300×343.4×7200×2+400×843.4×19500$）$÷(7200×19500)$ mm = 57.4mm，即肋梁的混凝土量相当于 57.4mm 厚的板的混凝土量，加上 156.5mm 厚楼板，相当于 213.9mm 厚的整板，比图 4-13a 方案少 52.8mm。

由上述比较可知，图 4-13b 方案的混凝土量比图 4-13a 方案少，混凝土量减少，不仅是混凝土本身的费用（直接费、间接费）可以减少，还同时减轻了楼盖的自重。从钢筋用量来说，采用 HRB400 级钢筋配筋，对于中小跨度楼板，其配筋大多数是最小配筋率控制，楼板跨度适当增加是经济的。就本例来说，图 4-13a 方案由于次梁跨度 19.5m，梁间距为 1.8m，次梁底筋 5φ25，比图 4-13b 方案大跨度板（7.2m 和 6.0m）的纵筋肯定要大得多，而且次梁还要配置箍筋，综合钢筋用量比图 4-13b 方案大跨度板要大很多。再者，增设次梁后，模板用量也比大跨度楼板要多，加上模板的加工和安装的人工费用，造价还要增加。综合这些因素，笔者认为跨度 9.0m 以内的现浇板，中间不需要设置次梁，直接采用大跨度板，板厚取短跨的 1/40~1/45，一般就在 220mm 以内，并在轻隔墙处板底设置加强筋。板厚超过 250mm 的，建议采用现浇空心楼板，经济性一般也不错。此外，采用大跨度楼板，房间净空加大，对使用和装修都有好处，应予推广。

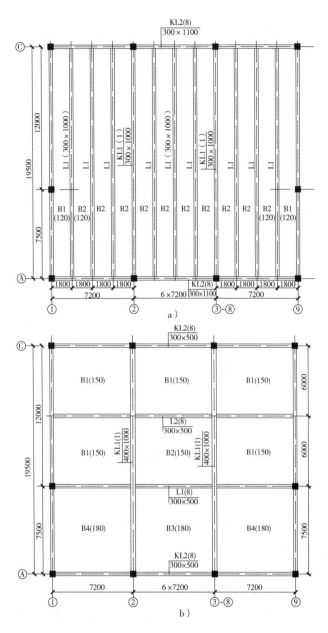

图 4-13　框架结构两种梁格布置的比较

a）板跨不大于 4m 的梁格布置　b）板跨大于 4m 的梁格布置

概念设计的概念

　　潘立的《混凝土梁板楼盖中次梁设计方法研究》还提到"为简化楼盖设计与施工普遍将次梁按简支梁配筋"。对此,张博和程懋堃认为"首先,从工程实践中看,从来没有将次梁按简支梁配筋。其次,不分状况地将次梁按两端简支配筋是不科学的,也是不经济的。对于连续的次梁,支座负弯矩理应向邻跨传递,这是客观规律,没有必要人为地把支座部分考虑成铰接,使得支座上部配筋不足,容易导致开裂,这显然不科学。如果按连续梁设计,还能解决潘立文章中提到的'按简支梁配筋的次梁在设计荷载作用下,两端顶面易出现较宽裂缝'的现象。因此,对于连续的次梁,应按连续梁配筋,让其正常地传递负弯矩。但对于不连续的次梁,次梁的结束端应按铰接计算并配筋。"将连续梁按简支梁设计、配筋,笔者认为,一是没必要,连续梁是常规构件,施工也不会有问题,框架梁比连续梁施工要求更高,不也没有要求简化为简支梁吗?如果将框架梁按简支梁配筋,框架结构就成为铰接框架,结构抗震性能大大降低,极易在地震作用下倒塌,所以是绝对不允许这么做的。二是不符合实际受力状态,见表4-4。

　　潘立提出的简化方法在砌体结构中,有时确有一定的针对性和适用性,但简化后的构造措施要与之相称、相对应。《建筑工程事故处理与预防》[33]中有一实例比较典型。某大学教学大楼为砖砌体墙承重的混合结构,楼盖为现浇钢筋混凝土结构,分为甲、乙、丙、丁、戊五段,各段间用沉降缝分开,其中乙段与丁段结构对称,地上五层,有局部地下室。首层设有展览室等大空间房间,跨度14.5m,混凝土主梁300mm×1200mm,间距5.4m,次梁跨5.4m,断面180mm×450mm,间距2.4～3.1m,现浇混凝土板厚80mm,如图4-14所示[33]。

　　大梁支承于490mm×2000mm的砖柱(窗间墙)上。首层砌体设计采用砖的强度等级为MU10,砂浆M10。施工中对砖的质量进行检验,发现不足M10,因而与设计洽商,将丁段与乙段砖柱改为夹心混凝土组合柱,夹心混凝土断面为260mm×1000mm,内配有纵筋6Φ10,箍筋Φ6间距300m,每隔10皮砖设Φ4拉筋一道。支承大梁的梁垫为整浇混凝土,与窗间墙等宽,与大梁同高,并与大梁同时浇筑。当主体结构全

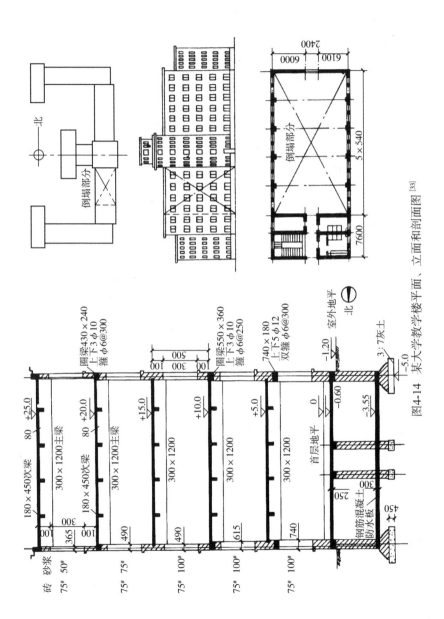

图4-14 某大学教学楼平面、立面和剖面图[33]

部施工完毕进入装修阶段时，大楼乙段部分突然倒塌，损失惨重。该工程由正规大设计院设计，施工单位是部属的建筑公司，设计并无大错误，施工管理基本上按常规进行，混凝土浇筑符合质量要求；只是砌体部分砌筑质量稍差，尤其是夹心混凝土部分，不够密实。根据现场情况分析，认为是三层窗间墙的组合砌体首先破坏而引起其他构件连锁反应，导致结构全段倒塌[33]。

事故发生后，主管部门曾约请设计院、科研所、高校和施工单位等多方专家进行分析、会商。当时提出发生事故的可能原因有：①由于地基不均匀沉降引起的；②由于房间跨度大、隔墙少，墙体失稳引起的；③砌体砌筑质量差，强度不足；④由于大跨度主梁支承在砖墙上，计算上按简支，而实际上有约束弯矩，约束弯矩引起墙体破坏。由于各位专家各陈己见，一时难以下结论。对此，清华大学进行了模型试验。通过试验检验设计计算简图是否合理。按设计所取计算简图，梁在墙上为简支，大梁与梁垫整体浇筑，梁端很难自由转动，它将在大梁两端产生较大的约束弯矩。模型试验目的是要测试约束弯矩、变形分布等，以确定原设计房屋中大梁支承构造是否更接近于刚接。试验按1:2比例制作了2层的缩尺模型，即模型中各尺寸取实际尺寸的二分之一；梁跨度7.25m，层高2.5m，墙宽1m，大梁截面150mm×600mm，梁翼缘厚40mm，3根次梁均按比例缩小制作，如图4-15所示。模型墙厚370mm，

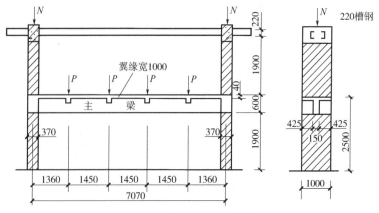

图4-15　试验模型剖面图[33]

以便于砌筑，大梁配筋率与实际结构一致，梁端支承部分构造也与实际结构相同。因实际结构有 5 层，为模拟上层传来的荷载，在墙顶施加轴力 N，同时顶层两个砖墙用 2 根 22 号槽钢相连，大梁上按次梁传力路径施加逐步增加的荷载 4 个。

试验结果表明[33]：

（1）墙体的水平位移曲线及纵向应变分布图形如图 4-16 所示。墙体的横向水平位移在上，下两层的方向相反，这与框架的变形基本一致，从图可得出墙体首层的反弯点位于层高的 1/3 处附近。

（2）梁端上下的砖墙截面应变也示于图 4-16。根据这一应变图形可以计算 1—1、2—2 截面的弯矩 M_{1k} 和 M_{2k}（$M_K = E_k \varepsilon W$。式中，E_k 为砌体的受压变形模量，试验得到为 3000MPa；ε 为应变；W 为截面抵抗矩），分别为 10.0kN·m 和 11.6kN·m，两者相加为 21.6kN·m，与按

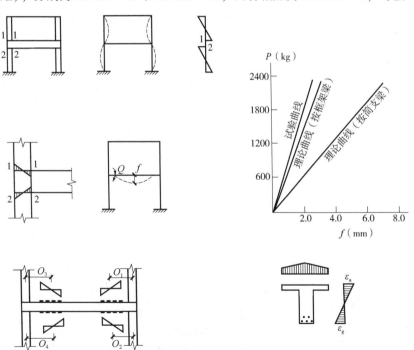

图 4-16　试验结果[33]

框架算得的梁端弯矩 23.0kN·m 比较，相差仅 6%。

（3）梁的挠度情况及支座截面转动情况如图 4-16 所示。此外，在图 4-16 中还列出了试验得到的跨中最大挠度与荷载的关系。从图中可以看出，试验数据与简支梁的理论值相差较多，而与框架梁的理论值非常接近。

（4）试验得到梁的反弯点位置，距墙中心线 1000mm 左右（O_1、O_2、O_3、O_4 均接近于 1000mm），这与框架梁的理论计算值亦非常接近。如果试件为简支梁，就不可能有反弯点出现。

（5）试验得到的大梁跨中截面应变，也如图 4-16 所示。根据实测混凝土应变 ε_c 及钢筋应变 ε_s 算出的跨中弯矩为 24kN·m，亦与框架梁的理论计算值接近。

（6）试验还表明，大梁沿混凝土压区翼缘宽度上的应变分布是不均匀的，中间最大，向两侧逐渐减小。如将该应变分布换算为均匀分布的矩形图形，并保持翼缘中间部分的最大应变值不变，则可得到翼缘的有效宽度为 600mm。这与规范规定的 $b = 12h_i + b = 630mm$ 相当接近。

上述试验结果列于表 4-5 中，这些比较说明了结构的计算简图接近于刚节点的框架，而与铰接简支梁相差较大。

表 4-5　试验结果与理论计算比较[33]

	墙体 1—1 截面弯矩 M_{1k} / (kN·m)	墙体 2—2 截面弯矩 M_{2k} / (kN·m)	梁跨中弯矩 M_0/ (kN·m)	梁跨中挠度 f /mm	梁支座截面转角 θ/ ($''$)	梁反弯点位置 d /mm
试验值	10	11.6	24	1.3	72	1000
按组合框架计算的理论值(差值)	9.5 （+5%）	13.5 （-16%）	28 （-16%）	1.5 （-15%）	94 （-29%）	96 （+4%）
按简支梁计算的理论值(差值)	0	14.4 （+89%）	51 （-113%）	3.4 （-240%）	320 （-34%）	0

从模型试验的结果看，该房屋结构接近于框架结构。将原设计计算

简图的内力分析结果与按框架进行内力分析的结果相比，相差甚多。与试验结果相比，下层窗间墙上端截面的弯矩，与按简支梁算得的相差 8 倍左右，而两种计算简图的轴力 N 却是大致相等。如根据框架结构计算简图得出的内力来验算窗间墙上下截面的承载能力，就能发现其承载能力是严重不足的。这一情况，与倒塌过程调研得到的结论比较一致，这样倒塌的原因就基本明确了[33]。

根据上述试验分析结果，从这一工程应吸取的经验教训主要有[33]：

（1）本例为砖墙承重的混合结构，一般说来，大梁支承于砖墙上，可以假定作为简支梁进行内力分析。但是根据这一假定，不应将梁的端点做成刚性结点（主要指梁垫与梁等高，与窗间墙同宽、同厚），在构造上应做成能实现铰接的条件。具体做法是将梁垫设置在大梁下面，与大梁分开制造，梁垫不与墙同宽、同厚。这时，墙砌体的局部承压强度可能不够，则可把窗间墙改为 T 形截面。

如将梁的端节点做成刚性节点，则应验算窗间墙砌体能不能承担由此而引起的约束弯矩（按砖墙和混凝土大梁的组合梁计算）。如窗间墙承载能力不能满足要求时，应把结构形式改为钢筋混凝土框架，或把窗间墙改为 T 形截面。

（2）设计梁垫时，应考虑到以下两方面的利弊，单纯从梁端墙体的局部受压看，将梁的端部截面放大得越大越好，插入墙体越深越好；但梁端加大后，却引起墙体与梁端共同变形，使墙体产生较大的约束弯矩，对这墙体又很不利。因此，在保证墙体有足够的局部受压面积的条件下，不宜将梁端放得过大，不宜将梁端支承长度伸得过长，而且做预制梁垫比将梁端放大的做法为好，也就是不能为了解决梁端局部受压问题加强梁端的约束程度而致使支承墙体承受它不能承受的约束弯矩。

（3）要尽量避免做混凝土夹心的砖墙。这是由于：①混凝土夹在砖墙中间，无法检查施工质量。事实上本例夹心部分的混凝土质量非常不好。②外包混凝土的砖墙往往只有 120mm 厚，既无法保证砌筑质量，又容易产生与混凝土"两张皮"的现象，而且在浇筑混凝土时，还容易"鼓肚子"，对墙体受力十分不利。③施工工序多，工期慢。④窗间墙为

概念设计的概念

偏心受压构件，将强度较高的混凝土放在截面中心附近，将砖砌体放在截面四周，是不合理的。⑤即使要做混凝土与墙体的组合柱，来提高承载力，也必须有一面混凝土外露，以便检查质量。[一]

根据上述试验研究，在实际设计时，为了提高梁端局部承压能力、增强墙体的受弯能力，也可以考虑将钢筋混凝土梁直接支承在构造柱上，即结构布置时在钢筋混凝土梁部位设置钢筋混凝土构造柱，使构造柱与受力柱合一，形成一个事实上的刚架，这种布置是否合理、是否会引发其他问题的出现，需作进一步分析。现举一个典型的算例进行分析。

算例：砌体结构中有一承受均布荷载 q 的钢筋混凝土梁，梁两端支承在 240mm × 240mm 的钢筋混凝土构造柱上，梁跨 L、梁截面尺寸为 $b \times h$，混凝土 C25。根据设计习惯，这根梁一般均简化为两端简支的简支梁，如图 4-17a 所示，跨中弯矩 $M_{中} = qL^2/8$，相应的配筋为 A_{s1}。根据《混凝土结构设计规范》GB 50010—2010 第 9.2.6 条："当梁端按简支

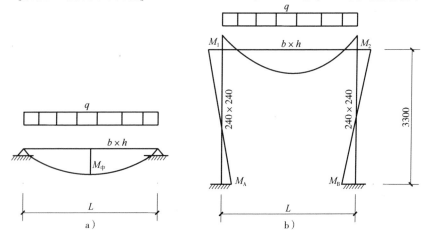

图 4-17　两种模型的计算简图

a）两端简支的简支梁简图　b）刚架模型计算简图

[一]　江见鲸、陈希哲、崔京浩编著，《建筑工程事故处理与预防》，中国建材工业出版社，1995 年 5 月，第 130～134 页。

计算但实际受到部分约束时，应在支座上部设置纵向构造钢筋。其截面面积不应小于梁跨中下部纵向受力钢筋计算所需截面面积的 1/4，且不应少于 2 根。"根据这种构造要求配筋，有可能会造成配筋不足，因为梁支座上部负筋的配置应与梁和构造柱之间的相对刚度有关，而不仅仅与梁跨中下部纵向受力钢筋有关。为此，笔者将梁和构造柱看作一个如图 4-17b 所示的刚架，根据《建筑结构静力计算手册》表 8-4 计算出刚架支座负弯矩 $M_1 = M_2$，再由 $M_1 = M_2$ 计算刚架支座负筋 A_{s2}，并进而求得简支梁跨中配筋的四分之一与刚架支座负筋实际值的比值。当梁跨、梁截面尺寸及梁承受的荷载变化时，两者比值的变化情况分别列于表 4-6 ~ 表 4-8 中。

表 4-6 简支梁跨中配筋 $A_{s1}/4$ 与刚架支座负筋实际值 A_{s2} 比值

（梁高 $h = L/12$ 并取整时）

梁跨/m	梁截面尺寸/m		均布荷载 q / (kN/m)	简支梁跨中弯矩 $M_中$ / (kN·m)	简支梁跨中配筋 A_{s1} /mm²	刚架支座负弯矩 M_1 / (kN·m)	刚架支座负筋 A_{s2} /mm²	$\dfrac{A_{s1}/4}{A_{s2}}$
L	b	h						
4.2	0.20	0.35	30	66.1500	841.77	−21.8819	243.41	0.865
4.5	0.20	0.40	30	75.9375	805.54	−20.9661	198.26	1.016
4.8	0.20	0.40	30	86.4000	942.39	−24.7615	235.73	0.999
5.1	0.20	0.45	30	97.5375	908.89	−23.4139	193.77	1.173
5.4	0.20	0.45	30	109.3500	1043.77	−27.2171	226.39	1.153
5.7	0.20	0.50	30	121.8375	1012.27	−25.5325	187.81	1.347
6.0	0.20	0.50	30	135.0000	1145.63	−29.2951	216.34	1.324
6.3	0.20	0.55	30	148.8375	1115.68	−27.3593	181.10	1.540
6.6	0.20	0.55	30	163.3500	1247.84	−31.0492	206.17	1.513
6.9	0.25	0.60	30	178.5375	1176.93	−24.3301	145.43	2.023
7.2	0.25	0.60	30	194.4000	1297.03	−27.4000	164.05	1.977
7.5	0.25	0.65	30	210.9375	1276.98	−25.3261	138.85	2.299
7.8	0.25	0.65	30	228.1500	1396.46	−28.2846	155.28	2.248
8.1	0.25	0.70	30	246.0375	1377.04	−26.1817	132.57	2.597

（续）

梁跨/m	梁截面尺寸/m		均布荷载 q / (kN/m)	简支梁跨中弯矩 $M_{中}$ / (kN·m)	简支梁跨中配筋 A_{s1} /mm²	刚架支座负弯矩 M_1 / (kN·m)	刚架支座负筋 A_{s2} /mm²	$\dfrac{A_{s1}/4}{A_{s2}}$
L	b	h						
8.4	0.25	0.70	30	264.6000	1496.00	−29.0282	147.15	2.542
8.7	0.25	0.75	30	283.8375	1477.11	−26.9207	126.64	2.916
9.0	0.25	0.75	30	303.7500	1595.62	−29.6573	139.64	2.857

表 4-7 简支梁跨中配筋 $A_{s1}/4$ 与刚架支座负筋实际值 A_{s2} 比值

（梁高 $h = L/15$ 并取整时）

梁跨/m	梁截面尺寸/m		均布荷载 q / (kN/m)	简支梁跨中弯矩 $M_{中}$ / (kN·m)	简支梁跨中配筋 A_{s1} /mm²	刚架支座负弯矩 M_1 / (kN·m)	刚架支座负筋 A_{s2} /mm²	$\dfrac{A_{s1}/4}{A_{s2}}$
L	b	h						
4.2	0.20	0.30	30	66.1500	1142.54	−26.90	371.12	0.770
4.5	0.20	0.30	30	75.9375	1467.07	−31.70	446.06	0.822
4.8	0.20	0.35	30	86.4000	1204.63	−30.50	346.82	0.868
5.1	0.20	0.35	30	97.5375	1456.72	−35.41	408.02	0.892
5.4	0.20	0.40	30	109.3500	1282.75	−33.46	323.66	0.991
5.7	0.20	0.40	30	121.8375	1502.46	−38.37	374.65	1.003
6.0	0.20	0.40	30	135.0000	1779.92	−43.67	430.87	1.033
6.3	0.20	0.45	30	148.8375	1569.66	−40.69	344.89	1.138
6.6	0.20	0.45	30	163.3500	1809.07	−45.89	391.92	1.154
6.9	0.25	0.50	30	178.5375	1535.49	−36.60	270.29	1.420
7.2	0.25	0.50	30	194.4000	1710.97	−41.03	304.15	1.406
7.5	0.25	0.50	30	210.9375	1906.01	−45.77	340.69	1.399
7.8	0.25	0.55	30	228.1500	1790.60	−41.65	277.10	1.616
8.1	0.25	0.55	30	246.0375	1973.96	−46.16	308.06	1.602
8.4	0.25	0.60	30	264.6000	1874.69	−42.03	253.71	1.847
8.7	0.25	0.60	30	283.8375	2049.35	−46.30	280.16	1.829
9.0	0.25	0.60	30	303.7500	2239.67	−50.83	308.37	1.816

表 4-8　简支梁跨中配筋 $A_{s1}/4$ 与刚架支座负筋实际值 A_{s2} 比值

（梁高 $h = L/15$，荷载变化）

梁跨/m	梁截面尺寸/m		均布荷载 q	简支梁跨中弯矩 $M_{中}$	简支梁跨中配筋 A_{s1}	刚架支座负弯矩 M_1	刚架支座负筋 A_{s2}	$\dfrac{A_{s1}/4}{A_{s2}}$
L	b	h	/(kN/m)	/(kN·m)	/mm²	/(kN·m)	/mm²	
4.2	0.20	0.30	20	44.1000	657.55	-17.933	239.18	0.687
4.2	0.20	0.30	30	66.1500	1142.54	-26.90	371.12	0.770
4.2	0.20	0.30	35	77.1750	1520.86	-31.38	440.96	0.862
6.0	0.20	0.40	20	90.0000	991.75	-29.11	279.32	0.888
6.0	0.20	0.40	30	135.0000	1779.92	-43.67	430.87	1.033
6.0	0.20	0.40	35	157.5000	2661.39	-50.95	510.25	1.304
7.2	0.25	0.50	25	162.0000	1362.620000	-34.19	251.97	1.352
7.2	0.25	0.50	30	194.4000	1710.97	-41.03	304.63	1.406
7.2	0.25	0.50	40	259.2000	2579.59	-54.71	410.45	1.571
9.0	0.30	0.60	30	303.7500	2129.16	-44.21	266.09	2.000
9.0	0.30	0.60	40	405.0000	3107.50	-58.94	357.22	2.175
9.0	0.30	0.60	50	506.2500	4477.85	-73.68	449.73	2.489

由表 4-6 ~ 表 4-8 可见，当梁跨及梁承受的荷载较小时，根据《混凝土结构设计规范》GB 50010—2010 第 9.2.6 条所配置的梁支座实配负筋偏小，存在安全隐患；而当梁跨及梁承受的荷载较大时，根据《混凝土结构设计规范》GB 50010—2010 第 9.2.6 条所配置的梁支座区上部实配负筋偏大（大于计算值），而且梁跨越大，《混凝土结构设计规范》GB 50010—2010 第 9.2.6 条所要求配置的梁支座区上部负筋富余量越多，这是没必要的，因为如图 4-17b 所示的刚架模型在理论意义上是准确的模型，在使用阶段梁支座负弯矩只会比弹性理论计算值小，而不会比弹性理论计算值大，多配的钢筋几乎没其他用途。这一事例表明，在设计时应在充分理解规范条文的确切含义的基础上，灵活应用规范，不可拘泥于条文的框框，而应掌握条文的实质内涵，这其实就是概念设计所应具有的概念，而这一概念内涵的挖掘是结合工程实际做法通过详细

概念设计的概念

分析而得出的。所以概念设计的概念不仅存在于规范和以往的经验中，也存在于和遍布于人们对工程建设问题分析的过程中和对工程建设规律的认识和运用中。工程概念是发展的和内涵不断充实的。

第五章 概念设计与构造和构造措施

真正的哲学问题总是植根于哲学以外的那些迫切问题。在解决这些问题的努力中，哲学家们常会追求一种看来像是哲学的方法或技巧，但是这样的方法或技巧是不存在的。在哲学上，方法是不重要的；任何方法，只要导致合理讨论的结果，就是正当的方法。要紧的不是方法或技巧，而是对问题的敏感性和对问题的一贯热情，或如希腊人所说的，是惊奇的本性。

——卡尔·波普尔《猜想与反驳》，第 99～100 页

休谟对于归纳法的批判是一种伟大的成就，足以使他得到一席领导地位。哲学的进步不应当从问题的解答中去寻找，而应在哲学家所提出的问题中去找；这一准则也适用于休谟。休谟的功绩在于他提出归纳法的正当性问题以及指出解决这一问题的困难；至于他的答案是于我们无用的。

——赖欣巴赫《科学哲学的兴起》，第 75～76 页

建筑物在强烈地震作用下的破坏机理和过程是一个十分复杂的综合问题，目前人们对地震及结构所受的地震作用规律还有许多未知因素和模糊认识。由于地震作用的不确定性，结构计算的假定与实际情况必然存在差异，仅凭计算结果进行的设计很难有效控制工程结构在地震作用下的薄弱环节和薄弱部位。20 世纪 70 年代以来，人们在总结历次大地震灾害经验中认识到，一个合理的抗震设计，在很大程度上取决于良好的"概念设计"。抗震概念设计是指针对那些通过计算难以解决或在规范中难以做出明确规定的问题，以工程实际情况、破坏机理和工程概念为依据，用由震害调查总结出的宏观经验以及符合工程客观规律的方

法，对所设计的对象作分析判断，并采取相应措施提高结构抗震能力和抗震性能的设计活动和设计工作的概称或总称。工程概念的内涵是很丰富的，它不仅是工程建设规律的反映和总结提升，还是具体实施方法、实施手段、实施细节和实施过程的反映和总结。也就是说，工程概念不仅包含在理论、方法、思想和理念中，还包括工程做法、工程的实施方法、实施方式和具体措施，这其中的部分内容就是通常所说的构造做法和构造措施。例如，为确保砌体抗震墙与构造柱、底层框架柱的连接，以提高抗侧力砌体墙的变形能力，《建筑抗震设计规范》GB 50011—2010 第 3.9.6 条对墙体的施工提出了"先砌墙后浇筑构造柱"的要求，这是理论和计算所不包含的，但却又是设计和施工所不可或缺的要求，不按这个要求施工，约束砌体、底部框架砖混结构体系构成及其抗震性能就要受到影响。《建筑抗震设计规范》GB 50011—2010 第 2.1.9 条明确指出，建筑抗震概念设计是"根据地震灾害和工程经验等所形成的基本设计原则和设计思想，进行建筑和结构总体布置并确定细部构造的过程"，工程设计时，建筑和结构总体布置并确定细部构造是最能体现工程概念的总体性（统领作用）、先进性（理念的概念化）、灵活性以及概念的能动作用的阶段和环节。因此，概念设计的一部分工作就是将构造做法、构造措施运用到实际工程中，解决工程实际问题，细化工程做法，这是工程建设从理念（设想、创意）向实体化建造不可或缺的环节和阶段。《建筑抗震设计规范》GB 50011—2010 明确了抗震措施和抗震构造措施的区别，在第 2.1.10 条将抗震措施定义为"除地震作用计算和抗力计算以外的抗震设计内容，包括抗震构造措施"。第 2.1.11 条将抗震构造措施定义为"根据抗震概念设计原则，一般不需计算而对结构和非结构各部分必须采取的各种细部要求"。也就是说，抗震构造措施只是抗震措施的一个组成部分，《建筑抗震设计规范》GB 50011—2010 各章中的一般规定、计算要点中的地震作用效应（内力和变形）调整的规定均属于抗震措施，而设计要求中的规定，可能包含有抗震措施和抗震构造措施。

根据规范的这些表述，实际工作中，人们常常将构造做法和构造措施与概念设计混为一谈，其实构造做法和构造措施不等同于概念设计，只是构造做法和构造措施更直观、更便于人们认识概念设计，所以一般人也没在意它们之间的界限和区别，但构造做法和构造措施只是概念设计的一部分和一个方面。黑格尔说："通常将概念分为清楚的、明晰的和正确的三种的办法，不属于概念的范围，而属于心理学的范围。在心理学里清楚和明晰的概念皆指普通观念或表象而言。一个清楚的概念是指一个抽象的简单的特定的表象。一个明晰的观念除具有简单性外，但尚具有一种标志，或某种规定性可以特别举出来作为主观认识的记号。真正讲来，没有什么东西比标志这一为人们喜爱的范畴，更足以作为表示逻辑的衰败和外在性的标志了。正确的观念比较接近概念，甚至接近理念，但是它仍然不外仅表示一个概念甚或一个表象与其对象（一个外在的事物）之间的形式上的符合。"⊖构造做法和构造措施就属于"清楚和明晰的概念"，但正确的概念必须是在对构造做法和构造措施的正确理解基础上的灵活运用和综合发挥，为此，需从构造、构造措施与结构理论、结构体系之间的关系谈起，以揭示概念设计的本质内涵。

第一节　构造和构造措施是理论和结构体系的有机组成

理论是工程建设规律的合理总结和有益提升，是自然规律的一部分，因而是有条件的、相对的，离开了相应的条件，理论就失去其适应性，工程理论的条件有一部分是以构造和构造措施的形式表现出来的，构造和构造措施是理论的有机组成；结构体系也是有条件的，框架-剪力墙结构、底部框架砖混结构、筒体结构、转换层结构等，都是有条件的，即使是砖混结构、框架结构、剪力墙结构，也是有条件的，这些条件中的一大部分也是以构造和构造措施的形式表现出来的，构造和构

⊖　黑格尔《小逻辑》，第336页。

措施是结构体系的有机组成部分或者说结构体系本身必须有（包含）相应的构造和构造措施。构造和构造措施极大地丰富了工程概念和概念设计的内涵，同时概念也揭示了构造和构造措施与结构体系、结构理论之间的关系，促进了构造和构造措施与结构体系、结构理论在工程中的综合运用。现举例说明如下。

一、构造和构造措施是结构体系的有机构成

为了保证结构具有足够的抗震可靠性和良好的抗震性能，工程结构通常意义上的概念设计主要考虑了以下因素：场地条件和场地土的稳定性；建筑物的平、立面布置及其外形尺寸；抗震结构体系的选取、抗侧力构件的布置以及结构质量的分布；非结构构件与主体结构的关系及其两者之间的锚拉；材料与施工质量等。

1. 确定结构体系的因素

《建筑抗震设计规范》GB 50011—2010 第 3.5.1 条要求"结构体系应根据建筑的抗震设防类别、抗震设防烈度、建筑高度、场地条件、地基、结构材料和施工等因素，经技术、经济和使用条件综合比较确定。"这一条提出了通过综合分析确定合理而经济的结构类型和抗震结构体系的具体要求，是结构体系概念的具体化。由于结构的地震反应同场地的频谱特性有密切关系，地震造成建筑的破坏，除地震动直接引起结构破坏外，还有场地条件的原因，诸如地震引起的地表错动与地裂，地基土的不均匀沉陷、滑坡和粉、砂土液化等对工程的破坏作用较大，有时候场地条件成为致命的危险因素，如断裂带附近的建筑破坏非常严重。因此，选择有利于抗震的建筑场地，是减轻场地引起的地震灾害的第一道工序。《建筑抗震设计规范》GB 50011—2010 第 3.3.1 条："选择建筑场地时，应根据工程需要和地震活动情况、工程地质和地震地质的有关资料，对抗震有利、一般、不利和危险地段做出综合评价。对不利地段，应提出避开要求；当无法避开时应采取有效的措施。对危险地段，严禁建造甲、乙类的建筑，不应建造丙类的建筑。"而建筑的重要性、装修的水准等使用条件对结构的侧向变形大小有所限制，因而结构选型

时必须考虑这些因素；结构的选型又受到结构材料和施工条件（预制还是现浇？各有利弊）的制约以及经济条件的许可，这些都属于构造和构造措施的范畴，就是说在结构选型和构建结构体系时，构造和构造措施是必须考虑的主要因素。

2. 结构体系应有明确计算简图和合理的传力途径

《建筑抗震设计规范》GB 50011—2010 第 3.5.2 条要求结构体系"应具有明确的计算简图和合理的地震作用传递途径"。这就是要求抗震结构体系受力明确、传力途径合理且传力路线不间断，使结构的抗震分析更符合结构在地震时的实际表现。这一要求对提高结构的抗震性能十分重要，是结构选型与布置结构抗侧力体系时首先考虑的因素之一，但要做到这一点，必须有相应的构造和构造措施与之配套。例如地下室顶板是否成为上部结构的嵌固部位，对结构计算结果和计算简图的选取影响较大，除了要考虑"结构地上一层的侧向刚度，不宜大于相关范围地下一层侧向刚度的 0.5 倍""地下室顶板对应于地上框架柱的梁柱节点应满足抗震计算要求"或按照《高层建筑筏形基础与箱形基础技术规范》JGJ 6—2011 第 6.1.3 条"上部结构为框架、框架-剪力墙或框架-核心筒结构时……对采用筏形基础的单层或多层地下室以及采用箱形基础的多层地下室，当地下一层的结构侧向刚度 K_B 大于或等于与其相连的上部结构底层楼层侧向刚度 K_F 的 1.5 倍时，地下一层结构顶板可作为上部结构的嵌固部位"等计算要求并满足相应的计算指标外，《建筑抗震设计规范》GB 50011—2010 第 6.1.14 条还提出了"地下室周边宜有与其顶板相连的抗震墙""地下室顶板应避免开设大洞口；地下室在地上结构相关范围的顶板应采用现浇梁板结构，相关范围以外的地下室顶板宜采用现浇梁板结构；其楼板厚度不宜小于 180mm，混凝土强度等级不宜小于 C30，应采用双层双向配筋，且每层每个方向的配筋率不宜小于0.25%""地下一层柱截面每侧纵向钢筋不应小于地上一层柱对应纵向钢筋的 1.1 倍，且地下一层柱上端和节点左右梁端实配的抗震受弯承载力之和应大于地上一层柱下端实配的抗震受弯承载力的 1.3 倍；地下一层梁刚度较大时，柱截面每侧的纵向钢筋面积应大于地上一层对应柱每侧纵向钢筋面积的 1.1 倍；同时梁端顶面和底面的纵向钢筋面积均应比计算增大 10% 以上""地下一层抗震墙墙肢端部边缘构件纵向钢筋的截面面积，不应少于地上一层对应墙肢端部边缘构件纵向钢筋的截面面积。"以及《高层建筑筏形基础与箱形基础技术规范》JGJ 6—2011 第 6.1.4 条提出的"当地下一层结构顶板作为上部结构的嵌固部位时，应能保证将上部结构的地震作用或水平力传递到地下室抗侧力构件上，沿地下室外墙和内墙边缘的板面不应有大洞口"等要求以及构造做法和构造措施，只有这些配套措施均满足，才能实现或满足地下室顶板对上部结构的嵌固要求。这些要求、构造做法和构造措施成为"嵌固"概念的丰富内涵，也是结构体系的有机组成部分。

"嵌固"和"嵌固部位"概念既是理论计算简化的需要，也来自震害调查的总结。《高层建筑筏形基础与箱形基础技术规范》JGJ 6—2011 第 6.1.3 条条文说明指出："1989 年，美国旧金山市一幢257.9m 高的钢结构建筑，地下室采用钢筋混凝土剪力墙加强，其下为2.7m 厚的筏板，基础持力层为黏性土和密实性砂土，基岩位于室外地面下 48～60m 处。在强震作用下，地下室除了产生 52.4mm 的整体水平位移外，还产生了万分之三的整体转角。实测记录反映了两个基本情况：其一是地下室经过剪力墙加强后其变形呈现出与刚体变形相似的特征；其二是地下结构的转角体现了柔性地基的影响。在强震作用下，既然四周与土层接触的具有外墙的地下室其变形与刚体变形基本一致，那么在抗震设计中可假设地下结构为一刚体，上部结构嵌固在地下室的顶板上，而在嵌固部位处增加一个大小与柔性地基相同的转角。对有抗震设防要求的高层建筑，基础结构设计中的一个重要原则是，要保证上部结构在强震作用下能实现预期的耗能机制，要求基础结构的刚度和强度大于上部结构刚度，逼使上部结构先于基础结构屈服，保证上部结构进入非弹性阶段时，基础结构仍具有足够的承载力，始终能承受上部结构传来的荷载并将荷载安全传递到地基上。四周外墙与土层紧密接触，且具有较多纵横墙的箱形基础和带有外围挡土墙的厚筏基础其特点是刚度较大，能承受上部结构屈服超强所产生的内力。同时地震作用逼使与地下室接触的土层发生相应的变形，导致土对地下室外墙及底板产生抗力，约束了地下结构的变形，从而提高了基侧土对地下结构的阻抗和基底土对基础的转动阻抗。当上部结构为框架、框架-剪力墙或框架-核心筒结构时，采用筏形基础的单、多层地下室，其非基础部分的地下室除外围挡土墙外，地下室内部结构布置基本与上部结构相同。数据分析表明，由于地下室外墙参与工作，其层间侧向刚度一般都大于上部结构，为保证上部结构在地震作用下出现预期的耗能机制，本规范参考了 1993 年北京市建筑设计研究院胡庆昌《带地下室的高层建筑抗震设计》以及罗马尼亚有关规范，规定了当上部结构嵌固在地下一层顶板时，地下一层的层间侧向刚度大于或等于与其相连的上部结构楼层刚度的 1.5 倍。"规范的这一背景介绍构成地下室顶板作为上部结构嵌固端的概念的具体内涵，有助于实际工程设计时根据概念的内涵灵活掌握和运用。

3. 结构体系应具有合理的刚度和承载力分布

《建筑抗震设计规范》GB 50011—2010 第 3.5.3 条要求结构体系"宜具有合理的刚度和承载力分布，避免因局部削弱或突变形成薄弱部位，产生过大的应力集中或塑性变形集中"。这一条与《建筑抗震设计规范》GB 50011—2010 第 3.4 节"建筑形体及其构件布置的规则性"密切相关，其提出的抗震薄弱层和薄弱部位的概念，包括以下几个方面内涵：

（1）结构在强烈地震下不存在强度安全储备，构件的实际承载力分析（而不是承载力设计值的分析）是判断薄弱层（部位）的基础。但规范的规定目前还没能完全做到这一点或者说要按这一要求实施还有一定的困难。例如，《建筑抗震设计规范》GB 50011—2010 表 3.3.3-2 和《高层建筑混凝土结构技术规程》JGJ 3—2010 第 3.5.3 条，将抗侧力结构的层间受剪承载力小于相邻上一楼层的 80% 作为判断承载力突变的标准，这里就是基于"承载力设计值的分析"而不是"实际承载力分析"，因为规则性判别往往在设计的方案或结构布置和模型调试阶段，还没能进入构件设计，还不可能根据构件的实际配筋来进行"实际承载力分析"。如图 5-1 所示的两个实例表明，强震作用的规律性我们认识还不足。图 5-1a 所示为北川震后一辆汽车尾部悬空，头部着地，整辆车卡在建筑外墙上，问题是汽车尾部是怎样"腾空"而起的？是什么力使它跃起的？是竖向地震作用吗？图 5-1b 所示为绵竹某四层局部五层砌体结构的东北角处外墙构造柱纵筋被拉断后出现颈缩断裂的破坏现象。这一破坏现象的诡异之处是：第一，构造柱纵筋颈缩断裂是怎么出现的？第二，整栋建筑并未倒塌，也未出现明显的倾斜、错位，山墙和北立面外墙除了底部外，其他部位仍完好无损，构造柱纵筋断裂后是怎么外露出来的？如果仅是水平地震作用一般是不会出现这种破坏现象的，但如果是竖向地震作用，则为何仅房屋的角部底层破坏？这两个例子说明，地震和地震作用的一些规律我们还没有完全了解和掌握，对强震作用的威力，我们还要存敬畏之心。

图 5-1　汶川地震中非典型的地震破坏作用

a）震后汽车尾部"腾空"而起　b）四层建筑底部构造柱主筋颈缩断裂

（2）要使楼层（部位）的实际承载力和设计计算的弹性受力之比在总体上保持一个相对均匀的变化，一旦楼层（或部位）的这个比例有突变时，会由于塑性内力重分布导致塑性变形的集中。这就是要控制实际配筋的超配量值和量级，建立钢筋超配不一定就是增加安全储备的观念和意识。由于钢筋混凝土材料的弹塑性性能，结构构件配筋后所起到的作用是多方面的。一个理想体系或构件常见的有三种强度的定义：①理想强度。一个截面的理想强度或标志强度，是根据理论上的截面破坏性能而确定的，它基于所假定的截面几何形状、实际配筋量及规定的材料强度，如规范规定的混凝土抗压强度和钢筋的屈服强度。②可靠强度。考虑到强度特性的变化及破坏性质和后果的不同，只有部分理想强度能可靠地抵抗荷载规范中的荷载。所以要引用强度降低系数 ø 来求可靠强度，即可靠强度 = ø × 理想强度。③超限强度。超限强度是计及可能存在着超过理想强度的各种因素。这包括实际的钢筋强度高于规定的屈服强度及在大变形下由应变硬化而提高的强度、实际的混凝土强度高于规定值、截面尺寸会大于原设计、受弯构件中因混凝土受到侧向约束而提高了其轴向抗压强度，以及附加的构造钢筋参与受力等因素。规范的这一规定就是要使结构体系内各构件的超限强度与可靠强度、理想强度保持相对均衡。

（3）要防止在局部上加强而忽视整个结构各部位刚度、强度的协调。在设计中经常出现的有两种情况：一是设计时因建筑和其他专业的需要而调整结构布置的量和范围较多，造成结构布局改动较大，这种情况还是要重新建模计算；二是因各种原因对既有结构的部分构件进行加固，造成局部构件承载力增强和刚度增大而引起既有建筑整体结构塑性内力重分布，这既有可能是施工或使用阶段，某些构件经验算不满足设计要求而进行的加固，也有可能是加固方法本身的问题，如砌体结构采用钢筋混凝土面层加固法或钢筋网水泥砂浆面层加固法加固，加固后的墙体的刚度是未加固墙体的 2 ~ 4 倍，刚度的不均衡可能引起加固墙体与非加固墙体之间的塑性内力重分布。

（4）在抗震设计中有意识、有目的地控制薄弱层（部位），使之有足够的变形能力又不使薄弱层发生转移，这是提高结构总体抗震性能的有效手段。例如，底部框架-抗震墙砌体房屋的底层框架和过渡层、带转换层结构的转换层以及转换层上下层等部位和构件，规范均给出了具体的设计计算要求和构造措施，其目的就是为了使薄弱层（部位）有足够的变形和承载能力。图 5-2 所示为典型的底部框架砖混结构破坏形态，图 5-2a 所示为底部框架破坏形态，图 5-2b 所示为过渡层破坏形态。规范有针对性地对这些薄弱部位提出了相应的要求，以加强这些部位的抗震性能。

图 5-2　汶川地震中典型的底部框架-抗震墙砌体房屋破坏照片

a) 底部框架破坏　b) 过渡层破坏

4. 结构体系要有多道防线

《建筑抗震设计规范》GB 50011—2010 第 3.5.3 条要求结构体系
"宜有多道抗震防线"。抗震设计时，结构体系要有多道防线是概念设计
的一个重要概念，应该贯穿建筑设计的始终。《全国民用建筑工程设计
技术措施》第 2.1.6 条指出，多道设防的概念可以从超静定结构的概念
中引申出来。静定结构，也就是只有一个自由度的结构，在地震中只要
有一个节点破坏或一个塑性铰出现，结构就会倒塌；抗震结构必须做成
超静定结构，因为超静定结构允许有多个屈服点或破坏点。将这个概念
引申，不仅要设计超静定结构，抗震结构还应该做成具有多道防线的结
构。第一道防线中的某一部分屈服或破坏只会使结构减少一些超静定次
数[15]。最典型的例子是单跨框架结构，震害调查表明，单跨框架结构，
尤其是层数较多的高层建筑，震害比较严重。因此，《建筑抗震设计规
范》GB 50011—2010 第 6.1.5 条要求"甲、乙类及高度大于 24m 的丙
类建筑，不应采用单跨框架"。

所谓多道防线的概念，通常指的是：第一，整个抗震结构体系由若
干个延性较好的分体系组成，并由延性较好的结构构件连接起来协同工
作；第二，抗震结构体系具有最大可能数量的内部、外部赘余度，有意
识地建立起一系列分布的塑性屈服区，利用赘余杆件的屈服和弹塑性变
形来吸收和耗散尽可能多的地震输入能量，一旦破坏也易于修复，也就

是要求有良好的屈服机制。设计计算时，需考虑部分构件出现塑性变形后的内力重分布，使各个分体系所承担的地震作用的总和大于不考虑塑性内力重分布时的数值。

在汶川地震中，填充墙框架结构事实上也形成了两道防线，填充墙是第一道防线，但填充墙的延性不好，墙体开裂后易局部坍塌，如图5-3所示，既危及住用人员的安全，也影响正常使用。这种情况的多道防线不是规范所要求的多道防线结构体系。

图5-3　汶川地震中框架填充墙破坏而框架基本完好的实例

比较成熟的多道防线结构体系有：框架-抗震墙体系、双肢或多肢抗震墙体系、框架-筒体体系、框架-支撑框架体系等，现举例说明如下。

（1）框架-抗震墙体系是由延性框架和抗震墙（剪力墙）两个系统组成，其中的抗震墙，是作为该结构体系第一道防线的主要的抗侧力构件，需要比一般的抗震墙有所加强。这一体系抗震墙通常有两种布置方式：一种是抗震墙与框架分开，抗震墙围成筒，墙的两端没有柱；另一种是抗震墙嵌入框架内，有端柱、有边框梁，成为带边框抗震墙。第一种情况的抗震墙，与抗震墙结构中的抗震墙、筒体结构中的核心筒或内筒墙体区别不大。对于第二种情况的抗震墙，如果梁的宽度大于墙的厚度，则每一层的抗震墙有可能成为高宽比小的矮墙，强震作用下可能发生剪切破坏，同时，抗震墙给柱端施加很大的剪力，使柱端剪坏，从概念上分析，这种情况对抗地震倒塌是不利的，需通过试验来验证。《建筑抗震设计规范》GB 50011—2010 第6.5.1条条文说明介绍了日本做的

概念设计的概念

试验。2005 年，日本完成了一个 1/3 比例的 6 层 2 跨、3 开间的框架-抗震墙结构模型的振动台试验，抗震墙嵌入框架内。在破坏阶段，首层抗震墙剪切破坏，抗震墙的端柱剪坏，首层其他柱的两端出塑性铰，首层倒塌。2006 年，日本完成了一个足尺的 6 层 2 跨、3 开间的框架-抗震墙结构模型的振动台试验。与 1/3 比例的模型相比，除了模型比例不同外，嵌入框架内的抗震墙采用开缝墙。在破坏阶段，首层开缝墙出现弯曲破坏和剪切斜裂缝，没有出现首层倒塌的破坏现象。所以，《建筑抗震设计规范》GB 50011—2010 第 6.5.1 条要求框架-抗震墙结构的抗震墙的边框设置，"有端柱时，墙体在楼盖处宜设置暗梁，暗梁的截面高度不宜小于墙厚和 400mm 的较大值；端柱截面宜与同层框架柱相同"，这改变了《建筑抗震设计规范》GBJ 11—1989 曾经要求有边框剪力墙要设置明梁且梁宽度大于 2 倍墙厚的做法，这种做法既不便于施工（明梁需增设模板），又使得剪力墙的延性变差，现行规范修改为暗梁做法是技术进步的表现。第二道防线延性框架的设计要求，除了框架的抗震等级、柱子轴压比限值等与纯框架结构有所区别外，其他方面的构造措施同纯框架结构，详见《建筑抗震设计规范》GB 50011—2010 第 6.3 节。《高层建筑混凝土结构技术规程》JGJ 3—2010 第 8.1.2 条则明确提出"框架-剪力墙结构可采用下列形式：①框架与剪力墙（单片墙、联肢墙或较小井筒）分开布置；②在框架结构的若干跨内嵌入剪力墙（带边框剪力墙）；③在单片抗侧力结构内连续分别布置框架和剪力墙；④上述两种或三种形式的混合。"由此可见，框架-抗震墙体系不是框架和抗震墙（剪力墙）的构件组合或叠加，而是两种结构的性能组合，必须满足相应的构造和构造措施。

（2）双肢或多肢剪力墙组成的剪力墙结构。在历次大地震中，剪力墙结构很少破坏，表现出很好的抗震性能。新西兰建筑抗震设计规范（NZS4203：1976）指出："比例适当的联肢延性剪力墙可能是现今钢筋混凝土最好的抗震结构体系，这种剪力墙总的性能与抗弯框架相似，但由于墙的刚度很大，它具有一些优点，即：在联肢梁达到相当大的屈服以后，这种体系仍能保护非结构构件免于破坏。联肢梁通常仅承担不大的重力荷载且它很便于修复。按抗弯屈服设计的单个悬臂剪力墙与联肢延性剪力墙之间的主要区别在于后者可以使联结体系成为主要的地震能量耗散装置。"多肢剪力墙结构体系由若干个单肢墙分系统组成，且剪力墙应双向布置，形成空间结构。其中：

1）剪力墙墙肢本身要有良好的延性。剪力墙墙肢的塑性变形能力和抗地震倒塌能力，除了墙厚与层高之比要满稳定性要求并配置纵向钢筋和抗剪钢筋外，还与截面形状（当剪力墙的墙肢长度不大于墙厚的3倍时，要求应按柱的有关要求进行设计）、截面相对受压区高度或轴压比、墙两端的约束范围、约束范围内的箍筋配箍特征值有关。当截面相对受压区高度或轴压比较小时，即使不设约束边缘构件，剪力墙也具有较好的延性和耗能能力。当截面相对受压区高度或轴压比大到一定值时，就需设置约束边缘构件，使墙肢端部成为箍筋约束混凝土，具有较大的受压变形能力。当轴压比更大时，即使设置约束边缘构件，在强烈地震作用下，剪力墙也有可能被压溃、丧失承担竖向荷载的能力。试验表明边缘构件作用明显，有边缘构件约束的矩形截面剪力墙与无边缘构件约束的矩形截面剪力墙相比，极限承载力约提高40%，极限层间位移角约增加一倍，对地震能量的消耗能力增大20%左右，且有利于墙板的稳定。

剪力墙结构当墙段长度（即墙段截面高度）很长时，受弯后产生的裂缝宽度可能较大，墙体的配筋容易被拉断，因此墙段的长度不宜过大，《高层建筑混凝土结构技术规程》JGJ 3—2010第7.1.2要求"剪力墙不宜过长，较长剪力墙宜设置跨高比较大的连梁将其分成长度较均匀的若干墙段，各墙段的高度与墙段长度之比不宜小于3，墙段长度不宜大于8m"。细高的剪力墙（高宽比大于3）容易设计成具有延性的弯曲破坏剪力墙。当墙的长度很长时，可通过开设洞口将长墙分成长度较小的墙段，使每个墙段成为高宽比大于3的独立墙肢或联肢墙，分段宜较均匀。用以分割墙段的洞口上可设置约束弯矩较小的弱连梁（其跨高比一般宜大于6）。

剪力墙洞口的布置，会明显影响剪力墙的力学性能。规则开洞，洞口成列、成排布置，能形成明确的墙肢和连梁，应力分布比较规则，又与当前普遍应用程序的计算简图较为符合，设计计算结果安全可靠。错洞剪力墙和叠合错洞剪力墙的应力分布复杂，计算、构造都比较复杂和困难。因此，《高层建筑混凝土结构技术规程》JGJ 3—2010 第 7.1.1 要求"门窗洞口宜上下对齐、成列布置，形成明确的墙肢和连梁；宜避免造成墙肢宽度相差悬殊的洞口设置；一、二、三级剪力墙的底部加强部位不宜采用上下洞口不对齐的错洞墙，全高均不宜采用洞口局部重叠的叠合错洞墙"。

2）合理设置连梁。联肢剪力墙结构是以剪力墙及因剪力墙开洞形成的连梁组成的结构，其变形特点为弯曲型变形，对于大部分由跨高比较大的框架梁联系的剪力墙形成的结构体系，这样的结构虽然剪力墙较多，但受力和变形特性接近框架结构，当层数较多时对抗震是不利的，宜避免。对于开洞的抗震墙即联肢墙，强震作用下合理的破坏过程应当是连梁首先屈服，然后墙肢的底部钢筋屈服、形成塑性铰。《建筑抗震设计规范》GB 50011—2010 第 6.4.7 条："跨高比较小的高连梁，可设水平缝形成双连梁、多连梁或采取其他加强受剪承载力的构造。顶层连梁的纵向钢筋伸入墙体的锚固长度范围内，应设置箍筋。高连梁设置水平缝，使一根连梁成为大跨高比的两根或多根连梁，其破坏形态从剪切破坏变为弯曲破坏。"图 1-2 所示汶川地震中砌体结构窗台与窗间墙的相对强弱所形成的破坏形态对比表明，连梁与墙肢的相对强弱关系是决定结构破坏的主要因素。

《高层建筑混凝土结构技术规程》JGJ 3—2010 第 7.1.3 条"跨高比小于 5 的连梁应按本章的有关规定设计，跨高比不小于 5 的连梁宜按框架梁设计"。两端与剪力墙在平面内相连的梁为连梁。如果连梁以水平荷载作用下产生的弯矩和剪力为主，竖向荷载下的弯矩对连梁影响不大（两端弯矩仍然反号），那么该连梁对剪切变形十分敏感，容易出现剪切裂缝，则应按《高层建筑混凝土结构技术规程》JGJ 3—2010 有关连梁设计的规定进行设计，一般是跨度较小的连梁；反之，则宜按框架梁进行设计，其抗震等级与所连接的剪力墙的抗震等级相同，规范的这些规定还是比较明确的，这就是连梁概念的具体内涵。

5. 结构构件的构造要求

《建筑抗震设计规范》GB 50011—2010 第 3.5.4 条："结构构件应符合下列要求：①砌体结构应按规定设置钢筋混凝土圈梁和构造柱、芯柱，或采用约束砌体、配筋砌体等。②混凝土结构构件应控制截面尺寸和受力钢筋、箍筋的设置，防止剪切破坏先于弯曲破坏、混凝土的压溃先于钢筋的屈服、钢筋的锚固粘结破坏先于钢筋破坏。③预应力混凝土的构件，应配有足够的非预应力钢筋。④钢结构构件的尺寸应合理控制，避免局部失稳或整个构件失稳。⑤多、高层的混凝土楼、屋盖宜优先采用现浇混凝土板。当采用预制装配式混凝土楼、屋盖时，应从楼盖体系和构造上采取措施确保各预制板之间连接的整体性。"这一条的内容很丰富，对提高和改善砌体、混凝土和预应力混凝土构件、钢结构构件、楼盖等的延性作了较为详细的规定。

无筋砌体本身是脆性材料，只能利用约束条件（圈梁、构造柱、组合柱等来分割、包围）使砌体发生裂缝后不致崩塌和散落，地震时不致丧失对重力荷载的承载能力。图 5-4a 所示为无约束砖墙的破坏情况，虽然墙体截面面积较大，但破坏明显，几近坍塌；图 5-4b 所示虽然是钢结构的填充墙，但墙体砌筑与钢柱、钢梁紧密，形成事实上的约束砌体，在地震中只有墙面抹灰层脱落，墙体基本完好；图 5-4c 所示为一端设有构造柱另一端（洞口处）未设构造柱的墙体破坏情况，有构造柱侧破坏相对轻微，无构造柱侧墙体破坏严重，局部坍塌；图 5-4d 所示为门厅细长砖柱内设构造柱的墙体破坏情况，虽然构造柱防止了砖柱倒塌，但破坏还是明显，说明这类砖柱还是改成钢筋混凝土柱为好。这几例说明，砌体结构不仅要设置构造柱约束墙体，而且构造柱的设置应能起到约束墙体和防止墙肢出现严重的脆性破坏而局部坍塌的作用。

钢筋混凝土构件抗震性能与砌体相比是比较好的，但若构造措施不当，也会造成严重的脆性破坏。控制脆性破坏的措施包括：控制混凝土结构构件的尺寸，包括轴压比、截面长宽比、墙体高厚比、宽厚比等，当墙厚偏薄时还要满足自身稳定性；防止混凝土压碎、构件剪切破坏、钢筋锚固部分拉脱（粘结破坏）等。图 5-5 所示为典型的受剪承载力不

图 5-4　汶川地震中砌体结构破坏照片
a）无构造柱的墙体破坏　b）钢结构约束的填充墙墙皮脱落
c）端部设构造柱的墙体破坏　d）细长砖柱内设构造柱的墙体破坏

足（抗剪箍筋直径小、间距大）而造成的框架柱、框架梁的脆性破坏。
应注意的是，当柱子发生脆性破坏时，其建筑物都无一例外地遭受严重
灾害，而柱子破坏的主要原因就是抗剪不足，造成混凝土和钢筋分离而
不能共同工作。为了防止柱子钢筋与混凝土分离，最重要的措施就是设
置抗剪箍筋，阻碍柱子内部的混凝土发生裂缝和剥落，且牢牢地约束住
混凝土，日本知名抗震专家武藤清在《结构物动力设计》中说这是钢筋
混凝土的抗震诀窍。《建筑抗震设计规范》GB 50011—2010 第 6.2.4 条
"一、二、三级的框架梁和抗震墙的连梁，其梁端截面组合的剪力设计
值增大系数"；第 6.2.5 条"一、二、三、四级的框架柱和框支柱组合

图 5-5　汶川地震中框架柱和框架梁的剪切破坏照片

的剪力设计值增大系数"；第 6.2.7 条"抗震墙各墙肢截面组合的内力设计值增大系数"；第 6.2.8 条"一、二、三级的抗震墙底部加强部位，其截面组合的剪力设计值增大系数"，均是为了实现"防止剪切破坏先于弯曲破坏"即"强剪弱弯"的人为干预措施，使抗震结构能够维持承载能力而又具有较大的塑性变形能力。

　　主体结构构件之间通过连接的承载力来发挥各构件的承载力、变形能力，从而获得整个结构良好的抗震能力。《建筑抗震设计规范》GB 50011—2011 第 3.5.5 条："结构各构件之间的连接，应符合下列要求：①构件节点的破坏，不应先于其连接的构件。②预埋件的锚固破坏，不应先于连接件。③装配式结构构件的连接，应能保证结构的整体性。④预应力混凝土构件的预应力钢筋，宜在节点核心区以外锚固。"图 5-6 所示为框架节点破坏照片，这种破坏形态是结构设计时应尽量避免出现的。

图 5-6 汶川地震中框架节点破坏照片

汶川地震中的预制空心楼板砌体结构破坏严重，大量的房屋倒塌，如图 5-7 所示。《建筑抗震设计规范》GB 50011—2010 第 3.5.6 条："装配式单层厂房的各种抗震支撑系统，应保证地震时厂房的整体性和稳定性。"支撑系统的不完善，往往导致屋盖系统失稳倒塌，使厂房发生灾难性的震害，在支撑系统布置时应注意保证屋盖系统的整体稳定性。钢结构杆件的压屈破坏（杆件失去稳定）或局部失稳也是一种脆性破坏，图 5-8 所示为汶川地震中的支撑系统破坏照片。

图 5-7 汶川地震中预制空心楼板砌体结构破坏情况

图 5-4 ~ 图 5-8 所示的实例表明，规范提出的"强剪弱弯""强柱弱梁""强节点弱构件"和增强构件的延性和结构的整体性、设置多道设防防线等概念，是防止结构在大震作用下破坏的重要手段和措施，这些措施应看作其对应的结构体系的有机组成部分，因而是概念设计的主

图 5-8　汶川地震中厂房屋面支撑或柱间支撑破坏照片

要观点和主要内容。

二、构造和构造措施是结构理论的有机构成

结构理论大都是半经验半理论性质的，尤其是地基基础、钢筋混凝土结构部分。以钢筋混凝土构件为例，建立构件的半经验半理论计算公式时，往往是先设定（预定、内定）一些做法，排除一些理论研究非关注（非关键、非重点）因素，然后在这些做法的基础上进行相应的理论和试验研究，在试验的基础上拟合出相应的计算公式；还有就是根据一种构件在荷载作用下会同时发生的几类破坏形态，通过预先采取一些工程做法，使得试验时只出现重点关注的破坏形态，其他类型的破坏形态不出现，以便找出影响这一类破坏形态的主要因素，并建立相应的计算公式和设计方法。例如，第四章讨论钢筋混凝土双向板裂缝宽度验算时，曾引用东南大学硕士学位论文所建立的裂缝宽度计算公式，见式

(4-1)。该公式是在钢筋保护层厚度不大于30mm、纵筋最大间距不大于200mm的前提下建立起来的，尤其是纵筋最大间距不大于200mm是依据Nawy等的试验研究得出的。Nawy的试验研究表明，当横向钢筋的间距超过200mm后，不管板的受力钢筋直径如何，都将较早地出现斜向屈服线裂缝模式，不能形成正交裂缝模式。所以双向板裂缝控制应采用钢筋直径小、钢筋间距密的配筋模式，而不应采用粗钢筋和大间距配筋模式。而钢筋保护层厚度的改变对初始裂缝宽度具有显著的影响，保护层厚度增大会导致平均裂缝间距加大。东南大学进行了板纵筋保护层厚度15mm、25mm和35mm的对照试验。试验表明，当板的钢筋保护层厚度为35mm时，裂缝宽度的初始值平均为0.25mm，部分测点的裂缝宽度已达到甚至超过规范允许的最大裂缝宽度0.30mm。随着试验每级荷载的施加，裂缝宽度也随着保护层厚度的不同而不同。也就是说，保护层厚度的加大对控制双向板的裂缝宽度是不利的。[一]板纵筋最大间距和最大保护层厚度就是式（4-1）的适用条件，也就是双向板裂缝控制的构造措施。根据这一研究，地下室外墙等通过增加保护层厚度增加构件的耐久性的办法，可能会适得其反。根据《混凝土结构设计规范》GB 50010—2010第8.2.1条，设计使用年限为50年的板、墙、壳混凝土结构构件中普通钢筋及预应力筋的混凝土保护层厚度当环境类别为三a时，为30mm；环境类别为三b时为40mm。《地下工程防水技术规范》GB 50108—2008要求地下室外墙迎水面钢筋保护层厚度为50mm。钢筋保护层厚度的增加可能会使构件产生较宽的裂缝，反而影响构件的耐久性。《混凝土结构设计规范》GB 50010—2010第8.2.3条："当梁、柱、墙中纵向受力钢筋的保护层厚度大于50mm时，宜对保护层采取有效的构造措施。当在保护层内配置防裂、防剥落的钢筋网片时，网片钢筋的保护层厚度不应小于25mm。"也就是说，当保护层很厚时，要采取有效的措施对厚保护层混凝土进行拉结，防止混凝土开裂剥落、下坠。但增设的钢筋网片自身也容易锈蚀而影响构件的耐久性，所以这类以一种措施弥

[一] 张伟伟，邱洪兴，《混凝土双向板裂缝宽度计算方法的试验研究》，东南大学硕士学位论文，2010年。

补另一类措施的做法没有也不可能从根本上解决问题。

　　再如钢筋混凝土梁，在建立正截面受弯承载力计算公式时，需要配置充足的抗剪箍筋，使得构件在整个试验阶段都不会出现剪切形态的破坏，而只出现纯弯曲破坏；在进行钢筋混凝土梁的斜截面承载力试验研究时，则将梁的正截面受弯纵筋配足（记得上学时做试验时，老师要求纵筋配筋率大于2%）而在整个试验期间不出现弯曲破坏形态。结构和构件的理论分析计算时，也采取同样的办法，根据预先的假定对构件的荷载、边界条件、几何特征等进行简化，建立相应的计算简图，然后再运用力学理论进行计算分析。如建立连续梁、框架等的计算简图时，需根据结构的实际形状、构件的受力和变形状况、构件间的连接和支承条件以及各种构造措施等，作合理的简化后确定，即需要根据工程实际情况对荷载（集中荷载、均布荷载、三角形荷载、梯形荷载），支座条件（简支支座、固定支座、悬臂支座、滑动支座、弹性支座），计算跨度的选取、截面面积和截面惯性矩的选取等，作相应的简化。《混凝土结构设计规范》GB 50010—2010 第5.2.2条："混凝土结构的计算简图宜按下列方法确定：①梁、柱、杆等一维构件的轴线宜取为截面几何中心的连线，墙、板等二维构件的中轴面宜取为截面中心线组成的平面或曲面；②现浇结构和装配整体式结构的梁柱节点、柱与基础连接处等可作为刚接，非整体浇筑的次梁两端及板跨两端可近似作为铰接；③梁、柱等杆件的计算跨度或计算高度可按其两端支承长度的中心距或净距确定，并应根据支承节点的连接刚度或支承反力的位置加以修正；④梁、柱等杆件间连接部分的刚度远大于杆件中间截面的刚度时，在计算模型中可作为刚域处理。"理论研究、计算分析的这些简化、假定和预先设定的条件，就需要有与之配套的构造做法和构造措施来保证计算结果与实际基本一致，如：支座或柱底按固定端计算时就应有相应的构造和配筋，更典型的是钢结构的柱脚，铰接和刚接做法不同，详见《门式刚架轻型钢结构技术规程》CECS 102：2002 第7.2.17条；有地下室的建筑底层柱，其固定端的位置还取决于底板（梁）的刚度；节点连接构造的整体性决定连接处是按刚接还是按铰接考虑等。当钢筋混凝土梁柱构件截面尺寸相对较大时，梁柱交汇点会形成相对的刚性节点区域。刚域尺寸的合理确定，会在一定程度上影响结构整体分析的精度。从这一意义上说，构造做法和构造措施，是理论和理论分析的前提条件，也可以说是理论的有机组成部分。现举例说明如下。

1. 有腹筋简支梁沿斜截面破坏机理和梁柱配置箍筋的作用

在无腹筋简支梁中，由于混凝土抗拉强度很低，当主拉应力超过混凝土抗拉强度时，就会出现与主拉应力迹线大致垂直的裂缝。主拉应力迹线与梁纵轴有一个倾角，故梁在弯矩和剪力作用下的裂缝与梁的纵轴倾斜。斜裂缝出现后达到破坏时，可能出现斜拉破坏、剪压破坏和斜压破坏三种破坏形态[31]。对于剪压破坏，当临界斜裂缝出现后，梁被斜裂缝分割为套拱机构（图5-9a）。内拱通过纵筋的销栓作用和混凝土骨料的咬合作用把力传给相邻外侧拱，最终传给基本拱体Ⅰ，再传给支座。但是，由于纵筋的销栓作用和混凝土骨料的咬合作用很小，所以由内拱（Ⅱ、Ⅲ）所传递的力很有限，主要依靠基本拱体Ⅰ传递主压应力。因此，无腹筋梁的传力体系可比拟为一个拉杆拱，斜裂缝顶部的残余截面为拱顶，纵筋为拉杆，基本拱体Ⅰ为拱身，当拱顶混凝土强度不足时，将发生斜拉或剪压破坏；当拱身的抗压强度不足时，将发生斜压破坏。《混凝土结构设计规范》GB 50010—2010第6.3.3条给出了不配置箍筋和弯起钢筋的一般板类受弯构件斜截面受剪承载力计算公式。

由于无腹筋梁的抗剪强度较低且脆性很大，一般在梁中均需配置腹筋，即使按计算不需要配筋时，也需要按构造要求配筋。配筋对斜裂缝的出现几乎没有什么影响，因为斜裂缝出现前，腹筋所受的应力很小，因而对阻止斜裂缝的出现作用很小，但一旦出现了斜裂缝，则腹筋可以大大增加斜截面的抗剪强度，因为腹筋本身可以直接承担剪力，而且腹筋虽然不能阻止斜裂缝的出现，但可以限制斜裂缝的开展，裂缝在长度方向的减小可增大斜裂缝前端残余混凝土截面，从而提高混凝土的抗剪能力。再则，裂缝开展宽度的减小可增大裂缝面间的咬合力，从而间接地提高了截面抗剪承载力[31]。因此，需要进一步分析有腹筋梁斜截面的受剪机理。

在有腹筋梁中，临界斜裂缝形成后，腹筋依靠"悬吊"作用把内拱（Ⅱ、Ⅲ）的内力直接传递给基本拱体Ⅰ，再传给支座（图 5-9b）。腹筋限制了斜裂缝的发展，从而加大了斜裂缝顶部的混凝土剩余面，并提高了混凝土骨料的咬合力；腹筋还阻止了纵筋的竖向位移，因而消除了混凝土沿纵筋的撕裂破坏，也增强了纵筋的销栓作用。

由以上分析可见，腹筋的存在使梁的受剪性能发生了根本变化，因而有腹筋梁的传力体系有别于无腹筋梁，可比拟为拱形桁架（图 5-9c）。混凝土基本拱体Ⅰ是拱形桁架的上弦压杆，斜裂缝之间的小拱（Ⅱ、Ⅲ）为受压腹杆，纵筋为受拉弦杆，箍筋为受拉腹杆。当配有弯起钢筋时，它可以看作拱形桁架的受拉斜腹杆。这一比拟表明，腹筋中存在拉应力，斜裂缝之间混凝土承受压应

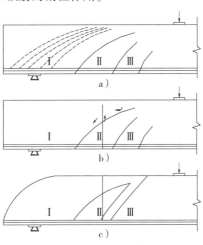

图 5-9　简支梁沿斜截面破坏机理

力。当受拉腹杆（腹筋）较弱或适当时将发生斜拉或剪压破坏；当受拉腹杆过强（腹筋过多）时可能发生斜压破坏。

梁斜截面的受剪破坏机理，至今尚未被完全了解。尽管各国学者提出了各种模式，但是还没有一种公认的合理的理论。上述的拉杆拱和拱形桁架模型只是其中的一种。箍筋在梁内除承受剪力外，还起固定纵筋位置、使梁内钢筋形成骨架，以及在梁的受拉区和受压区，增加受压区混凝土的延性等作用。

《混凝土结构设计规范》GB 50010—2010 第 6.3.4 条给出了当仅配置箍筋时，矩形、T 形和 I 形截面受弯构件的斜截面受剪承载力计算公式。试验表明，与破坏斜截面相交的非预应力弯起钢筋和预应力弯起钢筋可以提高构件的斜截面受剪承载力，除垂直于构件轴线的箍筋外，弯起钢筋也可以作为构件的抗剪钢筋。《混凝土结构设计规范》GB 50010—2010

第 6.3.5 条给出了箍筋和弯起钢筋并用时，矩形、T 形和 I 形截面受弯构件的斜截面受剪承载力的计算公式。考虑到弯起钢筋与破坏斜截面相交位置的不定性，其应力可能达不到屈服强度，因此在规范给出的公式中引入了弯起钢筋应力不均匀系数 0.8。不过现在的工程设计中一般都不采用弯起钢筋抗剪，主要是施工不便，但作为一种方式理论上是可行的。梁中箍筋的配置还应符合《混凝土结构设计规范》GB 50010—2010第 9.2.9 条的规定。

对于钢筋混凝土柱，为了改善混凝土的延性，增加钢筋混凝土结构的塑性变形能力，增加箍筋约束效应将是十分有效的。箍筋不仅能提高约束混凝土的强度，更重要的是大大改善了混凝土的变形性能，极限变形值有了显著的增加，应力-应变曲线的下降段也随着箍筋约束效应的增加而明显提高。试验研究表明，轴向压力对构件的受剪承载力起有利作用，主要是因为轴向压力能阻滞斜裂缝的出现和开展，增加了混凝土剪压区高度，从而提高混凝土所承担的剪力。轴向压力对构件受剪承载力的有利作用是有限度的，当轴压比在 0.3 ~ 0.5 的范围时，受剪承载力达到最大值；若再增加轴向压力，将导致受剪承载力的降低，并转变为带有斜裂缝的正截面小偏心受压破坏，因此应对轴向压力的受剪承载力提高范围予以限制。轴压比限值范围内，斜截面水平投影长度与相同参数的无轴向压力梁相比基本不变，故对箍筋所承担的剪力没有明显的影响。

基于上述考虑，《混凝土结构设计规范》GB 50010—2010 通过对偏压构件、框架柱试验资料的分析，对矩形截面的钢筋混凝土偏心构件的斜截面受剪承载力计算，采取在集中荷载作用下的矩形截面独立梁计算公式的基础上，加一项轴向压力所提高的受剪承载力设计值，即 $0.07N$，且当 N 大于 $0.3f_cA$ 时，规定仅取为 $0.3f_cA$，相当于试验结果的偏低值。

对承受轴向压力的框架结构的框架柱，由于柱两端受到约束，当反弯点在层高范围内时，其计算截面的剪跨比可近似取 $H_n/(2h_0)$；而对其他各类结构的框架柱的剪跨比则取为 $M/(Vh_0)$，与截面承受的弯矩和剪力有关。同时，还规定了计算剪跨比取值的上、下限值。《混凝土结构设计规范》GB 50010—2010 第 6.3.12 条给出了矩形、T 形和 I 形截面的钢筋混凝土偏心受压构件，其斜截面受剪承载力的计算公式。对于符合《混凝土结构设计规范》GB 50010—2010 第 6.3.13 条要求的矩形、T 形和 I 形截面的钢筋混凝土偏心受压构件，可不进行斜截面受剪承载力计算，其箍筋构造应符合《混凝土结构设计规范》GB 50010—2010 第 9.3.2 条的规定。

合理设置箍筋可有效地改善柱的延性。箍筋在改善柱的延性方面主要作用有以下几方面：①增强抗剪能力，限制斜裂缝的发展；②约束混凝土，提高混凝土的强度；③约束纵筋，阻止纵筋压曲失稳。

2. 钢筋混凝土梁钢筋的弯起、截断、锚固、搭接

钢筋混凝土梁除了要根据计算要求设置抗弯纵筋和抗剪、抗扭箍筋外，还要满足钢筋的弯起、截断、锚固、搭接及设置必要的架立筋等的构造要求。框架梁还有梁柱节点等要求。

（1）钢筋混凝土梁钢筋的弯起、截断。钢筋混凝土梁中的纵筋（正弯矩筋和负弯矩筋）并不一定要整跨通长配置，根据受力（弯矩）在跨内的分布情况可以在适当的位置弯起和截断。《混凝土结构设计规范》GB 50010—2010 第 9.2.8 条："在混凝土梁的受拉区中，弯起钢筋的弯起点可设在按正截面受弯承载力计算不需要该钢筋的截面之前，但弯起钢筋与梁中心线的交点应位于不需要该钢筋的截面之外；同时弯起点与按计算充分利用该钢筋的截面之间的距离不应小于 $h_0/2$。当按计算需要设置弯起钢筋时，从支座起前一排的弯起点至后一排的弯终点的距离不应大于本规范表 9.2.9 中 '$V > 0.7f_t bh_0 + 0.05N_{p0}$' 时的箍筋最大间距。弯起钢筋不得采用浮筋。"第 9.2.3 条："钢筋混凝土梁支座截面负弯矩纵向受拉钢筋不宜在受拉区截断，当需要截断时，应符合以下规定：①当 V 不大于 $0.7f_t bh_0$ 时，应延伸至按正截面受弯承载力计算不需要该钢筋的截面以外不小于 $20d$ 处截断，且从该钢筋强度充分利用截面伸出的长度不应小于 $1.2l_a$；②当 V 大于 $0.7f_t bh_0$ 时，应延伸至按正截面受弯承载力计算不需要该钢筋的截面以外不小于 h_0 且不小于 $20d$ 处截

概念设计的概念

断，且从该钢筋强度充分利用截面伸出的长度不应小于 $1.2l_a$ 与 h_0 之和；③若按本条第 1、2 款确定的截断点仍位于负弯矩对应的受拉区内，则应延伸至按正截面受弯承载力计算不需要该钢筋的截面以外不小于 $1.3h_0$ 且不小于 $20d$ 处截断，且从该钢筋强度充分利用截面伸出的长度不应小于 $1.2l_a$ 与 $1.7h_0$ 之和。"这其实是要通过两个条件来控制负弯矩钢筋的截断点。第一个条件是从不需要该批钢筋的截面伸出的长度，就是要使该批钢筋截断后继续前伸的钢筋能保证通过截断点的斜截面具有足够的受弯承载力；第二个条件是充分利用截面向前伸出的长度，就是要使负弯矩钢筋在梁顶部的特定锚固条件下具有必要的锚固长度。第 9.2.4 条："在钢筋混凝土悬臂梁中，应有不少于 2 根上部钢筋伸至悬臂梁外端，并向下弯折不小于 $12d$；其余钢筋不应在梁的上部截断，而应按本规范第 9.2.8 条规定的弯起点位置向下弯折，并按本规范第 9.2.7 条的规定在梁的下边锚固。"钢筋的弯起和截断只有符合这些要求才能保证梁的正截面承载力满足计算要求，同时还要按第 9.2.6 条设置梁的上部纵向构造钢筋："①当梁端按简支计算但实际受到部分约束时，应在支座区上部设置纵向构造钢筋。其截面面积不应小于梁跨中下部纵向受力钢筋计算所需截面面积的 1/4，且不应少于 2 根。该纵向构造钢筋自支座边缘向跨内伸出的长度不应小于 $l_0/5$，l_0 为梁的计算跨度。②对架立钢筋，当梁的跨度小于 4m 时，直径不宜小于 8mm；当梁的跨度为 4~6m 时，直径不应小于 10mm；当梁的跨度大于 6m 时，直径不宜小于 12mm。"以及第 9.2.13 条设置梁腰筋的要求："梁的腹板高度 h_w 不小于 450mm 时，在梁的两个侧面应沿高度配置纵向构造钢筋。每侧纵向构造钢筋（不包括梁上、下部受力钢筋及架立钢筋）的间距不宜大于 200mm，截面面积不应小于腹板截面面积（bh_w）的 0.1%，但当梁宽较大时可以适当放松。"配置腰筋主要是为了控制梁腹板范围内的侧面产生垂直于梁轴线的收缩裂缝，但设定腰筋面积不小于腹板截面面积的 0.1%，与控制梁侧收缩裂缝的目的之间，存在概念上的不协调。举例来说，200mm×700mm 的梁与 300mm×700mm 的梁相比，前者比后者的侧面更易出现收缩裂缝，但需要配腰筋的面积却反而比后者小，这种情况在基础梁中更明显。

（2）钢筋混凝土梁钢筋的锚固、搭接。钢筋的锚固是指梁、板、柱等构件的受力钢筋伸入支座或基础。钢筋的锚固长度一般指梁、板、柱等构件的受力钢筋伸入支座或基础中的总长度，可以直线锚固和弯折锚固。弯折锚固长度包括直线段和弯折段。

钢筋混凝土结构中钢筋能够受力，主要是依靠钢筋和混凝土之间的粘结锚固作用，粘结和锚固是钢筋与混凝土形成整体并共同工作的基础。在常用的结构材料中，钢筋的锚固是钢筋混凝土所特有的构造措施，设计和施工时必须保证不发生锚固破坏，防止钢筋在受力后被拔出或产生较大的滑移。如锚固失效，则结构将丧失承载能力并由此导致结构破坏，这在历史上是有惨痛的教训的。

1891 年的日本浓尾地震中，当时在日本流行的砖石结构大厦和工厂发生了严重破坏，灾害损失巨大。因此，找出替代砖石结构的新型抗震材料，在当时的日本成为现实的课题。1906 年旧金山大地震中，旧金山的很多建筑物遭受了破坏，然而旧金山市金门公园里的一个钢筋混凝土拱形建筑物，虽然受到损伤，却没有倒塌，仍然完整地残存着。两位前去调查震害的日本学者为之震惊，他们把钢筋混凝土作为礼物带回了日本，并快速地推动了钢筋混凝土在日本的研究和革新，确定了梁柱刚接的抗震框架体系，在构造方面，推荐了钢筋应有弯钩的做法。在 1923 年的日本关东大地震中，美式设计的端部不设弯钩的变形钢筋和梁里使用卡昂式特殊钢筋（Kahn bar）的建筑物，无一例外地遭受到严重的破坏。如七层高的内外大厦，是当时日本最高的钢筋混凝土结构，在这次地震中完全倒塌，仅残留一面后墙。内外大厦被震坏的主要原因是卡昂筋没有弯钩而使钢筋锚固失效所致。卡昂筋是美国造的特制品，是一种附有箍筋的钢筋，可同时承受拉伸和剪切力，而且所有的钢筋都不设弯钩。与此相反，钢筋端部设有弯钩，并且完全由钢筋锚固的刚接框架构成的日本式建筑，却表现出很好的抗震性能。这次地震也同时证实了这种日本式建筑在震后随之发生的火灾中，具有良好的防火性能[13]。此后，作为城市建筑的新宠儿，无论是抗震还是防火性能，钢筋混凝土结

概念设计的概念

构都受到广泛的推崇，使得钢筋混凝土结构以在其他国家从未有过的广度和速度深深地扎根于日本，也使得钢筋混凝土锚固和连接得到应有的重视。此后，国际上对钢筋混凝土结构进行了系统的研究，研究钢筋的粘结锚固机理、锚固强度和锚固刚度。

影响粘结锚固的因素主要有：①混凝土强度。混凝土强度越高，咬合齿越强，握裹层混凝土的劈裂就越不容易发生，故粘结锚固作用越强。②钢筋保护层厚度。混凝土保护层越厚，对锚固钢筋的约束越大（但护层厚度较大对裂缝控制不利）；咬合力对握裹层混凝土的劈裂越难发生，粘结锚固作用越强。当保护层厚度大到一定程度，混凝土不会发生劈裂破坏，而会发生咬合齿挤压破碎引起的钢筋拔出破坏。③钢筋的外形。钢筋的外形决定了混凝土咬合齿的形状，因而对锚固强度影响很大。④锚固区域的配箍。锚固区箍筋可加大混凝土的约束。《混凝土结构设计规范》GB 50010—2010 在系统研究的基础上提出了锚固和连接的一系列要求和构造做法，国家标准图 G101 系列则绘制出了具体的做法。《混凝土结构设计规范》GB 50010—2010 第 8.3.1 条给出了当计算中充分利用钢筋的抗拉强度时，受拉钢筋（普通钢筋）的基本锚固长度、受拉钢筋锚固长度计算公式，而且，"当锚固钢筋的保护层厚度不大于 $5d$ 时，锚固长度范围内应配置横向构造钢筋，其直径不应小于 $d/4$；对梁、柱、斜撑等构件间距不应大于 $5d$，对板、墙等平面构件间距不应大于 $10d$，且均不应大于 100mm。此处 d 为锚固钢筋的直径"。当计算中充分利用其抗压强度时，混凝土结构中的纵向受压钢筋锚固长度，根据《混凝土结构设计规范》GB 50010—2010 第 8.3.4 条，不应小于相应受拉锚固长度的 70%，且受压钢筋不应采用末端弯钩和一侧贴焊锚筋的锚固措施。工程中实际的锚固长度 l_a 为钢筋基本锚固长度 l_{ab} 乘锚固长度修正系数 ζ_a 后的数值。修正系数 ζ_a 根据锚固条件按《混凝土结构设计规范》GB 50010—2010 第 8.3.2 条查用，且可连乘。为保证可靠锚固，在任何情况下受拉钢筋的锚固长度均不能小于最低限度（最小锚固长度），其数值不应小于 $0.6l_{ab}$ 及 200mm。

由于钢筋供货长度的限制，在施工时必然存在将钢筋接长使用的问

302

题, 即钢筋的连接问题。为保证结构受力的整体效果, 这些钢筋必须连接起来实现内力的过渡。钢筋连接的基本问题是保证连接区域的承载力、刚度、延性、恢复能力以及抗疲劳能力。《混凝土结构设计规范》GB 50010—2010 第 8.4.4 条给出了纵向受拉钢筋绑扎搭接接头的搭接长度计算公式, 且搭接长度不应小于 300mm。第 8.4.5 条给出了构件中的纵向受压钢筋当采用搭接连接时, 其受压搭接长度不应小于《混凝土结构设计规范》GB 50010—2010 第 8.4.4 条纵向受拉钢筋搭接长度的70%, 且搭接长度不应小于 200mm。

对于框架结构, 根据"桁架机构""斜压杆机构""约束机构"等模型,《混凝土结构设计规范》GB 50010—2010 第 9.3.4 条 ~ 第 9.3.9 条和《高层建筑混凝土结构技术规程》JGJ 3—2010 第 6.5.3 条 ~ 第 6.5.5 条均给出了框架节点钢筋锚固和连接做法, 后者的表达更直观。

钢筋的锚固和连接规范规定得很详细, 国家标准图集 G101 系列、G329 系列也针对不同情况绘出详细的做法, 但实际工程中错误和不得要领的情况仍比较多, 未能真正体现规范规定的内在含义。图 5-10 所示是从网上看到的两个工程实例, 钢筋绑扎比较规矩, 但细节上还是有不到位的地方。图 5-10a 所示是框架顶层中间节点, 从图中可以看出顶层中节点柱纵向钢筋只有四角的纵向钢筋伸至柱顶并向板内水平弯折锚固, 其他钢筋提前截断了, 不符合《高层建筑混凝土结构技术规程》JGJ 3—2010 第 6.5.5 条"顶层中节点柱纵向钢筋和边节点柱内侧纵向钢筋应伸至柱顶。当从梁底边计算的直线锚固长度不小于 l_{aE} 时, 可不必水平弯折, 否则应向柱内或梁内、板内水平弯折, 锚固段弯折前的竖直投影长度不应小于 $0.5l_{abE}$, 弯折后的水平投影长度不宜小于 12 倍的柱纵向钢筋直径"的要求。图 5-10b 所示是基础梁配筋, 从图中可以看出悬臂梁 (伸臂梁) 端部, 不满足《混凝土结构设计规范》GB 50010—2010 第 9.2.4 条"在钢筋混凝土悬臂梁中, 应有不少于 2 根上部钢筋伸至悬臂梁外端, 并向下弯折不小于 12d"的要求, 按倒楼盖法, 底筋上弯 12d 似显得有点长度不足, 且端部没有按国家标准图集 11G101-3 第76 页和第 84 页的要求设置端部封闭钢筋, 按图中的做法混凝土浇筑后,端部无钢筋部位易开裂，所以设置端部封闭钢筋是有必要的。

图 5-10　框架中间节点配筋和基础梁配筋照片

　　钢筋的连接和锚固的有效性还与施工缝的留置密切相关。一栋建筑的所有混凝土不可能一次性浇筑完成，混凝土浇筑过程中不可避免要留置施工缝。但施工缝的留置部位、施工缝表面的处理正确与否，对结构受力影响很大。国内外的地震灾害调查均表明，剪力墙结构是抗震性能较好的一种结构形式。剪力墙结构在强震作用下破坏部位除了常见的底部加强部位塑性铰区和连梁外，楼层水平施工缝处，如果没有做很好的处理，也是比较容易发生滑移破坏的，故《高层建筑混凝土结构技术规程》JGJ 3—2010 第 7.2.12 条和《混凝土结构设计规范》GB 50010—2010 第 11.7.6 条均给出一级剪力墙水平施工缝的抗滑移验算公式，验算通过水平施工缝的竖向钢筋是否足以抵抗水平剪力。如果抗滑移验算不满足规范的要求可以增设附加插筋，附加插筋在上下层剪力墙中都要有足够的锚固长度。这一情况说明，施工缝的处理对结构整体受力影响是很大的。图 5-11 中，基础梁与桩顶承台梁、基础梁与地下室外墙之间留置垂直的施工缝，由于承台梁表面比较光滑，基础梁后浇混凝土与业已凝结硬化的承台梁混凝土之间的摩擦力和咬合作用很小，基础梁梁端的剪力只能靠预留纵筋的销键作用来承担，这种做法与图 5-9 所示的机理不相符，因而在很多场合往往是不能满足抗剪要求的，尤其是在梁剪力较大的情况下。因此，基础梁、剪力墙等要留置竖向施工缝时，必须

图5-11 基础梁留置垂直施工缝

在剪力比较小的部位。在图5-11中，不仅施工缝留置的位置都不对，而且施工缝表面没有形成粗糙面。施工缝最好做成台阶或企口状，以增加销键和摩擦力，满足抗剪要求。《混凝土结构工程施工规范》GB 50666—2011第8.3.10条要求施工缝或后浇带"结合面应为粗糙面，并应清除浮浆、松动石子、软弱混凝土层……柱、墙水平施工缝水泥砂浆接浆层厚度不应大于30mm，接浆层水泥砂浆应与混凝土浆液成分相同。"与施工缝留置问题相关的还有预制桩或灌注桩嵌入承台长度问题。预制桩或灌注桩桩顶嵌入承台或桩帽的长度，《建筑桩基技术规范》JGJ 94—2008第4.2.4条："桩嵌入承台的长度对于中等直径桩不宜小于50mm；对大直径桩不宜小于100mm。"对于灌注桩施工时由于混凝土浇筑时桩顶预留尺寸（标高）没掌握好，也可能是剔除浮浆时剔凿过多，致使实际桩顶标高低于设计值，出现桩顶嵌入承台或桩帽的长度不满足规范要求的情况，如图5-12所示。这时，最简单的处理办法是在保证承台或桩帽的顶面标高不变的情况下，降低桩顶标高，即加大承台或桩帽的高度，使之满足嵌入承台或桩帽的长度的要求。所以有经验的施工队，桩帽、桩承台的钢筋笼一般不提前加工，待现场桩顶实际标高确定后，根据加大后的桩帽、桩承台高度加工。

a)   b)

图 5-12   大直径灌注桩桩顶实际情况照片

a) 桩顶标高低于设计值   b) 桩顶标符合设计要求

    钢筋的锚固做法还涉及梁与板、主梁与次梁的钢筋相对位置问题，例如反梁结构板底纵筋锚固做法，根据目前工程界的普遍做法，当钢筋混凝土梁底标高与板底标高齐平即采用所谓的反梁结构时，板底钢筋一般要弯折后锚入梁内并放置在梁底筋的上面，如图 5-13a 所示。这种做法一是不便于施工，钢筋打弯费工时较多；二是在梁板交接处板底筋弯折处保护层厚度增大而形成薄弱环节，在温度收缩应力作用下，有可能开裂。梁板交接处的作用力主要有支座负弯矩和剪力。板的剪切作用主要由板的混凝土承担，设计中一般不考虑钢筋抗剪，而支座负弯矩由板的负筋承受与板底筋关系不大（因为板中不设箍筋，板配筋设计一般不考虑双筋作用），所以板底筋在此处只需解决锚固，不存在通过板底钢筋放置在梁底筋上面的支承关系来传递荷载的问题。因此如采用图 5-13b 所示的做法，理论上也不会有问题，这正如板支座负筋放置在梁纵筋之上、剪力墙水平筋设置在暗柱纵筋之外一样。因为虽然在荷载作用下梁底会开裂，但只有在极端的情况下梁底混凝土才会脱落，况且梁底混凝土可能脱落也只是局限在跨中部位，不可能整跨梁梁底混凝土都脱落，理论上只要板底纵筋不与梁底混凝土相剥离，板底筋锚固也还算成立。即使结构已进入梁底混凝土局部脱落的状态，只要板支座负筋仍有可靠的锚固，而梁底混凝土未脱落部分板底筋仍与梁固定在一起（试设想一个理想情形：在梁塑性铰区，板恰好在梁边开洞，洞宽等于梁塑性铰长度，所以梁底混凝土脱落对板筋没影响），所以理论上说只要此时梁未变成机动可变体系，板也不至于坍塌。当然这只是理论上的推论，鉴于结构安全问题的重要性，笔者主张采用图 5-13c 所示的做法，这种做法是在图 5-13b 所示做法的基础上，在梁内增加了 10d 的竖直锚固段，因而当梁处于极限状态时，板底筋有一可靠的锚固，同时它又比图 5-13a 所示做法更便于施工。这一做法笔者曾在某车库现浇空心楼盖中采用，施工单位比较欢迎，该工程已交付使用十几年了，未发现异常。

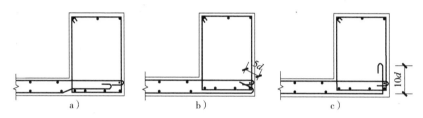

图 5-13　反梁结构板底纵筋锚固做法

a）板底钢筋弯折后锚入梁内　b）板底钢筋置于梁筋下部

c）板底钢筋置于梁筋下部锚入梁内 10d

3. 钢筋混凝土剪力墙的破坏形态及剪力墙配置构造

《"5·12"汶川地震房屋建筑震害分析与对策研究报告》指出："由钢筋混凝土构筑的剪力墙结构房屋（主要在都江堰市，汶川县城也少量存在），普遍震害较轻，较好地发挥了抗震作用。"表明在汶川地震中，剪力墙结构是抗震性能优越的结构形式。试验研究表明，钢筋混凝土剪力墙的破坏形态有：①弯曲破坏。墙体在受拉边底部首先钢筋屈服，形成塑性铰，这种破坏属于延性破坏，是设计所希望达到的。②斜拉破坏。墙体弯曲开裂的同时，也发生剪切裂缝，形成斜拉破坏。③剪切破坏。墙体由于抗剪强度不足，剪切裂缝的产生先于弯曲裂缝。④剪移破坏。为另一种剪切破坏的形式，系沿着弯曲造成的最大裂缝产生滑移。⑤斜压破坏。钢筋混凝土剪力墙延性设计，应力求避免后四种破坏。为防止斜拉破坏和剪切破坏，可配置足够抗剪钢筋，促使其首先发生弯曲屈服。国内剪力墙试验表明，配筋率 $\rho \leqslant 0.075\%$ 的钢筋混凝土墙体，斜裂缝出现后，很快发生剪切破坏；配筋率 ρ 为 $0.1\% \sim 0.28\%$ 的墙体，斜裂缝出现后，不会立即发生剪切破坏。为了控制墙体由于剪切或温度收缩所产生的裂缝宽度，保证墙体在出现裂缝后仍具有足够的承载力和延性，墙体分布筋不能低于规范规定的最小配筋率；设置边缘构件，可以改善抗剪移的能力；控制剪压比可以避免斜压破坏。《混凝土结构设计规范》GB 50010—2010 第 11.7.3 条条文说明指出："国内外剪力墙承载力试验表明，剪跨比 λ 大于 2.5 时，大部分墙的受剪承载力上限接近于 $0.25f_c bh_0$；在反复荷载作用下的受剪承载力上限下降 20%。"因此，相对减弱墙根部的受弯承载力，可将剪力墙的弯曲屈服区控制在墙底部一定范围内，并加强这个范围内的抗剪能力，是增加这个范围内截面延性的有效措施。试验研究表明，影响剪力墙抗震性能的主要因素有：墙厚、分布筋配筋率、边缘构件的设置、边缘构件的纵向配筋率及配箍率。控制墙厚的目的在于保证其稳定，控制分布筋配筋率则是为了提高受剪承载力，限制斜裂缝的扩展，防止脆性破坏。当剪力墙受弯屈服而抗剪分布筋仍未屈服时，剪力墙的耗能和延性将会有明显的改善。试验研究表明，设置边缘构件的剪力墙与矩形截面墙相比，极限承载力约提高 40%，极限层间位移角可增大一倍，耗能能力增大 20% 左右，且有利于提高墙体的稳定性。《剪力墙边缘构件配筋对结构抗震性能的影响》[21] 的对比试验表明：边缘构件纵向配筋率 1.18% 的试件，裂缝分布均匀且较密，而纵向配筋率 0.448% 的试件，裂缝基本集中于墙的底部，没有明显的塑性区域，即使将墙体分布筋配筋率由 0.23% 增大到 0.593%，裂缝分布状态仍无明显的改善。增加边缘构件纵向配筋率，剪力墙承载力有明显的提高，裂缝分布均匀且较密，边缘构件的销键作用就会明显增加，剪切变形就会受到控制，裂缝间的剪切滑移量就会减少。

从上述梁、柱、剪力墙三类构件的破坏机理和破坏形态可看出，构件内配置一定数量钢筋（纵筋和箍筋）后的作用主要有以下几方面。

（1）提高了构件的承载力，但抗裂性能改善不明显。虽然素混凝土也有抗弯、抗剪、抗压、抗拉和抗扭强度，但由于素混凝土抗拉强度很低，相对于钢筋混凝土结构而言，其极限强度很低。在构件内配置钢筋后，其强度有大幅度的提高。在钢筋混凝土发明以前，古人也常采用和混凝土有相同性质的石材作为主要受力构件，由于石材抗拉强度低，只有当截面尺寸很大时，才能承受荷载产生的弯矩作用。例如福建漳州江东大桥[32]，于公元1237年（宋嘉熙元年）由木梁桥改为石梁桥，共15跨，每跨由三片石梁组成，现仅存5跨，其中最大石材截面为1700mm×1900mm，梁长23.7m。

（2）改变结构破坏模式，改善结构构件的受力性能。素混凝土构件不仅强度极低，而且在弯曲、剪切、拉伸和扭转作用下的破坏都是没有预兆的脆性破坏，而配筋构件只要设计合理，构件的弯曲、剪切、拉伸和扭转破坏都可做到有预兆的延性破坏。对于拉力、弯矩、剪力和扭矩共同作用下的复合受力状态，《混凝土结构设计规范》GB 50010—2010第6.4.19条"在轴向拉力、弯矩、剪力和扭矩共同作用下的钢筋混凝土矩形截面框架柱，其纵向普通钢筋截面面积应分别按偏心受拉构件的正截面承载力和剪扭构件的受扭承载力计算确定，并应配置在相应的位置；箍筋截面面积应分别按剪扭构件的受剪承载力和受扭承载力计算确定，并应配置在相应的位置"，其叠加原理的依据是塑性理论中的下限定理。

（3）通过内力重分布，改变结构的传力途径。钢筋混凝土结构为弹塑性材料，在正常使用荷载作用下，构件开裂产生塑性铰而引起构件内力重分布。漳州江东大桥实例[32]表明，当构件的截面尺寸很大时，只要控制截面受拉区拉应力小于石材的抗拉强度，仍能承受荷载产生的弯矩作用，即塑性性能能否得到充分发挥不仅与截面的相对刚度有关，还与受拉钢筋配筋率、受压区混凝土压应力和是否配受压钢筋等因素有关。

（4）分散温度、收缩应力，限制裂缝的发展。布置较少量的钢筋常能使温度和收缩裂缝分布为一系列间距较密的发丝裂缝，代替间距大的宽裂缝。配筋虽不能提高混凝土的极限拉应力，但可增强构件的刚度，分散温度和收缩应力，限制裂缝的发展。

（5）构件内配筋后，还有使构造设计与试验和计算条件相一致、符合抗震设计原则等作用。

构件配筋的作用以构造的形式成为混凝土构件截面设计理论的有机组成部分，构件截面设计除了按规范的计算公式进行计算外，还要按规范规定的配筋构造配置必要的钢筋，并满足截面尺寸限制条件。只有这样，构件设计才是完整的，这些内容构成构件配筋概念的丰富内涵，这些概念往往要从机理上理解才能掌握其确切含义并灵活运用。

4. 刚性基础（无筋扩展基础）的台阶宽高比

砌体结构墙下条形基础大多数情况下为天然地基，一般采用刚性基础，规范称为无筋扩展基础。《建筑地基基础设计规范》GB 50007—2011 第 8.1.1 条给出了无筋扩展基础的台阶宽高比的允许值，见表 5-1。第 8.1.2 条："采用无筋扩展基础的钢筋混凝土柱，其柱脚高度 h_1 不得小于 b_1（图 5-14），并不应小于 300mm 且不小于 $20d$。当柱纵向钢筋在柱脚内的竖向锚固长度不满足锚固要求时，可沿水平方向弯折，弯折后的水平锚固长度不应小于 $10d$ 也不应大于 $20d$。"

表 5-1　无筋扩展基础台阶宽高比的允许值

基础材料	质量要求	台阶宽高比的允许值		
		$p_k \leqslant 100$	$100 < p_k \leqslant 200$	$200 < p_k \leqslant 300$
混凝土基础	C15 混凝土	1∶1.00	1∶1.00	1∶1.25
毛石混凝土基础	C15 混凝土	1∶1.00	1∶1.25	1∶1.50
砖基础	砖不低于 MU10、砂浆不低于 M5	1∶1.50	1∶1.50	1∶1.50
毛石基础	砂浆不低于 M5	1∶1.25	1∶1.50	—
灰土基础	体积比为3∶7 的灰土，其最小于密度为： 粉土 1550kg/m³ 粉质黏土 1500kg/m³ 黏土 1450kg/m³	1∶1.25	1∶1.50	—

（续）

基础材料	质量要求	台阶宽高比的允许值		
		$p_k \leqslant 100$	$100 < p_k \leqslant 200$	$200 < p_k \leqslant 300$
三合土基础	体积比 1:2:4~1:3:6（石灰:砂:骨料），每层约虚铺 220mm，夯至 150mm	1:1.50	1:2.00	—

注：1. p_k 为荷载效应标准组合时基础底面处的平均压力值（kPa）。

2. 阶梯形毛石基础的每阶伸出宽度，不宜大于 200mm。

3. 当基础由不同材料叠合组成时，应对接触部分作抗压验算。

4. 基础底面处的平均压力值大于 300kPa 的混凝土基础，尚应进行抗剪验算；对基底反力集中于立柱附近的岩石地基，应进行局部受压承载力验算。计算方法见《建筑地基基础设计规范》GB 50007—2011 第 8.1.1 条条文说明。

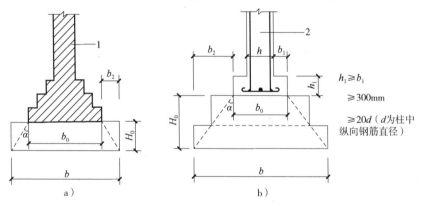

图 5-14 无筋扩展基础构造示意
1—承重墙 2—钢筋混凝土柱

砌体结构墙下无筋扩展基础设计时，计算很简单，一般只要计算出基础宽度即可，基础做法按表 5-1 给出的台阶宽高比允许值或引用标准图。这主要是因为无筋扩展基础一般用砖石、素混凝土、毛石混凝土、灰土和三合土等材料建造，这类基础抗压性好，而抗弯性差。为适应这种特点，无筋扩展基础要满足一定的构造形式，其主要做法就是限制图 5-14 所示 α 角的大小，不要超过刚性角 α_{max}，或用宽高比 b_2/H_0 表示，即要求 b_2/H_0 不要超过表 5-1 容许值，这一概念很重要。表 5-1 给出的允许值经过长期的工程实践检验，是行之有效的，设计时不需要再计算了。否则，当基础外伸长度相对于高度来说比较大（刚性角 α 超过 α_{max}）时，可能由于基础材料抗弯强度不足而开裂破坏。此外，根据《建筑地基基础设计规范》GB 50007—2011 第 8.1.1 条条文说明，当素混凝土基础单侧扩展范围内基础底面处的平均压力值超过 300kPa 时，应按下式验算墙（柱）边缘或变阶处的受剪承载力：

$$V_s \leqslant 0.366Af_t \tag{5-1}$$

式中　V_s——相应于作用的基本组合时的地基土平均净反力产生的沿墙（柱）边缘或变阶处的剪力设计值（kN）；

　　　f_t——素混凝土抗拉强度设计值 f_t（MPa）；

　　　A——沿墙（柱）边缘或变阶处基础的垂直截面面积（m^2）。当验算截面为阶形时其截面折算宽度按《建筑地基基础设计规范》GB 50007—2011 附录 U 计算。

　　式（5-1）是在材料力学、素混凝土抗拉强度设计值 f_t 以及基底反力为直线分布的条件下确定的，适用于除岩石以外的地基。《建筑地基基础设计规范》GB 50007—2011 第 8.1.1 条条文说明还指出，对基底反力集中于立柱附近的岩石地基，基础的抗剪验算条件应根据各地区具体情况确定。重庆大学曾对置于泥岩、泥质砂岩和砂岩等变形模量较大的岩石地基上的无筋扩展基础进行了试验，试验研究结果表明，岩石地基上无筋扩展基础的基底反力曲线是一倒置的马鞍形，呈现出中间大，两边小，到了边缘又略为增大的分布形式，反力的分布曲线主要与岩体的变形模量和基础的弹性模量比值、基础的高宽比有关。由于试验数据少，且我国岩石类别较多，目前尚不能提供有关此类基础的受剪承载力验算公式，因此有关岩石地基上无筋扩展基础的台阶宽高比应结合各地区经验确定。根据已掌握的岩石地基上的无筋扩展基础试验中出现沿柱周边直剪和劈裂破坏现象，提出设计时应对柱下混凝土基础进行局部受压承载力验算，避免柱下素混凝土基础可能因横向拉应力达到混凝土的抗拉强度后引起基础周边混凝土发生竖向劈裂破坏和压陷。

　　无筋扩展基础中，砖基础施工较简便，其剖面一般都做成阶梯形，这个阶梯形通常称为大放脚。大放脚从垫层上开始砌筑，为保证大放脚的强度，应采用两皮一收或一皮一收与两皮一收相间砌法（基底必须保证两皮）。一皮即一层砖，标注尺寸为60mm，也有标注65mm的。每收一次两边各收1/4砖长。为了节约砖、砂石等建筑材料，常在砖石大放脚下面做一层灰土垫层。根据以往的工程经验，三层以及三层以上的混合结构和轻型厂房多采用三步灰土，总厚450mm（灰土需分层夯实，每层虚铺220~250mm，夯实后为150mm厚，通称一步）；三层以下混合结构房屋多采用两步灰土，总厚300mm。《建筑地基基础工程施工质量验收标准》GB 50202—2018第4.2.4条给出了灰土地基的质量验收标准。灰土垫层的优点是施工简便、造价便宜，可以节约水泥和砖石材料。因此，《北京地区建筑地基基础勘察设计规范》DBJ 11—501—2009第8.2.2条："墙下无筋扩展条形基础宜优先采用3:7灰土，其厚度不应小于300mm；当地下水位较高或冬季施工时，可用C15素混凝土基础。"当采用C15素混凝土垫层时，垫层厚度一般为200~300mm。刚性角取值可根据基底压力值由表5-1查取。由于我国目前一些地区河砂资源严重缺乏，应提倡在适宜的条件下尽量采用灰土作垫层，以取代目前盛行的级配砂石和素混凝土垫层，当然由于各地的建设项目工期都比较紧，雨期和冬期施工时，还是要尊重规律，也不宜强行推行灰土垫层的使用。设计砖基础时，要检查大放脚是否影响了管沟处的设备管道布置。

第二节　构造和构造措施补结构理论和结构体系之不足

黑格尔说："哲学的每一部分都是一个哲学全体，一个自身完整的圆圈。但哲学的理念在每一部分里只表达出一个特殊的规定性或因素。每个单一的圆圈，因它自身也是整体，就要打破它的特殊因素所给它的限制，从而建立一个较大的圆圈。因此全体便有如许多圆圈所构成的大圆圈。这里面每一圆圈都是一个必然的环节，这些特殊因素的体系构成了整个理念，理念也同样表现在每一个别环节之中。"[一]目前的工程理论、结构体系也是一个个圆圈，工程建设知识体系"圆圈"之内是已知的部分，圆圈之外是未知的部分，人们的研究和工程建设活动越来越深入、越来越充分，圆圈越大，但圆圈外的未知总是存在的。哥德尔用数学方法严密地证明了"不完备性定理"，这个定理指出，不管什么系统，都不可能在自己系统内部解决所有问题，必定存在着一些在自己系统内部解决不了的矛盾。这个矛盾就是所谓的"bug"，要到（在）更大的理论体系内才能得到解决。这就是说，圆圈内的知识体系也是不完备的。在工程建设活动中，人们进行的各种建设活动都是在运用圆圈内的已知知识和规律进行的。圆圈外部分可分为两大类：一是不知其然也不知其所以然，即完全无知、未知的未知，也未能采取有规律性的措施予以解决，与之相应的是存在所谓的"黑天鹅"事件，即对可能出现的意外、可能出现的事物完全无知，意外和不可能的事物的出现完全超出我们的认知。二是知其然而不知其所以然，即机理机制未知，但可以采取有规律性措施解决或者说对某些危险、威胁采取预防措施，是已知的未知，与之相应的是存在所谓的"黑犀牛"事件，即对可能出现的威胁视而不见，没有预先采取措施预防，从而产生意外事件、事故甚至引发不可控制的事态。莱伊说："在真理问题上，……毫无疑问，那种认为精神是事物的镜子，真理是事物的复写的理论是极端肤浅的。科学真理是经过布满在科学道路上的一切错误而发展的，……我们不能把实践领域和真理领域分割开来；因为根据我们先前所说的一切以及科学上所得到的一切教训，我们不能把真理和实验的检验分割开来。只有那些获得成功的观点才是真理。但是还应当弄清楚：它们是由于获得成功才是真理，还是由于它们是真理才获得成功。实用主义在作出抉择时总是决定采取第一种说法，而常识大概只能决定采取第二种说法。"[二]在工程建设中，很多经验是可以重复和再现的，也有很多因素是难以预测的、不确定的，那么究竟"是由于获得成功才是真理，还是由于它们是真理才获

○　《小逻辑》，第55~56页。

○　《列宁全集》第55卷，第503~504页。

得成功"，是很难区分的。但工程是复杂的，工程建设某种程度上可以说是理论、理念的实物化，但实际建成的建筑物中所蕴含的自然规律和不确定因素、建筑的价值和人文意义是十分丰富的，目前的建设理论、建设思想还不能完全涵盖和阐述清楚，人们只是在"半懂不懂"中将各种建设材料建成建筑物，一如赵州桥、应县木塔等工程奇迹的建成那样，其中的很多科学内涵当时是不完全清楚的，因而这类工程只能是孤例。"半懂不懂"就是知其然而不知其所以然。工程建设一方面是人的创造，是人的意志、人的主观能动性和创造性的集中体现；另一方面工程只是自然的再造，工程都是人造物，是在自然基础上、利用自然材料进行的再塑造和再建造，它既是主动的，又是被动的，有些方面是利用和顺应了规律，有些方面只是顺势而为，或偶然中学会某种技术和方法，却偶然中带有某种必然地造出了人间奇迹，如埃及的金字塔是怎么建起来的，至今还没有合理的解释；秦砖汉瓦是怎么发明的，也很难从科学原理上解释清楚，秦砖汉瓦的发明者、创造者也不可能预见到它们能一直沿用至今。也就是说人们不是根据科学和技术原理设计出秦砖汉瓦、埃及金字塔，但秦砖汉瓦的出现和广泛应用、埃及金字塔的建成却可以构建（衍生、内生）出相应的建造科学和技术，这和我们现在"先设计后施工"的模式不同。"因此，为了明晰而准确地表明实践和真理的相互关系，看来不应当说，能够获得成功的东西就是真理，而应当说，真理的东西即符合现实的东西是能够获得成功的，因为问题是和行动的尝试有关。直接的行动就是对行动发生于其中的实在有准确认识的结果。我们是按照我们的实际知识正确地行动的。"[一]此外，对工程建设知识体系圆圈之外的未知部分，人们还可以用圆圈内的知识和圆圈内培养的能力解决圆圈外的难题，也就是说，圆圈的分界不是绝对的。从更广的角度说，虽然我国目前工程建设遵循"按图施工"的原则，但社会分工造成的现实是，会设计的人不会施工，能施工的人不会设计，这其中的奥妙就是，无论是设计还是施工均不是将构件、材料、使用空间

一 《列宁全集》第 55 卷，第 507 页。

等"单元"或"器件"的简单组合和叠加，工程各部分之间是一个有机组合。达·芬奇说："真正的科学能够改变认识的经验结果，并因此使争议平息，它们并不向研究者提供梦想，而是永远不断地在最初的真理及公认的定理基础上，通过科学的步骤得出结论。"从17世纪开始，以伽利略和牛顿为先导的近代力学同工程实践结合起来，逐渐形成材料力学、结构力学、流体力学、岩体力学等，作为工程建设基础理论的学科。这样工程建设才逐渐从经验发展成为科学。但工程科学具有强烈的实践性。马克思说："最蹩脚的建筑师从一开始就比最灵巧的蜜蜂高明的地方，是他在用蜂蜡建筑蜂房以前，已经在自己的头脑中把它建成了。"[注]为什么建筑师能在开始建造的时候就在"自己的头脑中把它建成了"呢？因为它有榜样，有衡量的准则，有可供同类事物比较核对的"既有存在"。在工程建设的发展过程中，工程实践经验常先行于理论，即使是工程事故也常显示出未能预见的新因素，触发新理论的研究和发展。至今不少工程问题的处理，在很大程度上仍然依靠实践经验。人造工程，但人没能完全了解和掌握"人造物"的很多奥妙，也就是说由建筑材料、建筑构件组成建筑物的机理人们还没有完全掌握，设计计算顶多只是工程精度上大致反映工程的实际受力状态，在建造过程和使用阶段其实是充满许多不确定性的，有时还存在一定的风险。目前的结构理论无论是理论本身的半经验半理论性质，还是理论体系的组成，均还不到成熟和完备的阶段和水平，理论还有很多不足。

就目前的结构体系来说，也不成熟。与实际应用需求之间还存在很大的一个空当，这个空当的补充就是构造和构造措施，目前这种做法或许是一种权宜之计，但即便是将来也不可能完全补足完善，空档永远存在，只是多少而已，所以构造和构造措施一定会继续存在而且会永远存在，只是存在的方式和其内涵会随着技术的发展不断变化。发现结构理论和结构体系的不足的是人的主观意识、认识能力和认识实践的理论总结所形成的概念或理念，运用构造和构造措施弥补结构理论和结构体系

[注] 《马克思恩格斯全集》第23卷，第202页。

不足的也是概念（理念）或思想，概念和思想是改进结构理论和结构体系不足的能动因素和推动的力量。

一、结构和构件裂缝控制问题

现浇钢筋混凝土楼（屋面）梁板的裂缝，是目前较难克服的质量通病之一，特别是住宅工程楼板的裂缝发生后，往往会引起住户投诉、纠纷，以及索赔要求等。因此，作为工程设计者必须对裂缝的成因、裂缝的分类以及裂缝控制技术措施有一些基本的了解，掌握基本概念，才能对各色各样的工程裂缝的性质有一个基本的判断，才能处理和应对裂缝问题引发的技术争论和各类纠纷。在现阶段，这类能力素质某种意义上可以说是工程师的一项基本修养和技术储备。

《混凝土结构设计规范》GB 50010—2010 第8.1.1条条文说明指出："由于现代水泥强度等级提高、水化热加大、凝固时间缩短；混凝土强度等级提高、拌合物流动性加大、结构的体量越来越大；为满足混凝土泵送、免振等工艺，混凝土的组分变化造成收缩增加，近年由此而引起的混凝土体积收缩呈增大趋势，现浇混凝土结构的裂缝问题比较普遍。"而且在验算钢筋混凝土结构连续梁、单向板的裂缝宽度时，常出现"按规范公式计算本该出现的受力裂缝，在工程构件上根本找不到，而且在实际工程构件上由荷载试验所产生的裂缝宽度，有时却比计算值小一个数量级"[15]的情况，如图 5-15 所示。图 5-15a 所示的单向板，根据理论计算，板底弯矩作用下的受力裂缝是垂直于板的短跨的，可实际上很多工程在拆模后出现的是平行于短跨的裂缝；图 5-15b 所示双向板板底角区 45°裂缝与图 5-15d 所示竖向和荷载作用下的裂缝也正好垂直（正交）；图 5-15c 所示的双向板板底不规则裂缝也与图 5-15d 所示试验室竖向加载作用下所出现的裂缝分布不一致。对照图 5-15d，结构拆模后大量出现的如图 5-15a～c 所示的几种裂缝分布形态，不是受力裂缝，而是商品混凝土（特别是泵送混凝土）推广应用以来比较普遍的情况，对这类裂缝目前均没有合适的理论能予以解释清楚，工程上目前大致将其归类为混凝土早期收缩裂缝。

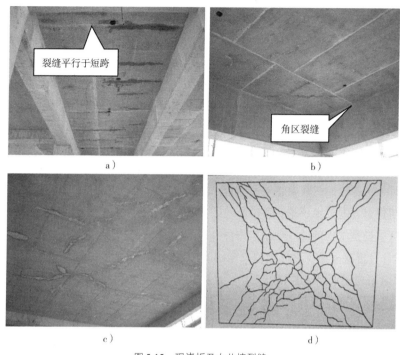

图 5-15　现浇板及女儿墙裂缝

a）单向板板底平行于短跨裂缝　b）双向板板底角区 45°裂缝

c）双向板板底不规则裂缝　d）竖向荷载作用下双向板试验板底裂缝

　　对于温差应力作用，虽然《建筑结构荷载规范》GB 50009—2012 第 9 章给出了温度应力计算方法，但混凝土结构的温度应力，如果按《建筑结构荷载规范》GB 50009—2012 第 9 章进行计算，要抵消（抵抗）温度应力，楼板不仅要双层双向配筋，而且配筋量还比较可观。曾有一个超长建筑，温度应力计算时对结构的弹性刚度乘了 0.5 的折减系数，按《建筑结构荷载规范》GB 50009—2012 第 9 章进行温度应力计算，不仅需要采用微膨胀混凝土抵消一部分拉应力，而且整个楼面需要配置 φ14@100 的钢筋。但大部分房屋没有进行温度应力计算，只是采取一些构造做法，也能满足工程上的裂缝控制要求。结构上出现的一些裂缝，往往是不规则的，在一定程度上可以认为是温度应力引起的，但如果按《建筑结构荷载规范》GB 50009—2012 进行计算，则其温度应力的分布与计算结果之间也是不对应的，很难准确解释温度应力引起的裂缝产生的原因，连定量分析的深度（程度）都达不到。

此外，对于楼板非荷载裂缝与结构体系的关系，建设部质量安全监督与行业发展司 2000 年下达的"建筑工程裂缝机理与防治的研究"中提到，课题组曾进行了砌体结构现浇板约束刚度对非荷载裂缝影响的试验研究，通过设置构造柱、圈梁的结构与取消构造柱、圈梁现浇板直接嵌入墙体内的两种三层砌体结构模型试验的比较，得出了以下结论[23]：①楼板出现非荷载性裂缝与混凝土收缩有关，与板上承受的可变荷载大小无关。②设置圈梁和构造柱对结构刚度有一定提高作用，但楼板裂缝即使在没有圈梁和构造柱的情况下也可能发生，且发生的裂缝可能更多更严重。③裂缝出现时间在混凝土龄期的 3 ~ 4 个月左右，也有提前或延后出现的情况。裂缝一旦出现，经一段时间发展后，可基本达到稳定，不再有新裂缝出现。④非荷载裂缝一般是贯穿性裂缝，可引起渗漏。板面与板底裂缝形态大致相当，板面与板底裂缝位置相近，但一般不完全吻合，所以裂缝截断面一般不是规则平面，且不垂直板面。⑤板角 45°角裂缝出现的可能性最大。⑥砌体结构房屋的室内温度随房屋外界环境温度的变化而变化，室内温度的变化规律与室外温度变化规律相近；室内温度变化要滞后于室外温度变化 1 ~ 2 天；当外界环境温差较大时，室内可出现的温差较小，为室外温差的 2/3 ~ 1 左右。

图 5-15 所示结构早期收缩裂缝的特殊性在于目前虽然还不能像荷载产生的裂缝那样，从理论上建立一个能够解释清楚的模型并进行理论计算，通过计算采取相应的措施减轻和控制裂缝，但早期收缩裂缝产生的因素和机理是基本清楚的，可以从总体上进行裂缝控制，也就是从控制裂缝产生的因素着手，这些手段虽然不能防止裂缝出现（要使钢筋混凝土结构不出现裂缝是比较难的，即使是采取预应力技术也很难完全做到），但可以控制裂缝出现的程度（数量、裂缝宽度），降低裂缝的危害。据笔者观察，实际工程中，早期收缩裂缝出现的大体规律是：

（1）一般在拆模时就发现，常常是贯通缝，只要板面有水，板底即渗漏，有水迹，如图 5-15c 所示。

（2）开裂部位的混凝土强度一般均不低于设计要求的等级。

据统计，现浇钢筋混凝土结构构件出现早期收缩裂缝的常见部位按出现的概率排序大致为[24]：地下室外墙大于基础底板，基础底板大于楼层楼板。地下室外墙和基础底板一般均双层双向配筋且配筋率远大于楼层楼板，其厚度至少为 200mm，比一般的楼板厚得多，而其开裂的概率反而高于楼层楼板，说明单纯增加楼层楼板的板厚或提高板的配筋率均不是减少现浇楼板出现早期收缩裂缝的最有效措施，应探索从多方面采取相应措施，综合应对。

近 20 多年来一些工程的基础底板、地下室外墙及现浇楼板出现早期收缩裂缝的比例有较大幅度的增加，这其实是与 20 世纪 90 年代泵送商品混凝土大面积推广应用有一定的相关性。据媒体报道，1999 年住户（业主）入住投诉率比 1998 年增加了 44%，而 2000 年则比 1999 年增加了 136%。从机理上分析，泵送流态混凝土由于流动性及和易性的要求，坍落度增加、水灰比增大、水泥强度等级提高、水泥用量增加、骨料粒径减小、外加剂增多等诸多因素的变化，导致混凝土的收缩及水化热作用都比以往的低流动性混凝土大幅度增加，例如过去流动性混凝土及低流动性混凝土的收缩变形约为[24] $2.5 \times 10^{-4} \sim 3.5 \times 10^{-4}$，而现在泵送流态混凝土的收缩变形约为 $6.0 \times 10^{-4} \sim 8.0 \times 10^{-4}$，收缩变形值大为增加。由于泵送流态混凝土的收缩变形量值的增大，混凝土早期收缩变形导致结构开裂的机理也就比较明确了，即在给定的环境中，混凝土浇筑成型后受到约束限制致使混凝土出现收缩，因而产生收缩拉应力，当收缩拉应力达到或超过混凝土凝结硬化过程那一刻的极限拉应力时，就会引起构件开裂。在混凝土凝结硬化过程中，混凝土的极限拉应力是随时间的推移而变化并趋于平稳直至稳定的变量，而且混凝土的抗拉极限强度非常低，仅为抗压强度的 1/10 左右。

混凝土早期收缩裂缝大致包含以下 4 种裂缝形式，实际工程中的裂缝常常是这 4 种裂缝的不同组合：

（1）塑性塌落裂缝。一般多在混凝土浇筑过程或浇筑成型后，在混凝土初凝前发生，由于混凝土拌合物中的骨料在自重作用下缓慢下沉，水向上浮，即所谓的泌水，若是素混凝土，混凝土内部下沉是均匀的，若是钢筋混凝土，则钢筋下面的混凝土继续下沉，钢筋上面的混凝土被钢筋支顶，使混凝土沿钢筋表面产生顺筋裂缝。这种塑性塌落裂缝，对于大流动性混凝土或水灰比较大的混凝土尤为严重。

（2）塑性收缩裂缝。一般多在混凝土浇筑后，还处于塑性状态时，由于天气炎热、蒸发量大、大风或混凝土本身水化热高等原因，而产生裂缝。

（3）干缩裂缝。一般多在混凝土硬化过程中，由于混凝土失水干燥，引起体积收缩变形，这种体积变形受到约束时，就可能产生干缩裂缝。混凝土干缩裂缝，一般有两种形状：一种为不规则龟纹状或放射状裂缝，如图 5-15c 所示；另一种为每隔一段距离出现一条裂缝，如图 5-15a 所示。

（4）温度裂缝。一般是由于外界温度变化，使混凝土产生胀缩变形，这种变形即为温度变化，当混凝土构件受到约束时，将在混凝土构件内产生应力，当由此产生的混凝土内部的拉应力超过混凝土抗拉强度极限值时，混凝土便产生温度裂缝。混凝土在浇筑、成型、养护过程中，由于混凝土水化热及外界温度的变化，均可能产生温度裂缝。因此，温度作用是引发混凝土早期收缩裂缝的主要原因之一。

《全国民用建筑工程设计技术措施》第 2.6.1 条指出[15]："除了荷载作用下的受力裂缝，混凝土的开裂主要包括两方面：一是混凝土浇筑后硬化过程中的干缩裂缝，二是使用过程中外界温度变化导致的伸缩裂缝。规范对于伸缩缝最大间距的要求主要是为了减少后一种裂缝的产生。这两类裂缝，产生的原因不同，需要应对的措施不同，因此应从两方面入手控制裂缝的产生。很多工程即使长度未超过规范推荐的最大间距仍出现了严重的裂缝问题。多起问题总结后发现：目前工程中的裂缝问题大多数是干缩裂缝，引起干缩裂缝的主要原因是施工养护和材料问题。控制干缩裂缝最重要的是对施工过程和混凝土材料构成的控制，必须加强施工措施，增强混凝土防裂抗渗性能。"非荷载裂缝的类型及其控制措施见表 5-2。

表 5-2 非荷载裂缝及其控制措施

序号	裂缝类型		控制措施
1	塑性坍落裂缝		混凝土初凝前二次振捣、分批浇筑
2	塑性裂缝		二次抹光，养护，覆盖防风吹、日晒
3	水化热裂缝		低水化热水泥、控制混凝土入模温度、掺加缓凝剂、人工冷却、分批浇筑
4	温度收缩裂缝		设置温度缝、设置温度钢筋、采取保温措施减少温差
5	冻融裂缝		提高混凝土早期强度、保温措施、掺加引气剂、防冻剂、早强剂
6	钢筋锈蚀裂缝		提高混凝土的密实度、保证钢筋保护层厚度、阻锈剂
7	沉降裂缝		设置沉降裂缝、加固地基
8	化学反应膨胀裂缝	（1）安定性不良	水泥安定性检测、控制
		（2）碱-骨料反应	控制水泥碱含量、控制骨料活性氧化硅含量、掺加活性矿物质掺合料、掺加碱-骨料反应抑制剂
		（3）硫酸盐侵蚀	采用抗硫酸盐水泥、提高混凝土密实度、掺加引气剂、防水剂、矿物掺合料、混凝土加保护层

影响干缩的主要因素有：混凝土拌和成分的特性及其配合比、环境的影响、设计和施工等。此外，施工中不合理地浇筑混凝土，例如，在施工现场重新加水改变稠度，而引起收缩值增大。周围环境的相对湿度极大地影响着收缩的大小，相对湿度低则收缩值增大。

温度收缩裂缝的最大危害在于观感差、引起渗漏而影响正常使用，其中楼板裂缝对正常使用的影响最大。由于结构的破坏和倒塌往往是从裂缝的扩展开始的，所以裂缝常给人一种破坏前兆的恐惧感，对住户的精神刺激作用不容忽视。有无肉眼可见的裂缝是大部分住户评价住宅质量好坏的主要标准，而墙体和楼板裂缝是住户投诉住房质量的主要缘由之一。由于产生早期收缩裂缝部位在温度、外荷载、徐变等共同作用下，裂缝宽度随着时间的推移和季节的变化而不断变化，修补较困难，采用化学灌浆修补后不久，裂缝往往又重新出现。因此，为减少和控制裂缝的危害程度，应倡导从源头上采取综合措施来减小混凝土的收缩变形值、控制现浇板出现早期收缩裂缝。混凝土结构裂缝是由混凝土材料、施工、设计、管理等综合因素造成的，仅从施工的角度解决不了问题，仅从设计的角度也同样解决不了问题，必须进行综合治理才有成效。因此要控制和减少混凝土早期收缩裂缝，必须由设计牵头，统筹材料、施工和设计三方面或三环节，这三方面做得好，精心设计、施工密切配合，裂缝是可以得到有效控制的；控制不好或没采取措施，则裂缝出现的无序性、多样性和不规则性（图 5-16）就体现出复杂系统的涌现性的典型特征。

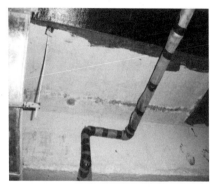

图 5-16　出现早期收缩裂缝楼板渗漏后留下的水迹

　本质上说，控制楼板裂缝，就是控制裂缝的出现向复杂系统的"涌现"状态发展的趋势，是通过各个关键环节的"量"的控制和把握，使其不跨越"临界点"，即控制温度、干缩等产生的拉应力不大于混凝土的抗拉极限强度，就可以使其不裂或少裂，实现"质"的改善。这就要从分析致使各类构件开裂因素和相应的机理入手，这些因素是综合作用的，但为了便于分析，我们采取"分解"的办法，对各类因素进行一一分析。具体地说有以下几个方面。

1. 减少和控制混凝土早期收缩裂缝的设计技术措施

（1）合理选取构件截面最小尺寸。对收缩影响最大的设计参数是钢筋用量和混凝土构件的尺寸、形状以及表面积与体积的比值。在相同的周围环境中，混凝土表面积与体积的比值越大，构件的收缩变形值也越大。一般来说，对混凝土表面积与体积的比值较大的楼板，其最小厚度不宜小于80mm；对筏板基础，垫层厚度不宜小于70mm，底板厚不宜小于200mm，底板下最好做一道柔性防水层，以减弱地基对基础底板的约束程度，减少混凝土收缩拉应力。

（2）合理选取混凝土强度等级。提高混凝土等级，势必增加水泥用量或提高水泥强度等级，混凝土的收缩及水化热作用也随之增加。水泥用量及水泥强度等级的提高，对混凝土抗压强度的增长较大，而其抗拉强度则变化甚微，因而引发钢筋混凝土结构出现早期收缩裂缝的概率反而随之增大。一些工程由于采用预应力梁，梁板混凝土等级一般不低于C40，这些工程据笔者的经验，在北京干燥气候条件下楼板均出现不同程度的混凝土早期收缩裂缝，而且混凝土等级越高，裂缝越多、越宽，如图5-17所示C60混凝土楼板开裂情况是比较极端的。也就是说，只要混凝土等级不低于C40，仅靠一般养护措施是很难控制100~150mm厚楼板不出现早期收缩裂缝的。所以在满足耐久性要求的前提下，应尽

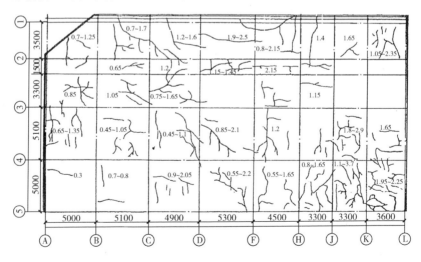

图5-17　某工程C60混凝土楼面实际裂缝分布

量采用中低档混凝土强度等级，一般以 C25～C30 为宜，以减少混凝土的收缩及水化热作用。《全国民用建筑工程设计技术措施 结构（混凝土结构）》第 2.6.4 条要求[15]："楼板一般不宜超过 C30，否则容易裂；地下室挡土墙一般长度较大且对混凝土强度的要求不高，因此混凝土强度不宜超过 C30；除柱外，剪力墙尽量少用高强混凝土，因不易养护。一般情况下，不要因位移不够采用超过 C40 的墙体混凝土，更不要因连梁不够而用超过 C40 的混凝土，C60 混凝土的弹性模量只比 C40 提高 10% 左右，对减小整体位移的贡献有限。"对于基础构件可采用龄期大于 28d 的混凝土后期强度。《高层建筑混凝土结构技术规程》JGJ 3—2010 第 13.9.3 条指出，当采用粉煤灰混凝土时，可采用 60d 或 90d 强度进行配合比设计。粉煤灰是泵送混凝土的重要组成部分，由于粉煤灰的火山灰活性效应及微珠效应，具有优良性质的粉煤灰（不低于Ⅱ级），在一定掺量下（水泥重量的 15%～20%），其强度还有所增加，包括早期强度，见表 5-3。掺入粉煤灰后，密实度也增加，收缩变形有所减少，泌水量下降，坍落度损失减少。但当粉煤灰的掺量增大到 25% 时，强度有所降低。《全国民用建筑工程设计技术措施 结构（混凝土结构）》第 2.6.2 条指出[15]："混凝土采用 60～90d 强度。建筑物底部结构承受全部荷载，都在 60d 以后，采用后期强度，可少用水泥，利用粉煤灰，是减少裂缝很有效的方法。现在搅拌站出来的混凝土，基本上都掺入了粉煤灰，我国《粉煤灰在混凝土和砂浆中应用技术规程》JGJ 28—1986 规定基础构件可用 60d 强度，实际上其他构件也可以。国外用 90d 强度已很普遍。这样既可以节约水泥用量，降低造价，又可以减少混凝土的收缩，减少由此而产生的开裂。为限制混凝土的早期开裂，可控制混凝土的早期强度，在不掺缓凝剂的情况下，可要求 12h 抗压强度不大于 8N/mm² 或 24 小时不大于 12N/mm²，当抗裂要求较高时，宜分别不高于 6N/mm² 及 10N/mm²。混凝土的拆模强度不低于 C5。"

表 5-3　粉煤灰、UEA 及减水剂的不同掺量对混凝土（C60）强度的影响[28]

编号	水泥 C/（kg/m³）	粉煤灰 F 掺量（%）	UEA 掺量（%）	减水剂 掺量（%）	水胶比 W/（C+F+U）	坍落度/mm	抗压强度/MPa		
							7d	28d	60d
1	481	15	0	0.55	0.300	140	52.5	68.0	80.0
2	447	15	0	0.55	0.305	160	57.6	72.2	83.0
3	433	15	0	0.55	0.310	180	56.8	71.3	82.0
4	421	20	7	0.60	0.305	110	52.8	69.0	81.3
5	408	20	7	0.60	0.310	130	51.7	71.9	76.1
6	453	20	7	0.60	0.309	160	54.2	68.5	71.1
7	382	25	10	0.65	0.307	110	41.9	62.6	77.2
8	425	25	10	0.65	0.300	140	48.6	59.3	81.3
9	474	25	10	0.65	0.304	150	41.8	59.2	62.3

（3）加强薄弱环节减少应力集中效应。由于泵送流态混凝土的收缩变形及水化热作用均比以往的低流动性及预制混凝土大幅度增加，为避免和减少钢筋混凝土结构的早期收缩裂缝，对结构和构件的凹角等薄弱部位应采取相应的补强措施，减少应力集中。图 5-18 所示为某塔楼基础底板尖角（阴角）处减缓应力集中的补强做法。

（4）适当增配构造钢筋。配筋能减少混凝土的收缩作用，因为钢筋能起一定的约束作用。适当增配构造配筋有利于防止结构裂缝的出现。《建筑工程裂缝防治指南》[23]第 7.2.10 条："在温度、收缩应力较大的现浇板区域内，钢筋间距宜取为 150~200mm，并应在板的未配筋表面布置温度收缩钢筋。板的上、下表面沿纵、

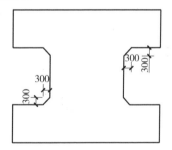

图 5-18　基础底板凹角补强措施

横两个方向的配筋率均不宜小于 0.1%。对屋面板等部位，还应适当增加配筋率。"《全国民用建筑工程设计技术措施》第 2.6.3 条要求[15]："在温度应力大的部位增设温度筋，这些部位主要集中在超长结构的两端，混凝土墙体附近，温度筋配置的原则是直径细、间距密。在满足强

度要求的前提下，钢筋直径宜为 8～10mm，间距宜为 150mm 左右。顶层梁、板筋均应适当加大，梁筋主要加大腰筋，腰筋直径以 ≤16mm 为宜，间距可取 150mm 左右。剪力墙结构纵向两端的顶层墙的配筋，采用细直径密间距的方式。"再如在现浇板中内埋电管较

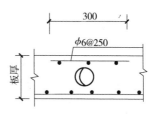

图 5-19　内埋电管部位配筋

多的部位，可按如图 5-19 所示配置附加构造钢筋；楼板开洞部位可按国家标准图集 16G101-1 第 111 页，设置板孔洞边补强钢筋等措施。住宅厨房、卫生间等部位板局部升降板时，如采用 16G101-1 第 108～109 页做法，板必须采用双层双向配筋，如降板部位超出板负弯矩区域，设计应特别说明，在负弯矩配筋区域外需另加筋，否则单层配筋的升降板部位可能因应力集中而开裂。《建筑工程裂缝防治指南》[23] 第 8.1.5 条："混凝土板、墙中的预埋管线宜置于受力钢筋内侧，当置于保护层内时，宜在其外侧加置防裂钢筋网片。混凝土板、墙中的预留孔、预留洞周边应配有足够的加强钢筋并保证足够的锚固长度。"地下室外墙由于受力比较复杂，墙体水平筋应特别加强，不少文献建议其配筋率宜 >0.50%。

（5）增设施工后浇带。混凝土收缩变形的大小与时间有关。从长达 30 年的综合研究中获得的平均数据可知，在前 20 年中，约 50% 的干缩是在头两个月内产生的，而将近 80% 的干缩是在第一年内完成的。因此，在结构的长度方向，每隔 20～30m 设一道 800mm 宽后浇带，将楼层划分为若干流水作业段，待该部位混凝土浇筑 45～60d 并完成大部分收缩变形后，用比原设计高一等级、坍落度 30～80mm 的流动性补偿收缩混凝土浇筑密实，并确保湿养不少于 14d。后浇带的配筋构造详见国家标准图集 16G101-1 第 107 页。

（6）减少结构所受到的约束程度。混凝土收缩变形的大小与结构所受到的约束程度有关，不受约束的自由收缩是不会引发开裂的。所以以减少结构所受到的约束程度，有助于减少混凝土收缩变形值，进而可以减少和控制混凝土早期收缩裂缝。最常见的措施就是在基础底板设置卷材防水材料，以减少基础底板与地基之间的摩擦力。《建筑工程裂缝防治

指南》[23]第7.2.9条："对温度、收缩应力较大的现浇混凝土板，可在周边支承梁、墙中心线处设置控制缝。在浇筑混凝土后插入铁片或塑料片、木条（初凝后取走），引导混凝土裂缝在梁、墙轴线部位出现，以减小板内约束应力（应变）的积聚。而控制缝则在以后浇筑混凝土加以掩盖。"结构布置时，由于剪力墙的刚度较大，对于矩形平面的框架-剪力墙结构，不宜在建筑物两端设置纵向剪力墙，这也是减少楼板所受的约束程度的措施。

2. 减少和控制混凝土早期收缩裂缝的施工措施

《混凝土结构设计规范》GB 50010—2010 第8.1.3条条文说指出："施工阶段采取的措施对于早期防裂最为有效。"控制混凝土早期收缩裂缝的施工措施主要有以下几种。

（1）优化配合比。混凝土拌和成分的特性及其配合比是影响混凝土干缩的主要因素之一。混凝土硬化时，混凝土基料中一些过剩自由水蒸发导致体积减小，称为收缩。体积减小发生在混凝土硬化以前，就称作塑性收缩；在混凝土硬化以后，主要是由于水分损失而引起的体积减小则称为干缩。对于路面、桥梁和平板等构件，塑性收缩和干缩的可能性比温度收缩、碳化收缩大得多。混凝土干缩是不可避免的，除非混凝土完全浸泡在水中或处于相对湿度为100%的环境中。因此，设计和施工过程中，都必须考虑收缩的不利影响。混凝土组成材料的合理选择和配合比优化设计，可以控制混凝土的干缩变形量和增长速率，减少微观裂缝数量，并提高混凝土的抗裂性能。

干缩产生的真实机理是复杂的，一般认为当混凝土表面暴露在干燥状态下，混凝土首先失去自由水，继续干燥的话，则导致吸附水损失。吸附水层的厚度随着含水量的增大而增厚，因此含水量越高，收缩越大。混凝土拌合物的总用水量对干缩的影响较大。美国《混凝土国际设计与施工》1998年第4期介绍了一项专题研究，该研究从大量不同配合比的拌合物中获得的数据表明，以混凝土拌合物的水泥用量为380kg/m^{3}为例，如总用水量为190kg/m^3，水灰比（W/C）为0.50，混凝土的平均干缩率为0.06%；如总用水量为145kg/m^3，水灰比（W/C）为0.38，混凝土的平均干缩率为 0.03%，收缩值减少 50%。因此，要把混凝土的干缩值减少到最小，就必须保持尽可能低的总水量。当水灰比不变时，水和水泥用量即水泥浆量对于泵送状态及收缩都有显著的影响，因为水泥浆自身的收缩值高达 385×10^{-4}。例如当水灰比不变，水泥浆量由 20%（水泥浆量占混凝土总量比）增大到 25%，混凝土的收缩值增大 20%；如果水泥浆量增大到 30%，则混凝土的收缩值增大 45%[24]。同济大学和上海市建筑科学研究院等单位的研究表明[23]：骨料体积含量一定时，0.50~0.60 为较佳水灰比（水胶比）范围，在较佳水灰比（水胶比）下，单位用水量的变化对混凝土收缩变形的影响并不显著。

因此，在保证可泵性和水灰比一定的前提下，应尽可能地降低水泥浆量。由于泵送混凝土的流动性要求与混凝土抗裂要求相矛盾，应选取在满足泵送的坍落度下限条件下，尽可能降低水灰比。其可行的办法就是选择对收缩变形有利的减水剂。例如，掺加中等范围减水剂和高效减水剂可大幅度减少总用水量，因而可减少干缩。而掺加氯化钙、磨细粒状高炉矿渣和某些火山灰时，混凝土的干缩增大，应尽量少用。

水泥品种对收缩的影响也比较大。一般认为，不同品种水泥对混凝土收缩影响的大小顺序是[25]：大掺量矿渣水泥 > 矿渣水泥 > 普通硅酸盐水泥 > 早强水泥 > 中热水泥 > 粉煤灰水泥。《全国民用建筑工程设计技术措施》第 2.6.2 条还要求"控制水泥用量并且优选水化热低的水泥。每立方米混凝土水泥用量不宜超过 350kg，否则易裂。不宜采用早强水泥，一些早强水泥将水泥磨得过细，细颗粒越多，越易裂，而且早强导致水化热产生太快，拆模时如外界温度低，温差大就易开裂。"

粗骨料对干缩的影响主要表现在两个方面：一是提高粗骨料的用量，可使混凝土拌合物的总用水量及水泥浆量相应减少，从而减小混凝土的干缩；二是由于粗骨料的约束作用减少了水泥浆的干缩。粗骨料的约束作用取决于骨料的类型和刚度、骨料的总量和最大粒径。坚固、坚硬的骨料，如白云石、长石、花岗石和石英等，对水泥浆的收缩将起更大的约束作用。而砂岩和板岩对水泥浆的约束作用较弱，应尽量避免使用。同时应避免使用裹有黏土的骨料，因为黏土降低了骨料对水泥浆的约束作用。骨料体积含量对混凝土的收缩具有显著的影响。在完全自然养护条件下，胶凝材料浆体组成确定，以骨料等量代替浆体进行收缩试验表明：混凝土干燥收缩伴随骨料体积含量的增大持续减小，但当混凝土中骨料体积含量较低时，增大骨料体积含量，混凝土收缩量的减少并不显著；而当骨料体积含量从66%增大到68%时，对混凝土收缩的影响最为敏感，收缩值显著降低；而当骨料含量大于68%以后，减少混凝土收缩的作用又开始趋缓[25]。同济大学等单位的研究认为[23]："在胶凝材料浆体组成一定时，骨料体积含量越大，混凝土的收缩值越小。骨料体积在68%~70%范围内变化时，对收缩的影响最为敏感。从减少混凝土收缩的角度看，当骨料体积含量大于70%时，最为有效。"目前，国内商品混凝土生产所使用的碎石普遍存在粒径分布集中、中间粒级少的特点，2.5~10mm粒级的骨料含量不足，使骨料的堆积孔隙率增大，骨料体积含量受到限制，使混凝土的收缩变形值偏大。因此，应尽量避免使用粒径分布集中、中间粒级颗粒少的粗骨料，条件允许时根据粗骨料的级配情况，掺加一定比例的5~16mm的瓜子片对粗骨料进行优化，提高混凝土骨料的体积含量，减少混凝土的收缩值。《全国民用建筑工程设计技术措施》第2.6.2条控制干缩裂缝的措施中，要求"拌和前，须清洗骨料杂物。粗细骨料的含泥量应严格控制在施工规范的要求以内。粗骨料的强度，一般不起控制作用，常用的石灰岩石子，对于配制C70以下的混凝土都不成问题。有问题的是石子级配、粒径等问题。而近年来我国石子供应质量每况愈下，石子孔隙率过大，形状不合格，导致灰浆过多，更容易开裂。因此对于超长或者高强易裂工程应要求调整级配，使石子孔隙率减至合格的范围以内。"

砂石的含泥量对于混凝土的抗裂强度与收缩的影响很大，我国对含泥量的规定比较宽，但实际施工中还经常超标。砂石骨料的粒径应尽可能大些，以达到减少收缩的目的。以砂的粒径为例，有资料表明，采用细度模数为 2.79、平均粒径为 0.381 的中粗砂，比细度模数为 2.12、平均粒径为 0.336 的细砂，每立方米混凝土可减少用水量 20~35kg、减少水泥用量 28~35kg。

砂率过高意味着细骨料多、粗骨料少，收缩作用大，对抗裂不利。砂率一般不宜超过 45%，以 40% 左右为好。砂石的吸水率应尽可能小一些，以利于降低收缩。《混凝土结构工程施工规范》GB 50666—2011 第 7.2.4 条："细骨料宜选用 II 区中砂。当选用 I 区砂时，应提高砂率，并应保持足够的胶凝材料用量，同时应满足混凝土的工作性要求；当采用 III 区砂时，宜适当降低砂率。"《全国民用建筑工程设计技术措施》第 2.6.2 条要求 "不宜采用人工砂，因为人工砂采用石子粉碎，常有很多细末，容易造成裂缝。"

外加剂对收缩影响较大。天津建筑科学研究院的研究表明[23]：掺入化学减缩剂可以不同程度地降低混凝土的干缩率，早期减缩率可达 30%~75%，后期减缩率达 20%~40%。《全国民用建筑工程设计技术措施》第 2.6.2 条要求 "慎重选用混凝土外加剂。外加剂选用不当，不仅有可能影响耐久性，而且还有可能因为搅拌过程不充分导致混凝土中的外加剂不均匀，有的地方多，有的地方少，这种情况反而会导致混凝土开裂。"减水剂对水泥石收缩的影响有两方面：一方面减水剂可有效降低水的表面张力，有减少收缩的作用；另一方面，由于包裹水的释放，减水剂使水泥石孔隙分布细化，有增大水泥石收缩的趋势。两者的共同工作决定水泥石收缩的变化，而作用的结果与减水剂的种类、掺量等有关，详见表 5-4 和表 5-5。

表5-4　掺加减水剂对水泥石圆环开裂时间的影响[25]

减水剂的种类、掺量	未掺减水剂	萘系减水剂 0.50%（粉剂）	三聚氰胺系减水剂 2%（液剂）
开裂时间/h	22	18	14
	39	23	—
	32	21	—
试验条件	水灰比 0.32，温度（20±2）℃，湿度（60±5）%，P·O42.5 水泥		

表5-5 减水剂掺量对水泥石开裂时间的影响[25]

序号	1	2	3	4	5	6
减水剂掺量（%）	0.30	0.40	0.50	0.60	0.70	0.80
开裂时间/h	21.5	15	15	15	7	7
试验条件	水灰比0.30，温度（20±2）℃，湿度（60±5）%，萘系减水剂					

由表5-4和表5-5可见，减水剂对混凝土的抗裂性能产生不利的影响。因此，在高强混凝土中，减水剂对混凝土的初期龄期抗裂性能更为不利，这也就是高强混凝土容易开裂的主要原因之一。而且水灰比越小，减水剂的不利影响就越大。减水剂的颗粒分散作用能使水泥石孔隙均化和细化，Ⅰ级粉煤灰与减水剂双掺时，如粉煤灰替代率较低，减水剂的孔隙细化作用抵消了部分粉煤灰孔隙粗化作用，粉煤灰的抗裂缝效果降低；当粉煤灰替代率较高时，减水剂的孔隙细化作用被粉煤灰孔隙粗化作用抵消，减水剂的孔隙均化作用则有利于粉煤灰的均匀分布，使水泥粗化孔隙孔径分布集中，反而有利于提高水泥石的抗裂性能。Ⅱ级粉煤灰与减水剂双掺时，减水剂的孔隙细化作用可有效修正粉煤灰孔隙粗化作用，减少水泥石的早期收缩，在所有掺量下均有利于提高水泥石的初龄期抗裂性能，但抗裂效果不如Ⅰ级粉煤灰。此外，采用粉煤灰与减水剂掺入混凝土的"双掺技术"可取得降低水灰比，减少水泥浆量，提高混凝土的可泵性的良好效果，特别是可明显延缓水化热峰值的出现，降低温度峰值。同济大学等单位的研究表明[23]：加入一定量的Ⅰ级或Ⅱ级粉煤灰对提高混凝土的开裂性能是有好处的，其适宜掺量为20%~30%。尤其在掺加高效减水剂时，更宜同时掺用粉煤灰。

由表5-6可见，同等条件下，不掺减水剂时，随着粉煤灰替代水泥的替代率增大，水泥圆环试件开裂时间不断延长，掺量越高越有利于提高混凝土初龄期的抗裂性能，当粉煤灰替代率达到一定值（25%~35%）后趋于稳定。

表 5-6 粉煤灰、粉煤灰与减水剂双掺对水泥石开裂性能的影响[25]

序号	水灰比	减水剂掺量 （%）	粉煤灰掺量 （%）	开裂时间 /h	备注
1	0.32	—	—	22	
2	0.32	—	20	91	I 级粉煤灰
3	0.32	0.5	0	18	萘系减水剂
4	0.32	0.5	20	91	I 级粉煤灰、萘系减水剂
5	0.32	2	0	14	三聚氰胺系减水剂
6	0.32	2	20	91	I 级粉煤灰、三聚氰胺系减水剂
7	0.32	—	—	39	
8	0.32	—	15	55	I 级粉煤灰
9	0.32	0.5	—	23	萘系减水剂
10	0.32	0.5	15	39	I 级粉煤灰、萘系减水剂
11	0.32	—	15	87	I 级粉煤灰
12	0.32	—	25	111	I 级粉煤灰
13	0.32	—	35	>240	I 级粉煤灰
14	0.32	—	45	>240	I 级粉煤灰
15	0.32	0.5	—	24	I 级粉煤灰、萘系减水剂
16	0.32	0.5	15	42	I 级粉煤灰、萘系减水剂
17	0.32	0.5	25	>240	I 级粉煤灰、萘系减水剂
18	0.32	0.5	35	>240	I 级粉煤灰、萘系减水剂
19	0.32	0.5	45	>240	I 级粉煤灰、萘系减水剂
20	0.32	—	15	27	II 级粉煤灰
21	0.32	—	25	62	II 级粉煤灰
22	0.32	—	35	71	II 级粉煤灰
23	0.32	—	45	74	II 级粉煤灰
24	0.32	0.5	15	27	II 级粉煤灰、萘系减水剂
25	0.32	0.5	25	74	II 级粉煤灰、萘系减水剂
26	0.32	0.5	35	95	II 级粉煤灰、萘系减水剂
27	0.32	0.5	45	>120	II 级粉煤灰、萘系减水剂

《混凝土结构工程施工规范》GB 50666—2011 第 7.2.7 条："矿物掺合料的选用应根据设计、施工要求，以及工程所处环境条件确定，其掺量应通过试验确定。"对大体积混凝土应优先采用矿渣水泥或掺入矿渣掺合料。矿渣掺合料等量取代水泥，能起到降低黏度和大幅度提高强度的作用，据文献资料介绍，主要有以下三方面的原因：

1）形貌效应，掺合料颗粒形状大多为珠状，在骨料间起着滚珠的作用，润滑骨料表面，从而改善混凝土的流动性。

2）微骨料效应，掺合料比较细，能够填充在骨料的空隙及水泥颗粒之间的空隙中，使得颗粒级配更趋理想化，达到较密实状态，减少了用水量。

3）火山灰效应，这是掺合料对混凝土贡献最大的效应。掺合料本身不具活性或活性很低，起不到胶凝作用，但其中有部分活性 SiO_2、Al_2O_3 等，在碱性环境下，受到激发，可表现出胶凝性能。水泥中有调凝作用的石膏，水化后能产生碱石灰，在这样的环境中，掺合料的活性成分发生反应，生成具有胶凝能力的水化硅酸钙、水化铝酸钙和水化硫铝酸钙，提高了混凝土的强度。

掺合料这三个效应同时作用即润滑、细化孔隙、胶凝作用，使水化热降低，坍落度损失减少，碱度降低，后期强度仍有所增长，达到改性的目的。同济大学等单位的研究表明[23]：矿粉等量替代水泥会导致混凝土收缩的增大，掺量小于 15% 时，对收缩影响较小，对控制收缩有利。

（2）施工缝的加强措施。为缩短施工周期、便于模板周转、减少夜间施工扰民以及缓解混凝土收缩和水化热对结构的不利影响，在结构楼层中留设施工缝和后浇带是必要的措施。由于施工缝两侧混凝土浇筑的时间差，引起施工缝两侧混凝土的收缩变形不一致，因而易于在施工缝处形成一条贯通裂缝而影响使用，因此施工缝处应采取相应的加强措施，尽量减少和避免在施工缝处形成贯通裂缝而影响使用，常见的加强措施有：

1）加强配筋。对楼板，施工缝部位应设双层钢筋且钢筋间距以

100～150mm 为宜；加密剪力墙水平筋间距，以 100～150mm 为宜；梁的箍筋也应适当加密。

2）优化混凝土配合比。如条件允许，施工缝两侧各 2m 范围内的混凝土采用特殊的配合比，即在满足泵送要求的前提下，尽量选用较低的坍落度值，降低水灰比、减少水泥用量、增大粗骨料的粒径和提高骨料的用量，添加 UEA、HEA 等微膨胀剂配置补偿收缩混凝土，并加强养护，做到湿养不少于 14d。通过添加 UEA、HEA 等微膨胀剂，可从某种程度上减少混凝土的收缩变形，但由于 UEA、HEA 等的限制膨胀率指标是在水养 14d 的情况下获得的，如果养护条件跟不上，则其限制膨胀率明显降低而失去减少混凝土收缩变形的作用。工程实践中，出现添加微膨胀剂对防裂无效，甚至反而开裂更甚，并产生后期强度倒缩等的事例时有发生[26]。

3）界面剂。界面剂的抗拉强度大于素水泥浆一倍以上，使用合适的界面剂有助于增加施工缝处新老混凝土接合面的粘结力，减缓混凝土在新老混凝土接合面处开裂的可能性。

4）施工缝构造。采取上述措施后，施工缝处因混凝土早期收缩而形成贯通裂缝的可能性大为降低，但在温度、徐变等的作用下，仍有可能形成贯通裂缝。为减少和避免施工缝处贯通裂缝渗漏水而影响使用，对于现浇板可采用企口缝，避免裂缝处渗漏水。

5）施工缝位置的选择。上下楼层施工缝的平面位置宜错开一段距离，避免沿竖向形成上下贯通的通缝而出现薄弱环节集中在竖向同一断面。由于施工缝毕竟是薄弱部位，在选择施工缝的位置时，应尽量避开厨房、卫生间等经常处于潮湿环境的部位。《混凝土结构工程施工规范》GB 50666—2011 第 8.6.1 条："施工缝留设位置应经设计单位确认。"并在第 8.6.2 条和第 8.6.3 条分别给出水平施工缝和竖向施工缝的设置要求。

（3）混凝土养护对收缩的影响。目前减少混凝土收缩变形的主要施工措施还是加强混凝土的养护。《全国民用建筑工程设计技术措施》第 2.6.2 条"控制干缩裂缝的措施"中，指出"结构表层混凝土的耐久性质量在很大程度上取决于施工养护过程中的湿度和温度控制。暴露于大气中的新浇混凝土表面应及时浇水或覆盖湿麻袋、湿棉毯等进行养护，如条件许可，应尽可能蓄水或洒水养护（反梁式筏基采用蓄水最好），但在混凝土发热阶段最好采用喷雾养护，避免混凝土表面温度产生骤然变化。对于大掺量粉煤灰混凝土，在施工浇筑大面积构件（筏基、楼板等）时，应尽量减少暴露的工作面，浇筑后应立即用塑料薄膜紧密覆盖（与混凝土表面之间不应留有空隙）防止表面水分蒸发，并应确保薄膜搭接处的密封。待进行搓抹表面工序时可卷起薄膜并再次覆盖，终凝后可撤除薄膜进行水养护。"[15]据有经验的施工人员介绍，判断塑料薄膜是否紧密覆盖，主要看覆盖的塑料薄膜上是否有可见的冷凝水。

正常级配的混凝土，根据养护条件的不同，其混凝土极限拉伸 ε_p 一般为[24]：$0.5 \times 10^{-5} \sim 2.0 \times 10^{-4}$。而当混凝土的收缩变形值大于混凝土极限拉伸 ε_p 时，混凝土即开裂。研究表明，当混凝土内外温差为 $10^\circ\mathrm{C}$ 时，产生的冷缩变形约为 1.0×10^{-4}，而当混凝土内外温差为 $20 \sim 30^\circ\mathrm{C}$ 时，产生的冷缩变形约为 $2.0 \times 10^{-4} \sim 3.0 \times 10^{-4}$。因此如果按控制混凝土的收缩变形值为指标进行换算，则泵送流态混凝土的养护要求即相当于大体积混凝土的养护要求。但实际工程中，对大体积混凝土一般都能严格按规范规定的要求进行特殊的养护，以控制混凝土的内外温差和收缩变形值，但对泵送流态混凝土的养护，通常仍采用过去流动性及预制混凝土的养护要求，这是目前设计和施工单位容易忽视的一个关键因素。应改变这种与实际情况不符的观念。混凝土表面的相对湿度关系到混凝土表面蒸发速度或失水程度，当混凝土刚开始失水时，首先失去的是较大孔径中的毛细孔隙水，相应的收缩值较小。

图 5-20 所示为固体水泥浆的干燥收缩量与失水的比例关系[27]。当失水率从 0 增加到 17%（相应的相对湿度从 100% 降至 40% 左右）时，收缩量约为 0.6%。如失水量继续增加，则收缩量迅速增加（相应于图 5-20 中陡然下降折线段），因为这一阶段的收缩多为胶体孔隙水散失所致。这就是工程实践中当某些部位混凝土养护不当时，发生大面积干缩龟裂裂缝的主要原因。《混凝土结构裂缝防治技术》[25]给出了相对湿度、失水类型与收缩量的关系，见表 5-7。

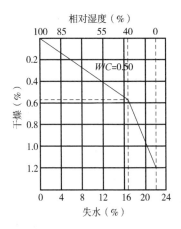

图 5-20　水泥浆干燥收缩量与失水比例关系

表 5-7　相对湿度、失水类型与收缩量

相对湿度（%）	100～90	90～40	40～20	20～0	0 和升温
失水类型	自由水和毛细水	毛细水	吸附水	层间水	化合水
收缩大小	无收缩或很小	大	较大	很大	很大

　　美国 ACI305 委员会 1991 年发表的《炎热气候下的混凝土施工》中指出，混凝土入模温度高、环境气温高、风速大、环境相对湿度低和阳光照射引起混凝土表面水分蒸发快是产生混凝土早期干缩裂缝的原因，混凝土早期干缩开裂的临界相对湿度见表 5-8。

表 5-8　混凝土早期干缩开裂的临界相对湿度

混凝土温度/℃	40.6	37.8	35.0	32.2	29.4	26.7	23.9
相对湿度（%）	90	80	70	60	50	40	30

　　由表 5-7 和表 5-8 可知，虽然自然养护的形式为浇水，但对混凝土收缩直接有影响的是混凝土表面的相对湿度。混凝土浇筑成型后及时覆盖很重要，因为仅浇水，未必能达到表面相对湿度的要求。笔者从实际工程中总结出的浇水养护要诀是：混凝土表面不发白、浇水养护均匀且不间断。有的工程也浇水而且浇水量也很大，但就是开裂，其主要原因

是养护方式简单粗糙，时机没掌握好，时机的掌握主要表现在以下三个方面。

1）初次浇水时间偏晚，一旦混凝土表面发白，混凝土表面与其内部的毛细管通道被堵塞了，再浇水，水就很难由毛细管通道进入混凝土内部，对其凝固所需水的补充作用不大。《混凝土结构工程施工规范》GB 50666—2011 第 8.5.3 条："洒水养护宜在混凝土裸露表面覆盖麻袋或草帘后进行，也可直接洒水、蓄水等养护；洒水养护应保持混凝土表面处于湿润状态。"

2）浇水不能间断，间断后表面与其内部的毛细管通道同样被堵住了。

3）浇水如果不均匀，就可能出现局部薄弱部位而率先开裂，也达不到防裂的目的。

（4）混凝土振捣对收缩的影响。混凝土振捣应采用振捣棒振捣。振捣棒操作，要做到"快插慢拔"。在振捣过程中，宜将振捣棒上下略有抽动，以便上下均匀振动。分层连续浇筑时，振捣棒应插入下层 50mm，以消除两层间的接缝。每点振捣时间一般以 10～30s 为宜，还应视混凝土表面呈水平不再显著下沉、不再出现气泡、表面泛出灰浆为宜。并应选择适当时机对混凝土进行二次振捣，排除混凝土因泌水在粗骨料、水平钢筋下部生成的水分和空隙，提高混凝土与钢筋的握裹力，防止因混凝土沉落而出现的裂缝，减少内部微裂，增加混凝土密实度，使混凝土的抗压强度提高，从而提高抗裂性。《建筑工程裂缝防治指南》[23] 第 8.2.5 条："楼板混凝土浇筑完成到初凝前，宜用平板振动器进行二次振捣。终凝前宜对表面进行二次搓毛和抹压，避免出现早期失水裂缝。"第 8.2.6 条"现浇混凝土楼板可在拌合物下料时预备出一定厚度，待浇筑完毕后于初凝前在表面掺入清洗干燥后的小颗粒碎石，并与底层混凝土搅拌后作二次振捣，避免板面裂缝。浇筑时厚度的预备量 10～20mm、每平方米石子的掺入量、二次搅拌后的混凝土试件取样、相应的混凝土强度等均应事先确定并满足设计要求。"此外，《混凝土结构工程施工规范》GB 50666—2011 第 8.3.7 条要求"混凝土浇筑后，在混凝土初凝前和终凝前，宜分别对混凝土裸露表面进行抹面处理"。这些都是比较简单易行且有效的措施。

(5) 控制拆模时间。拆模过早也容易因温度降低过快、构件表面失水等而引起混凝土开裂。《全国民用建筑工程设计技术措施》第 2.6.2 条要求[15]："尽可能晚拆模，拆模时的混凝土温度（由水泥水化热引起的）不能过高，以免接触空气时降温过快而开裂（拆模后混凝土表面温度不应下降 15℃以上），更不能在此时浇注凉水养护。"

以上从工程应用的角度分析探讨了减少混凝土早期收缩裂缝出现的概率、控制不可避免混凝土早期收缩裂缝危害程度的综合技术措施，它再次表明，裂缝控制技术是设计和施工共同的任务，必须双方协作才能见效。这些措施增强了结构和构件的薄弱环节，从某种程度上弥补了结构材料、结构计算和结构体系本身的不足和缺陷，使得结构性能尤其是观感质量得到进一步改善。这些措施是笔者从 2000 年开始，收集文献资料并结合工程实践总结出来的。2000 年为了控制某 18 层塔楼混凝土早期收缩裂缝，笔者提出从设计与施工、材料三方面采取综合措施控制混凝土早期收缩裂缝，取得了明显的成效，18 层塔楼除地下二层顶板局部出现一些收缩裂缝外，其余部位均没发现明显的早期收缩裂缝。此后这一措施在多项工程中运用，只要采取措施的均取得一定成效，没有出现大面积的早期收缩裂缝；反之，施工单位擅自而为的，往往出现较明显的早期收缩裂缝，图 5-16 即是典型的实例。结构裂缝控制，形式上是构造措施和工程做法，但实质上、本质上是概念，只有建立了相应的概念，才能有意识地从材料、施工和设计的角度采取综合措施。如果没有相应的概念，既不可能了解和掌握裂缝产生的原因，更不可能知道如何控制裂缝。这些综合措施构成揭示混凝土早期收缩裂缝出现的机理和控制混凝土早期收缩裂缝概念的丰富内涵。

二、结构缝的设置与结构规则性

控制结构裂缝还有一个主要的措施就是设置结构缝。结构缝常见的有伸缩缝、抗震缝、沉降缝和施工阶段设置的后浇带。根据结构的规则性的要求，设置结构缝，将房屋分成若干个独立部分，其目的就是要消除沉降差、温度和收缩应力以及体型复杂对结构抗震性能带来的不利影响，是减轻各类裂缝的出现和控制裂缝的危害程度及裂缝发展的有效措施。结构缝的设置是一门艺术，有的工程分缝后结构体系自身不够合理，有的工程分缝后建筑立面难以处理，有的工程可以适当分缝，但分缝后每一个结构单元的长度还是大大超过了规范所规定的限值。总的来说，设缝有设缝的好处，不设缝有不设缝的讲究，设计中常常因各种原因导致结构分缝困难，一般应考虑对建筑功能（如装修观感、止水防渗、保温隔热等）、结构传力（如结构布置的规则性、构件传力）、构造做法和施工可能性等造成的影响，遵循"一缝多能"的设计原则，对有抗震设防要求的建筑，通常将沉降缝、伸缩缝和防震缝结合考虑，沉降缝、伸缩缝的宽度应符合防震缝宽度的要求。

1. 伸缩缝的设置

伸缩缝是结构缝的一种，目的是为减小由于温差（早期水化热或使用期季节温差）和体积变化（施工期间或使用早期的混凝土收缩）等间接作用效应积累的影响，将混凝土结构分割为较小的单元，避免引起较大的约束应力和开裂。工程调查和试验研究表明，影响混凝土间接裂缝的因素很多，不确定性很大，而且近年来间接作用的影响还有增大的趋势。工程实践表明，超长结构采取有效措施后也可以避免发生裂缝。根据《混凝土结构设计规范》GB 50010—2010 第8.1.1 条，钢筋混凝土结构伸缩缝的最大间距可按表5-9确定。

表5-9　钢筋混凝土结构伸缩缝最大间距　（单位：m）

结构类别		室内或土中	露天
排架结构	装配式	100	70
框架结构	装配式	75	50
	现浇式	55	35
剪力墙结构	装配式	65	40
	现浇式	45	30
挡土墙、地下室墙壁等类结构	装配式	40	30
	现浇式	30	20

其中：①装配整体式结构（包括由叠合构件加后浇层形成的结构）的伸缩缝间距，可根据结构的具体情况取表 5-9 中装配式结构与现浇式结构之间的数值；②框架-剪力墙结构或框架-核心筒结构房屋的伸缩缝间距，可根据结构的具体情况取表 5-9 中框架结构与剪力墙结构之间的数值；③当屋面无保温或隔热措施时，框架结构、剪力墙结构的伸缩缝间距宜按表 5-9 中露天栏的数值取用；④现浇挑檐、雨罩等外露结构的局部伸缩缝间距不宜大于 12m。

根据《混凝土结构设计规范》GB 50010—2010 第 8.1.2 条，对于下列间接作用效应较大的不利情况，表 5-9 中的伸缩缝最大间距宜适当减小：①柱高（从基础顶面算起）低于 8m 的排架结构；②屋面无保温、隔热措施的排架结构；③位于气候干燥地区、夏季炎热且暴雨频繁地区的结构或经常处于高温作用下的结构；④采用滑模类工艺施工的各类墙体结构；⑤采用泵送混凝土及免振混凝土施工的混凝土结构；⑥跨季节施工，尤其是北方地区跨越冬期施工时，室内结构如果未加封闭和保暖，施工期外露时间较长的结构。

根据《混凝土结构设计规范》GB 50010—2010 第 8.1.3 条，有充分依据时，采取有效的综合措施，对下列情况表 5-9 中的伸缩缝最大间距可适当增大：①采取减小混凝土收缩或温度变化的措施；②采用专门的预加应力或增配构造钢筋的措施；③采用低收缩混凝土材料，采取跳仓浇筑、后浇带、控制缝等施工方法，并加强施工养护。当伸缩缝间距增大较多时，尚应考虑温度变化和混凝土收缩对结构的影响。

后浇带是避免施工期收缩裂缝的有效措施，现浇结构一般每隔 30~40m 间距设置施工后浇带，但间隔期及具体做法不确定性很大，难以统一规定，应视具体情况确定。后浇带的作用在于减少混凝土的收缩应力，并不直接减少使用阶段的温度应力。所以设置后浇带可适当增大伸缩缝间距，但不能代替伸缩缝。通过后浇带的板、墙钢筋宜断开搭接，以便两部分的混凝土各自自由收缩，但梁主筋断开问题较多，可不断开。后浇带一般设置在梁、板 1/3 跨度处，连梁跨中等受力影响小的部位。由于后浇带只是为了减少混凝土的收缩应力，因而可不必在同一截面上，可曲折而行，只要将建筑物分开为两段即可。由于混凝土收缩需要一段时间才能完成，一般在45d后收缩大约可以完成60%，所以工程上后浇带的封闭时间通常不小于45d，在60d后浇筑混凝土能更有效地减少收缩裂缝。后浇带应以高一级强度的混凝土浇筑并要求湿养14d。

控制缝也称引导缝，是采取弱化截面的构造措施，引导混凝土裂缝在规定的位置产生，并预先做好防渗、止水等措施，或采用建筑表现手法（线脚、饰条等）加以掩饰。

结构在形状曲折、刚度突变，孔洞凹角等部位容易在温差和收缩作用下开裂。在这些部位增加构造配筋可以控制裂缝。施加预应力也可以有效地控制温度变化和收缩的不利影响，减小混凝土开裂的可能性。《混凝土结构设计规范》GB 50010—2010第8.1.3条中所指的"预加应力措施"是指专门用于抵消温度、收缩应力的预加应力措施。

容易受到温度变化和收缩影响的结构部位是指施工期的大体积混凝土（水化热）以及暴露的屋盖、山墙部位（季节温差）等。在这些部位应分别采取针对性的措施（如大体积混凝土的施工控温，屋盖、山墙部位设置保温层等）以减少温差和收缩的影响。

《混凝土结构设计规范》GB 50010—2010第8.1.4条条文说明特别强调要合理估计增大伸缩缝间距对结构的影响，设计者应通过有效的分析或计算慎重考虑各种不利因素对结构内力和裂缝的影响，确定合理的伸缩缝间距。该条中的"有充分依据"，不应简单地理解为"已经有了未发现问题的工程实例"。由于环境条件不同，不能盲目照搬特例，应对具体工程中各种有利和不利因素的影响方式和程度，做出有科学依据的分析和判断，并由此确定伸缩缝间距的增减。《全国民用建筑工程设计技术措施》第2.6.1条也强调，"对于超过规范限制的结构，我们应该慎重对待。对于一般立面装修要求不高、使用上无特殊要求的建筑，其伸缩缝最大间距，应按规范规定执行。尤其是住宅，一旦出现裂缝会带来很大的麻烦，更应慎之又慎，因此一般情况下应严格把握，没有十分可靠的措施不能随意放宽限制。对于公共建筑，则可以根据工程情况以及所采取的对策措施，适当加大伸缩缝间距。"[15]

根据《混凝土结构设计规范》GB 50010—2010 第 8.1.4 条，框架、排架结构的双柱基础由于在混凝土结构的地下部分，温度变化和混凝土收缩能够得到有效的控制，可以不断开。但这一措施不包括针对不均匀沉降设置的沉降缝。

2. 沉降缝

为防止建筑物各部分由于地基不均匀沉降引起房屋破坏所设置的垂直缝称为沉降缝。《建筑地基基础设计规范》GB 50007—2011 第 7.3.1 条要求"在满足使用和其他要求的前提下，建筑体型应力求简单。当建筑体型比较复杂时，宜根据其平面形状和高度差异情况，在适当部位用沉降缝将其划分成若干个刚度较好的单元；当高度差异或荷载差异较大时，可将两者隔开一定距离，当拉开距离后的两单元必须连接时，应采用能自由沉降的连接构造。"一般说来，当一幢建筑物建造在不同土质且性质差别较大的地基上，或建筑物相邻部分的高度、荷载和结构形式差别较大，以及相邻墙体基础埋深相差悬殊时，为防止建筑物出现不均匀沉降，以至发生错动开裂，应在差异处设置贯通的垂直缝隙，将建筑物划分为若干个可以自由沉降的独立单元。

根据《建筑地基基础设计规范》GB 50007—2011 第 7.3.2 条，建筑物的下列部位，宜设置沉降缝："①建筑平面的转折部位；②高度差异或荷载差异处；③长高比大的砌体承重结构或钢筋混凝土框架结构的适当部位；④地基土的压缩性有显著差异处；⑤建筑结构或基础类型不同处；⑥分期建造房屋的交界处。"沉降缝同伸缩缝的显著区别在于沉降缝是从建筑物基础到屋顶全部贯通。沉降缝应有足够的宽度，沉降缝宽度与地基性质和建筑高度有关，沉降缝宽度可按表 5-10 选用。沉降缝的构造与伸缩缝基本相同，但盖缝的做法，必须保证相邻两个独立单元能自由沉降。

表 5-10　房屋沉降缝的宽度

房屋层数	沉降缝宽度/mm
二～三层	50～80
四～五层	80～120
五层以上	不小于 120

由于沉降缝是从建筑物基础到屋顶全部贯通的，对于大底盘、多塔等复杂结构，要充分考虑设置沉降缝后对整体结构的稳定（包括地下室的稳定性）和抗震的不利影响。

3. 防震缝

大量的地震震害调查表明，简单、对称的建筑在地震时较不容易破坏。而且根据现有的计算方法，简单、对称的结构容易估计其地震时的反应，容易采取抗震构造措施和进行细部处理。因此，合理的建筑形体选择和结构布置在抗震设计中是头等重要的。提倡平、立面简单对称，是抗震设计"规则性"的最基本要求。《建筑抗震设计规范》GB 50011—2010 第 3.4.5 条："体型复杂、平立面不规则的建筑，应根据不规则程度、地基基础条件和技术经济等因素的比较分析，确定是否设置防震缝，并分别符合下列要求：①当不设置防震缝时，应采用符合实际的计算模型，分析判明其应力集中、变形集中或地震扭转效应等导致的易损部位，采取相应的加强措施。②当在适当部位设置防震缝时，宜形成多个较规则的抗侧力结构单元。防震缝应根据抗震设防烈度、结构材料种类、结构类型、结构单元的高度和高差以及可能的地震扭转效应的情况，留有足够的宽度，其两侧的上部结构应完全分开。③当设置伸缩缝和沉降缝时，其宽度应符合防震缝的要求。"这就是说体型复杂的建筑并不一概提倡设置防震缝。由于防震缝的设置与否各有利弊，历来有不同的观点，总体倾向是：①可设缝、可不设缝时，不设缝。②当不设置防震缝时，结构分析模型复杂，连接处局部应力集中需要加强，而且需仔细估计地震扭转效应等可能导致的不利影响。《全国民用建筑工程设计技术措施》第 2.2.4 条指出："高层建筑宜调整平面形状和结构布置，避免设置防震缝。体型复杂、平立面不规则的建筑，应根据不规则程度、地基基础条件和技术经济等因素的综合比较分析，确定是否设置防震缝。"[15] "国内外大地震中相邻结构碰撞造成的震害十分普遍，主要是设置的缝宽度不足，地震摇摆使距离过近的结构碰撞，导致结构破坏，例如我国唐山地震中，北京的烈度并不高，但在一些高层建筑上发生多起因碰撞而结构损伤的震害；2008 年汶川地震震害也表明：伸缩缝和沉降缝的两侧很容易发生碰撞。许多高层建筑都是有缝必碰，轻的装修、女儿墙碰碎，面砖剥落，重的顶层结构损坏。另外，设缝后，常带来建筑、结构及设备设计上的许多困难，基础防水也不容易处理。近年来，国内较多的高层建筑结构，从设计和施工等方面采取了有效措施后，不设或少设缝，从实践上看来是成功的、可行的。只有在连成整体的结构十分不合理的情况下才设缝。"[15]震害调查还表明，不设防震缝造成的房屋破坏，一般大多数只是局部的，在7度和8度地区，一些平面较复杂的一、二层房屋，其震害与平面规则的同类房屋相比，并无明显的差别。当然，设置防震缝也是有其合理的一面的，设缝后可使结构抗震分析模型较为简单，容易估计其地震作用和采取抗震措施，但对由防震缝分开的单体应进行位移和地震产生的扭转效应的计算，保证相邻结构有足够大的间距，避免震缝两侧结构在预期的地震（如中震）下不发生碰撞或减轻碰撞引起的局部损坏。震害表明，《建筑抗震设计规范》GB 50011—2010 第6.1.4条规定的防震缝宽度的最小值，在强烈地震下相邻结构仍可能局部碰撞而损坏（图5-21），但宽度过大会给立面处理造成困难。

图5-21　汶川地震中因相邻结构碰撞而破坏的房屋

根据《建筑抗震设计规范》GB 50011—2010 第6.1.4条，钢筋混凝土房屋需要设置防震缝时，防震缝宽度应分别符合下列要求：①框架结构（包括设置少量抗震墙的框架结构）房屋的防震缝宽度，当高度不超过 15m 时不应小于 100mm；高度超过 15m 时，6 度、7 度、8 度和 9 度分别每增加高度 5m、4m、3m 和 2m，宜加宽 20mm；②框架-抗震墙结构房屋的防震缝宽度不应小于同高度框架结构的 70%，抗震墙结构房屋的防震缝宽度不应小于同高度框架结构规定数值的 50%；且均不宜小于 100mm；③防震缝两侧结构类型不同时，宜按需要较宽防震缝的结构类型和较低房屋高度确定缝宽。对于 8 度、9 度框架结构房屋防震缝两侧结构层高相差较大时，防震缝两侧框架柱的箍筋应沿房屋全高加密，并可根据需要在缝两侧沿房屋全高各设置不少于两道垂直于防震缝的抗撞墙，通过抗撞墙的损坏减少防震缝两侧碰撞时框架的破坏。当结构单元较长时，抗撞墙可能引起较大温度内力，也可能有较大扭转效应，故设置时应综合分析，宜避免抗撞墙的布置加大扭转效应，其长度可不大于 1/2 层高，抗震等级可同框架结构；框架构件的内力应按设置和不设置抗撞墙两种计算模型的不利情况取值。

根据《建筑抗震设计规范》GB 50011—2010 第 7.1.7 条，对于：①房屋立面高差在 6m 以上；②房屋有错层，且楼板高差大于层高的 1/4；③各部分结构刚度、质量截然不同的多层砌体房屋，宜设置防震缝，缝两侧均应设置墙体，缝宽应根据烈度和房屋高度确定，可采用 70～100mm。

综上所述，伸缩缝、沉降缝和防震缝的设置，既是结构体系的补充和完善，也是对结构单元的合理划分和结构体系布局的优化。设置结构缝可以使复杂结构简单化，有效减轻超长结构的温度收缩裂缝，有效减小复杂结构的不均匀沉降，有效减弱复杂结构在地震作用下的破坏程度，是结构体系、结构计算理论和结构概念的综合运用，可以说是结构设计艺术性的集中体现。

三、失败学的启示

失败就是做了而没有成功，也就是人们参与了一个行动后出现了不希望见到的结果，或者没有达到预期的结果。自 2001 年日本、美国、中国、欧洲等学者从事"失败学"研究工作以来，"失败学"已逐渐形成体系，但总体来说还处于一个完善的阶段。"失败学"提倡从失败中学习、研究如何与失败相处，寻找自己的成功之路，并不是劝人习惯失败，而是教人如何成功。一定意义上讲，"失败学"也是"成功学"。工程建设的历史，绝大多数情况是"从胜利走向胜利"的，但某种意义上也是从失败阴影中走出来而迈向胜利的。人类在工程建设历史上确实曾经历过一系列惨痛的教训，构造措施的提出很大程度上就是在吸取工程建设史上设计、施工、管理和使用过程中的失败、失效的教训，避免悲剧重演而总结出的一系列行之有效的技术措施和工程经验。面对地震、海啸、洪水等自然灾害对工程的巨大破坏作用，人类的智慧和工程建设能力还是很"渺小"的。2004 年印度洋地震及其引发的海啸、2005 年美国"卡特里娜"飓风、2008 年汶川地震、2010 年海地 7.3 级地震、2011 年日本宫城县 9.0 级特大地震等特大自然灾害，均造成大量的人员伤亡和财产损失。这充分说明，人类还不具备完全"抵抗"自然灾害的能力，我们只能在一次一次的失败中"勇于"面对自然的挑战，以"智"和"巧"取胜。对结构设计者来说，我们应正确看待结构计算、结构体系和工程建设规范，它们都只是相对可行的和有条件正确的。

常言道，失败乃成功之母。认识，实践，再认识，再实践是个必然过程。日本失败学会会长、东京大学名誉教授火田村洋太郎说，人们挑战未知领域时，由于现有知识的局限，经常会遇到挫折，但认真加以总结，失败就会成为通往胜利的里程碑；如果汲取教训，可避免重犯错误，普及活用失败知识，模拟体验失败，可使人少走弯路。实践证明，"从成功中学得少、从失败中学得多"，世界闻名的三大工程事故就是典型代表。

（1）1940 年，美国华盛顿州的塔克马峡谷新建成了一座索桥，但建成才 4 个月就在每秒 19m 的横风作用下发生共振而坍塌，如图 5-22 所示。万幸的是，作为 20 世纪最严重的工程设计错误之一，它坍塌时并没有造成任何人伤亡。大桥坍塌后，美国组建了一个包括空气动力学家冯·卡门在内的事故调查委员会。委员会发现大桥在设计上存在不可忽视的缺陷。塔克马大桥主跨长853.4m，桥宽却只有可怜的11.9m，由于当时设计时，风载只考虑风压的静力作用而没考虑风振的影响，在设计过程中，设计者将原计划中的7.6m桁架梁替换成用2.4m的普通钢梁，这一改动，不仅建造成本大幅降低，而且还使得大桥更加纤细优雅，但2.4m高的钢梁与7.6m的桁架梁相比，桥身的刚度大为降低，虽然设计选取的风压对于50m/s的风速都是安全的，但从动力学的角度，对风振是不利的。在原计划中，风可以从7.6m桁架梁之间自由穿过，换成普通的钢梁后，风则只能从桥上下两面通过，H形断面从空气动力学角度来看属于不稳定的。再加上大桥两边的墙裙采用了实心钢板，横截面构成H形结构，对风的阻挡效果将更加明显（图5-22b）。加州理工学院风洞内的模型测试后发现，这场灾难源于平均风作用下产生的自激振动。自激振动是指振动的桥梁不断从流动的风中吸取能量，从而加剧桥梁的振动，甚至导致破坏。塔克马大桥1940年刚刚建成通车后，每遇稍强的风就显示出有风振的趋势，但在头4个月内，这些振动仅是竖向的，而且在振幅达到大约1.5m后振动就衰减下来。运营几个月之后，随着跨中防止加劲梁和主索间相互位移的几根稳定索的断裂，振型突然改变，主桥在跨中作反对称扭曲运动，在跨度1/4点出现从+45°至−45°的倾斜，发生了扭曲振动。振动约一小时之后，随着吊杆在索套处的疲劳断裂，约300m长的加劲梁坠入水中。从力学角度看，风引起了桥梁的振动，而振动的桥梁与附加的气动力之间又形成了闭合关系，如果风速超过某一数值时，便产生发散现象，变形将无限增大，桥梁便产生失稳。这种振动状态的发散现象就称作颤振（或动力失稳）。颤振是一种自激振动，是将风的动能转换为桥梁的振动能，而使桥梁的振幅增大。颤振有多种形式，像塔克马大桥这样的颤振，是绕中心轴的扭转振动，通常称之为扭转颤振。塔克马大桥倒塌之后，工程师们开始注意桥的气体力学的形状，数十年后，关于桥梁对风致振动响应的分类人们已经取得了较为一致的认识。桥梁工程的研究人员将大部分精力集中在动力失稳（主要是颤振）和紊流响应（抖振）方面。这一原理弄清以后，带动了索桥技术的飞跃发展。日本明石海峡大桥能承受每秒

80m 的狂风，这其中就包含了塔克马大桥的教训。

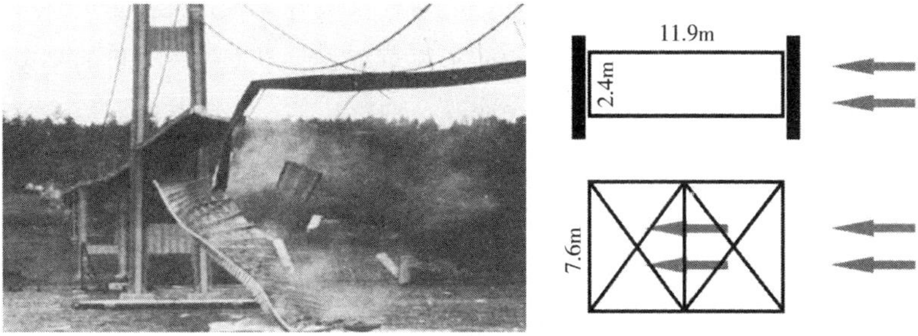

图 5-22 塔克马峡谷悬索桥坍塌照片

（2）1952 年，德·哈维兰彗星号喷气式飞机问世后名噪一时，其在速度方面的优势是当时任何使用螺旋桨式发动机的客机无法相比的。但 1953 年至 1954 年期间，"哈维兰彗星"号客机接连发生了 3 次坠毁事故，导致"哈维兰彗星"号客机停飞。后来调查研究发现，由于"哈维兰彗星"号客机使用了增压座舱，对客舱加压的结构设计经验不足，长时间飞行以及频繁起降使机体反复承受增压和减压而引发金属疲劳是发生客机解体坠毁的原因，为后来飞机研制解决疲劳问题打下了基础。这是民航历史上首次发生因金属疲劳导致的空难事件。波音公司汲取了教训，把高空中的金属疲劳知识应用于新飞机的开发，结果波音公司席卷了世界飞机市场。

（3）二战时期美国制造的"解放"号万吨运输船接连受到破坏，调查发现是由于钢在 0℃ 以下失去伸缩性，出现"冷脆"现象造成的，这一失败促进了以后的钢铁利用技术，特别是焊接技术的飞跃和发展。

由此可见，把失败转化为成功的关键是正视失败，把失败中隐藏着的发展基因发掘出来。然古往今来，人们往往偏重对成功经验的吸取，而疏于对失败教训的探寻。

失败分为"好的失败"和"不好的失败"。"好的失败"是指在遭遇未知之事时，即使充分注意也难以避免的失败，如果能从这种失败中认真总结经验，往往能开拓人类未知的新领域；"不好的失败"是指不该失败的失败，如不负责任、玩忽职守所导致的失败。对"不好的失败"必须严惩，但要把追查原因和追究责任这两者区分开来，善意对待当事人，帮助他鼓足勇气战胜失败，不再重犯。学习失败学，目的是通过对失败成因的分析，让人们少走弯路，把事故消灭在萌芽状态。美国人海因里希在分析工伤事故的发生概率时发现，在一件重大灾害的背后有29件轻度灾害，还有300件有惊无险的体验。海因里希将此提升为保险公司的经营法则，即"海因里希法则"。将这一法则用于"失败学"上，可以概括为在一件重大的失败事故背后必有29件"轻度投诉程度"的失败，还有300件潜在的隐患。对结构设计而言，可怕的是对潜在性失败（失效、性能不佳）毫无觉察，或是麻木不仁，结果导致无法挽回的失败和损失。因此，一方面我们不主张对计算结果的过分依赖和将规范作为"圣旨"来看待的消极行为；另一方面，我们更应防备各种可能的潜在的隐患，避免重大事故的发生。

抗震设计构造和构造措施绝大部分是从地震震害调查中分析总结出来的，尤其是规范关于砌体结构、复杂高层建筑等的体系构成，房屋高度的限制，薄弱部位的加强措施，延性、规则性等概念的提出等，都是基于震害或者说都是源于一个在强震作用下出现严重破坏甚至倒塌的"失败"工程的惨痛教训的总结，是正视失败，把失败中隐藏着的内在规律总结出来成为指导我们进行工程设计、施工和管理的各项措施。实践证明，这些措施是有效的、管用的。

近年来引起重视的防止连续倒塌设计也是吸取偶然作用引发结构连续倒塌的教训而发展起来的。美国 Alfred P. Murrah 联邦大楼、WTC 世贸大楼倒塌，我国湖南衡州大厦特大火灾后倒塌等都是比较典型的结构连续倒塌事故，造成了重大人员伤亡和财产损失。当结构因突发事件或严重超载等偶然因素导致局部结构破坏失效时，如果整体结构不能形成有效的多重荷载传递路径，就可能引起与失效破坏构件相连的构件连续破坏，破坏范围就可能沿水平或者竖直方向蔓延，最终导致结构发生大范围的倒塌甚至是整体倒塌。我国现行国家标准《工程结构可靠性设计统一标准》GB 50153 和《建筑结构可靠度设计统一标准》GB 50068 对偶然设计状态均有定性规定。在 GB 50153 中规定，"当发生爆炸、撞击、人为错误等偶然事件时，结构能保持必需的整体稳固性，不出现与起因不相称的破坏后果，防止出现结构的连续倒塌"。建筑结构应具有在偶然作用发生时适宜的抗连续倒塌能力，进行必要的结构抗连续倒塌设计，就是为了在偶然事件发生时，将能有效控制结构破坏范围。

正视失败，通过总结工程中的"失败"事件，把失败转化为成功的另一个典型案例就是近几十年来工程界对耐久性问题的重视，并提出了相应的整治措施和耐久性设计方法，进入了设计规范。美国标准局（NBS）1975 年的调查表明，美国全年因腐蚀造成的损失为 700 亿美元，其中混凝土中钢筋锈蚀造成的损失约占 40%。混凝土结构因设计欠缺、施工质量差、使用维护不当、使用环境恶劣等因素产生的钢筋锈蚀是比较普遍的，如图 5-23 所示。

图 5-23　混凝土结构钢筋锈蚀典型实例

影响混凝土结构耐久性的因素很多，主要有内部的和外部的两个方面。内部因素主要有混凝土的强度、密实性、水泥用量、水灰比、氯离子及碱含量、外加剂用量、保护层厚度等；外部的因素主要是环境条件，包括温度、湿度、CO_2 含量、侵蚀性介质等。耐久性下降主要是内部和外部因素综合作用的结果。此外，设计欠缺、施工质量差，使用维护不当等，也会影响耐久性。图 5-24 所示为大连旅顺 1938 年建造的地下库房挡土墙照片，从 2011 年拆除时露头的钢筋可以看出，虽然经历

了 70 多年，混凝土密实部位钢筋基本无锈蚀，而混凝土不密实部位的
钢筋则锈蚀比较严重。

图 5-24　大连某地下库房挡土墙钢筋锈蚀及拆除时钢筋露头照片

　　第二届国际混凝土耐久性会议指出，"当今世界混凝土破坏原因，
按递减顺序为：钢筋锈蚀、冻害、物理化学作用。"明确地将"钢筋锈
蚀"排在影响混凝土耐久性因素的首位。混凝土构件中的受力主筋混凝
土保护层厚度是指钢筋外缘到混凝土表面的最小距离。受力主筋混凝土
保护层的作用主要有以下几点：一是保护钢筋防止锈蚀或延长钢筋的锈
蚀进程，因此受力主筋混凝土保护层厚度与环境类别、构件的设计使用
年限及混凝土材料的质量有关；二是增强钢筋在火灾作用下的耐火能
力，所以受力主筋混凝土保护层厚度也与设计所需的耐火极限（以小时
计）有关，详见《建筑设计防火规范》GB 50016—2014；三是保证钢筋
与混凝土的共同作用，能通过两者之间界面的粘结力传递内力，因此受
力主筋混凝土保护层厚度不应小于钢筋的直径。对处于《混凝土结构设

计规范》GB 50010—2010 第 3. 5. 2 条确定的一类环境中的构件，最小保护层厚度的确定主要是从保护有效锚固以及耐火性的要求两个方面加以确定；对于二、三类环境中的构件，主要是按设计使用年限内混凝土保护层完全碳化确定的，它与混凝土等级有关。对于梁柱构件，因棱角部分的混凝土双向碳化，且易产生沿钢筋的纵向裂缝，故其保护层厚度要大一些，详见《混凝土结构设计规范》GB 50010—2010 第 8. 2. 1 条。

过薄的保护层厚度易发生顺筋的混凝土塑性收缩裂缝，以及硬化以后的干缩裂缝，或者受施工抹面工序的影响产生顺筋开裂，保护层厚度还与混凝土粗骨料的最大公称粒径相协调，二者的比值在不同的环境条件下的要求不同，以保证表层混凝土的耐久性质量。值得注意的是，在确定保护层厚度时，不能一味增大厚度，因为增大厚度一方面不经济，另一方面是保护层厚度大了以后，钢筋对表面的混凝土的约束作用减弱，混凝土表面易开裂，效果不好。较好的方法是采用防护覆盖层，并规定维修年限。对于《混凝土结构设计规范》GB 50010—2010 第 3. 5. 2 条确定的三类以上环境中的构件，目前还没有很好的办法解决耐久性问题，尤其是钢筋保护层的适宜厚度问题。

总之"失败学"针对工程建设史上一系列事故、失效事件、性能退化现象等的分析研究，总结提升出一系列的工程措施、工程做法和相应的设计方法，不仅弥补和纠正了目前的结构体系、结构材料、结构设计理论和设计方法的不足，从而丰富和发展了概念设计的内涵，而且是对目前的结构体系、结构理论的有益补充，也促进了结构体系、结构理论的不断完善。

后　记

　　庚子之初，新型冠状病毒肺炎（COVID-19）疫情打乱了人们的生活方式和工作模式，加之正月初 9 3 岁的母亲在家中去世。面对突如其来的变故，怎么来平复自己的内心？在翻阅黑格尔《小逻辑》和《红楼梦》以打发无聊之际，一种写作的冲动油然而生。直觉告诉我，这是我能抓住的完成机械工业出版社约稿的一个机会窗口。经过三个月的伏案工作，在每天家与办公室"两点一线"的新常态中完成了本书的初稿，履行了两年前许下的诺言。我想以这种特有的方式作为对妈妈去世百日的纪念，因为在妈妈的人生哲学里，能够替人做的事和答应别人的事，即使是自己吃点亏、费点心，也要尽力去做。在这一段特殊的日子里，坚持写作让我经受了抗击疫情这场战争的考验。托马斯·曼在纪念文章中写席勒当年完成他的代表作《华伦斯坦》时候写道："终于完成了。它可能不好，但是完成了。只要能完成，它也就是好的。"是的，经历了三个月的付出，本书终于完成了。列宁说："战争的考验，也像历史上各种危机、人们生活中的各种灾难和各种变革的考验一样，可以使一些人变得迟钝，完全变态，但同时却使另一些人受到教育和锻炼。"COVID-19 可以无情地改变我们的生活和工作，但不能改变我们正常的进取之心和探索真理的求索之志。

　　当然，本书写作的最大考验还是题材本身及其所要阐述问题性质。工程建设活动规律与自然规律的不同之处在于是否有人参与其中。工程建设是人的活动，而概念是人概括出来的，也只能由人来掌握，只有人才享有总结、运用概念的智慧和能力。但个体理解和掌握的概念与共同体理解和掌握的概念是不同的，它们之间的关系不全是普遍和特殊的关系这么简单，主观性和片面性是造成个人对概念理解和运用不同于共同体的主要方面。概念设计在目前的工程设计活动中是起到一定的积极作用的，但由于概念设计的概念本身的模糊性和不确定性，目前工程建设活动中确实存在对概念设计的滥用，似乎除了计算之外的事都可以由概念设计来解决。要考察造成这一现象的根本原因就不能仅仅局限于技术本身了，而必须分析研究从事工程建设活动的人（姑且称为"工程人"）——处在社会关系总和中的现实的、发展变化的"经济人"和"现实的人"——"这里所说的个人不是他们自己或别人想象中的那种个人，而是现实中的个人，也就是说，这些个人是从事活动的，进行物质生产的，因而是在一定的物质的、不受他们任意支配的界限、前提和条件下能动地表现自己的"⊖，这种现实的人都处在一定的社会关系和社会活动之中，并且"从事活动的人们，他们受着自己的生产力的一定发展以及与这种发展相适应的交往（直到它的最遥远的形式）的制约"⊜。

马克思说："毫无疑问，在理论上把现实中每一步都要遇到的矛盾撇开不管并不困难。那样一来，这种理论就会变成理想化的现实。"⊝工程不是在"理想化的现实"中建造起来的，从事各项工程建设的"工程人"是生活在现实社会中有利益诉求的人。根据亚当·斯密最早阐述的"经济人"思想，社会个体都不断地努力为他自己所能支配的资本找到最有利的用途，所考虑的不是社会利益而是其自身利益。"经济人"也就是理性算计人，考虑在社会行为和市场行为中如何以最小的成本获取最大的利益。传统政治学理论认为官员是公共利益的代言人，是受公众委托行使公共权力、谋取公共利益的公仆，理应除了公众利益之外没有自己的特殊利益。而公共选择理论的"经济人"假说认为，官员也是追求个人利益或效用最大化的，其目标既不是公共利益，也不是机构绩效，而是个人收益。当个人由市场中的买者或卖者转变为政治过程的投票者、纳税人、受益者、政治家或官员时，他们的品性不会发生变化，他们都会按照成本——收益原则追求最大化效用或利益。官员无节制地

⊖ 《马克思恩格斯全集》第 3 卷，第 29 页。

⊜ 《马克思恩格斯全集》第 3 卷，第 29 页。

⊝ 《马克思恩格斯全集》第 4 卷，第 157 页。

追求最大自身效用的消极后果，则是官僚主义盛行、形式主义滋生、行政效率低下，甚至是寻租日盛、腐败横行。恩格斯曾在《家庭、私有制和国家的起源》中指出，"卑劣的贪欲是文明时代从它存在的第一日起直至今日的动力；财富，财富，第三还是财富，——不是社会的财富，而是这个微不足道的单个的个人的财富，这就是文明时代唯一的、具有决定意义的目的。如果说在这个社会内部，科学曾经日益发展，艺术高度繁荣的时期一再出现，那也不过是因为在积累财富方面的现代一切成就不这样就不可能获得罢了。"[一]在工程建设活动中，尽管有时候和有些"工程人"一旦有一些权力或有一些机会显示自己的能耐时，也常常与官员同质，例如笔者曾在某一次注册结构工程师培训班上，听某规范主编说到人们对具体工程问题的质疑时强调，"你们不要问为什么，反正规范就是这么定的"。问题是，即便"规范就是这么定的"，就不容质疑和讨论吗？然而客观地说，绝大多数情况下，从事工程建设活动的"工程人"当然不能和官僚相提并论，因为从事工程建设不只是追求"个人的财富"的活动，工程建设至少要对安全负责、对社会和公众负责，还要对从业者的职业发展负责，且从事工程建设活动的"工程人"是有一份事业心的，当然也是"理性算计人"和"现实的人"，心中也难免有"最激烈、最卑鄙、最恶劣的感情"[二]，况且"时代的艰苦使人对于日常生活中平凡的琐屑兴趣予以太大的重视，现实上很高的利益和为了这些利益而作的斗争，曾经大大地占据了精神上一切的能力和力量以及外在的手段，因而使得人们没有自由的心情去理会那较高的内心生活和较纯洁的精神活动，以致许多较优秀的人才都为这种艰苦环境所束缚，并且部分地被牺牲在里面。因为世界精神太忙碌于现实，所以它不能转向内心，回复到自身。"[三]从本质上说，工程因满足人的一定需要而存，人创造、创建工程是以占有、使用为目的的，工程是一种财富，它有价值，体现人性之善也将人性之恶暴露无遗。马克思说："当我们考

㊀ 《马克思恩格斯全集》第 21 卷，第 201 页。

㊁ 《马克思恩格斯全集》第 23 卷，第 12 页。

㊂ 黑格尔《哲学史讲演录》第一卷，第 1 页。

察各个人的历史，考察人的本性的时候，我们虽然常常看到人心中有神性的火花、好善的热情、对知识的追求、对真理的渴望，但是欲望的火焰却在吞没永恒的东西的火花；罪恶的诱惑声在淹没崇尚德行的热情，一旦生活使我们感到它的全部威力，这种崇尚德行的热情就受到嘲弄。对尘世间富贵功名的庸俗追求排挤着对知识的追求，对真理的渴望被虚伪的甜言蜜语所熄灭，可见，人是自然界唯一达不到自己目的的存在物。"⊖ 作为"现实的人"的工程设计和建造从业人员，在面对牺牲自己的利益、权益与保障工程安全，确保人民生命财产安全的责任方面作选择时，"好善的热情、对知识的追求、对真理的渴望"，就不一定能抵挡得住"对尘世间富贵功名的庸俗追求"，这种情形就不只是说教式的工程伦理和抽象的工匠精神所能涵盖和约束的了的。现实的例子很多，例如，在工程设计或建造过程中，面对建设单位为了赶工期压缩设计周期或施工工期，有多少设计和施工人员能在不牺牲工程质量的前提下满足设计出图和施工工期的要求？作为工程建设活动中的种种乱象的知情者，我们是否必须举报身边的人员甚至是业主的不法行为？马克思说："我的观点是：社会经济形态的发展是一种自然历史过程。不管个人在主观上怎样超脱各种关系，他在社会意义上总是这些关系的产物。同其他任何观点比起来，我的观点是更不能要个人对这些关系负责的。"⊜ "所以文明时代愈是向前进展，它就愈是不得不给它所必然产生的坏事披上爱的外衣，不得不粉饰它们，或者否认它们——一句话，是实行习惯性的伪善，这种伪善，无论在较早的那些社会形式下还是在文明时代第一阶段都是没有的，并且最后在下述说法中达到了极点：剥削阶级对被压迫阶级进行剥削，完全是为了被剥削阶级本身的利益；如果被剥削阶级不懂得这一点，甚至举行叛乱，那就是对行善的人即对剥削者的一种最卑劣的忘恩负义行为。"⊜

马克思还指出："我们如果把自己的目光投向历史这个人类的伟大

⊖ 《马克思恩格斯全集》第 1 卷（下册），第 450 页。

⊜ 《马克思恩格斯全集》第 23 卷，第 12 页。

⊜ 《马克思恩格斯全集》第 21 卷，第 202 页。

导师，那么就会看到，在历史上用铁笔镌刻着：任何一个民族，即使它达到了最高度的文明，即使它孕育出了一些最伟大的人物，即使它的技艺达到了全面鼎盛的程度，即使各门科学解决了最困难的问题，它也不能解脱迷信的枷锁；无论关于自己，还是关于神，它都没有形成有价值的、真正的概念；就连伦理、道德在它那里也永远脱离不了外来的补充，脱离不了不高尚的限制；甚至它的德行，与其说是出于对真正完美的追求，还不如说是出于粗野的力量、无约束的利己主义、对荣誉的渴求和勇敢的行为。"[⊖]当前，工程建设某种程度已达到历史上的"鼎盛"时期，也"孕育出了一些最伟大的人物"，但工程人还是脱离不了"不高尚的限制"和"无约束的利己主义"的倾向。[⊖]

赖欣巴赫说："科学的发展，它屡屡指出旧学说的局限性并用新的学说去代替旧学说，给这种疑问提供了充分的理由。"[⊖]随着对概念设计的研究逐渐深入，我越来越觉得概念设计所涉及的已不再是工程技术范畴之内的学术问题了。要研究工程概念和概念设计，必须融入工程哲学范畴，在工程哲学的维度上，开启人们对工程建设的"现实生活"的观察和思考、批判和建构。工程哲学是对工程、工程建设活动以及与之相关的现代生活的反思。它对现代文明理性根基的思考，意味着对于工程及工程建设在现代社会所引发的各种矛盾的反思将呈现出更丰富的思想性和工程问题的深度。只有面向具体的工程实践过程并从中引出哲学思考，才有可能促进工程哲学的发展，而这种发展本身还会促成一般哲学原理的提出、充实与完善，从而推动整个哲学的发展。因此，工程哲学，既不是工程中的哲学，也不是哲学概念、范畴和规律在工程中的简单演绎，它与哲学之间是"理一分殊"的关系。黑格尔将哲学理解为"把握在思想中的时代"，马克思认为，真正的哲学是"时代精神的精

⊖ 《马克思恩格斯全集》第 1 卷（下册），第 449 页。

⊖ 在本书当初的写作计划中，有一章"概念设计与工程中的人"，因时间关系，这一章没有写出来。作为一种处理，在《后记》中把"工程中的人"对概念设计影响的主要思想表达出来了。

⊖ 赖欣巴赫《科学哲学的兴起》，商务印书馆，1991 年，第 26 页。

华"。构建工程哲学体系是一个时代的任务，而不是在书斋中向壁虚构出来的事情。

明朝大学士解缙 6 岁即能吟诗作对，常在家吟诵诗歌，引起他父亲的反感，被罚打扫庭院卫生和养鸡。在扫地和养鸡之际，解缙随口哼出"漫扫堂前地，轻挪笼里鸡"之句。他爸爸听后训他"你又吟诗啦!"解缙觉得很委屈，随口应道："分明是说话，又道我吟诗。"结构工程是我的本行，我的工作一直没有离开过结构工程，由我来阐释概念设计，解释工程概念设计的概念，自然离不开工程，自然要以切身的经历和工程知识体系来阐释工程中的技术问题。但概念自身天然具有哲学的基因，不从哲学的高度、哲学的视野对工程概念及其相关问题进行阐述，概念设计以及概念设计的概念都摆脱不了说不清道不明的窘境。所以在这里要向读者申明本书写的"分明是工程，莫道我炫哲学"。列宁说："认识……发现在自己面前真实存在着的东西就是不以主观意见（设定）为转移的现存的现实。人的意志、人的实践，本身之所以会妨碍达到自己的目的……就是由于把自己和认识分隔开来，由于不承认外部现实是真实存在着的东西（是客观真理）。"〇

当前，对概念设计的研究之所以没有形成类似于计算设计的体系化方法，而仅仅是一些概念的"组集"和概念的措施化或技术化，其根本的原因是研究仅局限于工程本身，就像用线段去测量平面面积一样，没有解决核心问题，即没有上升到哲学层面，因而缺乏哲学的批判性和建构性。赖欣巴赫在《科学哲学的兴起》中说："对科学成果的可靠性的估计过高……已成为近代，即从伽利略到我们今天这段时代的普遍情形。相信科学能回答一切问题——如果有人需要作技术方面的咨询，或者说是病了，或者是心理有问题不能解决，他只需去问科学家就可以得到回答——是那样的通行，这简直是科学接过来一个以前本是宗教所担任的社会职责：提供最安全的职司。对于科学的信仰……通过确定性的保证对于思想的控制，都重新出现在把科学视为

〇 《列宁全集》第 55 卷，第 185 页。

概念设计的概念

不会错失的哲学里了。"⊖既然科学不能回答一切问题，将工程问题拓展到哲学领域予以探讨，也应是一种尝试。把握概念设计以及概念设计的概念是一个很高的学术要求，唯有通过精深严整的理论才可能达到目的。恩格斯说："历史是这样创造的：最终的结果总是从许多单个的意志的相互冲突中产生出来的，而其中每一个意志，又是由于许多特殊的生活条件，才成为它所成为的那样。这样就有无数互相交错的力量，有无数个力的平行四边形，而由此就产生出一个总的结果，即历史事变，这个结果又可以看作一个作为整体的、不自觉地和不自主地起着作用的力量的产物。因为任何一个人的愿望都会受到任何另一个人的妨碍，而最后出现的结果就是谁都没有希望过的事物。所以以往的历史总是像一种自然过程一样地进行，而且实质上也是服从于同一运动规律的。但是，各个人的意志——其中的每一个都希望得到他的体质和外部的、终归是经济的情况（或是他个人的，或是一般社会性的）使他向往的东西——虽然都达不到自己的愿望，而是融合为一个总的平均数，一个总的合力，然而从这一事实中决不应作出结论说，这些意志等于零。相反地，每个意志都对合力有所贡献，因而是包括在这个合力里面的。"⊖从工程建设的结果和工程计算理论研究的成效看，工程技术和工程哲学都是工程建设"一个作为整体的、不自觉地和不自主地起着作用的力量"。从这一意义上说，工程技术和工程哲学相统一的工程建设规律乃是工程与其本质的统一，是工程建设活动展开过程中必然的东西。这样的研究将远远超出仅仅把抽象的普遍性先验地强加到任何内容之上的思维方式，而是要求在通达"事物自身"的同时，揭示出工程的本质和工程建设活动展开过程中的必然性。"因为哲学有这样一种特性，即它的概念只在表面上形成它的开端，只有对于这门科学的整个研究才是它的概念的证明，我们甚至可以说，才是它的概念的发现，而这概念本质上乃是哲学研究的整个过程的

⊖ 赖欣巴赫《科学哲学的兴起》，第38～39页。

⊜ 《马克思恩格斯全集》第37卷，第461～462页。

360

结果。"⊖

黑格尔主张"哲学是理性的知识""哲学必须有真实内容"。他说："真理的王国是哲学所最熟习的领域，也是哲学所缔造的，通过哲学的研究，我们是可以分享的。凡生活中真实的伟大的神圣的事物，其所以真实、伟大、神圣，均由于理念。哲学的目的就在于掌握理念的普遍性和真形相。自然界是注定了只有用必然性去完成理性。但精神的世界就是自由的世界。举凡一切维系人类生活的，有价值的，行得通的，都是精神性的。而精神世界只有通过对真理和正义的意识，通过对理念的掌握，才能取得实际存在。我祝愿并且希望，在我们所走的道路上，我可以赢得并值得诸君的信任。但我首先要求诸君信任科学，相信理性，信任自己并相信自己。追求真理的勇气，相信精神的力量，乃是哲学研究的第一条件。"⊖

在此，"祝愿并且希望，在我们所走的道路上"，我们"信任科学，相信理性，信任自己并相信自己"，为了反对浅薄的思想，像黑格尔所说的那样，"把哲学从它所陷入的孤寂境地中拯救出来，——去从事这样的工作，我们可以认为是接受我们时代的较深精神的号召。让我们共同来欢迎这一个更美丽的时代的黎明。在这时代里，那前此向外驰逐的精神将回复到它自身，得到自觉，为它自己固有的王国赢得空间和基地，在那里人的性灵将超脱日常的兴趣，而虚心接受那真的、永恒的和神圣的事物，并以虚心接受的态度去观察并把握那最高的东西。"⊜我们还应看到，"物理科学按照它固有的本性和基本的定义来说，只不过是一个抽象的体系，不论它有多么伟大的和不断增长的力量，它永远不可能反映整体。科学可以越出自己的天然领域，对当代思想的某些别的领域以及神学家用来表示自己的信仰的某些教条，提出有益的批评。但是，要想观照生命，看到生命的整体，我们不但需要科学，而且需要伦理学、艺术和哲学，我们需要领悟一个神圣的奥秘。"对工程建设活动

⊖ 黑格尔《哲学史讲录》第一卷，第6页。

⊖ 《小逻辑》，第35~36页。

⊜ 黑格尔《哲学史讲录》第一卷，第3页。

来说，工程建设的"神圣的事物"就是人建造的、符合人的意愿的工程，其"神圣的奥秘"就是工程建设规律、工程建设活动规律以及反映工程建设规律的概念。"由星体而来的一条光线，物理学可以从它的遥远的发源地一直追寻到它对感光神经的效应，但是，当意识领悟到它的明亮、色彩和感受到它的美的时候，视觉的感觉及对美的认识肯定是存在着的，然而它们却既不是机械的，也不是物理的。"○因此，我们要以当代工程实践和工程科学的成果为出发点，使作为认识者的我们的视界与作为被认识者的工程和工程建设规律融合起来，"思入风云变态中"，从而走进工程和工程建设的深处，切实把握工程和工程建设的本质特征和本真精神，使我们的心灵能意识领悟到工程和工程建设的奥妙以及"它的明亮、色彩和感受到它的美"！

2020 年 5 月 18 日初稿

○ W. C. 丹皮尔著《科学史》，第 9 页。

参 考 文 献

[1] 天津大学，等. 钢筋混凝土结构：下册 [M]. 北京：中国建筑工业出版社，1980.

[2] 刘大海，等. 高层建筑抗震设计 [M]. 北京：中国建筑工业出版社，1993.

[3] 莫易. 钢结构与混凝土结构塑性设计法 [M]. 北京：中国建筑工业出版社，1986.

[4] 尔然尼采. 考虑材料塑性的结构计算 [M]. 赵超燮，等译. 北京：建筑工程出版社，1957：184-185.

[5] 江见鲸. 混凝土结构工程学 [M]. 北京：中国建筑工业出版社，1998.

[6] 胡庆昌. 建筑结构抗震设计与研究 [M]. 北京：中国建筑工业出版社，1999.

[7] 易伟建，等. 钢筋混凝土板的裂缝与变形性能 [M] //混凝土结构研究报告选集：3. 北京：中国建筑工业出版社，1994.

[8] 建筑结构静力计算手册编写组. 建筑结构静力计算手册 [M]. 北京：中国建筑工业出版社，1975.

[9] 构件弹塑性计算专题研究组. 钢筋混凝土连续梁弯矩调幅限值的研究 [J]. 建筑结构，1982（4）：37-42.

[10] 浙江大学土木系，等. 简明建筑结构设计手册 [M]. 北京：中国建筑工业出版社，1980.

[11] 李明，王志浩. 钢筋网水泥砂浆加固低强度砂浆砖砌体的试验研究 [J]. 建筑结构，2003（10）：34-36.

[12] 黄世敏，等. 建筑震害与设计对策 [M]. 北京：中国计划出版社，2009.

[13] 武藤清，结构物动力设计 [M]. 滕家禄，等译. 北京：中国建筑工业出版社，1984.

[14] 高立人，方鄂华，钱稼如. 高层建筑结构概念设计 [M]. 北京：中国计划出版社，2005.

[15] 住房和城乡建设部工程质量安全监管司. 全国民用建筑工程设计技术措施 结构（混凝土结构）（2009 年版）[M]. 北京：中国建筑标准设计研究院，2009.

[16] 龚思礼. 建筑抗震设计 [M]. 北京：中国建筑工业出版社，1994.

[17] 殷瑞钰，汪应洛，李伯聪. 工程哲学 [M]. 北京：高等教育出版社，2007.

[18] 王斌. 对近年智利和新西兰地震中剪力墙破坏的认识 [J]. 建筑结构·技术通讯，2014（1）：28-29.

[19] 王亚勇，王言诃. 汶川大地震建筑震害启示 [J]. 建筑结构，2008（7）：1-6.

[20] 北京市建筑设计研究院. 结构设计手册（90JG）[M]. 北京：华北地区建筑设计标

准化办公室, 1990.

[21] 孙金墀. 剪力墙边缘构件配筋对结构抗震性能的影响：第十二届全国高层建筑结构学术交流会论文集（第三卷）[G], 1992.

[22] 铁摩辛柯. 材料力学：高等理论及问题 [M]. 汪一麟, 译. 北京：科学出版社, 1964.

[23] 何星华, 高小旺. 建筑工程裂缝防治指南 [M]. 北京：中国建筑工业出版社, 2005.

[24] 王铁梦. 工程结构裂缝控制 [M]. 北京：中国建筑工业出版社, 1997.

[25] 张雄. 混凝土结构裂缝防治技术 [M]. 北京：化学工业出版社, 2007.

[26] 廉慧珍, 等. 影响膨胀剂使用效果的若干因素 [J]. 建筑科学, 2000, 16 (4)：12-16, 35.

[27] 陈肇元, 等. 钢筋混凝土裂缝机理与控制措施 [J]. 工程力学, 2001 (增刊)：57-84.

[28] 籍凤秋, 等. 改性轨枕用高性能混凝土的研制与应用 [J]. 工程力学, 2000 (增刊)：906-910.

[29] 沈聚敏, 等. 钢筋混凝土有限元与板壳极限分析 [M]. 北京：清华大学出版社, 1993.

[30] 中国建筑科学研究院. 混凝土结构设计 [M], 北京：中国建筑工业出版社, 2003.

[31] 江见鲸, 李杰, 金伟良. 高等混凝土结构理论 [M]. 北京：中国建筑工业出版社, 2006.

[32] 丁大钧. 现代混凝土结构学 [M]. 北京：中国建筑工业出版社, 2000.

[33] 江见鲸, 陈希哲, 崔京浩编著. 建筑工程事故处理与预防 [M]. 北京：中国建材工业出版社, 1995.

[34] 住房和城乡建设部强制性条文协调委员会. 房屋建筑标准强制性条文实施指南丛书：建筑结构设计分册 [M]. 北京：中国建筑工业出版社, 2015.